新视野下的认知心理学

COGNITIVE PSYCHOLOGY UNDER NEW VISION

何 华◎著

科学出版社
北京

图书在版编目(CIP)数据

新视野下的认知心理学／何华著. —北京：科学出版社，2009
ISBN 978-7-03-023130-7

Ⅰ．新… Ⅱ．何… Ⅲ．认知心理学 Ⅳ．B842.1
中国版本图书馆CIP数据核字（2008）第153335号

责任编辑：侯俊琳 牛 玲 付 艳 苏雪莲／责任校对：赵桂芬
责任印制：李 彤／封面设计：无极书装
编辑部电话：010-64035853
E-mail: houjunlin@mail.sciencep.com

科学出版社 出版
北京东黄城根北街16号
邮政编码：100717
http://www.sciencep.com

北京虎彩文化传播有限公司 印刷
科学出版社发行 各地新华书店经销
*

2009年8月第 一 版　开本：B5（720×1000）
2022年1月第九次印刷　印张：19
字数：380 000

定价：88.00元
（如有印装质量问题，我社负责调换）

目　　录

绪论 ·· 1

第一篇　认知心理学的研究

第一章　知觉 ·· 27
　第一节　什么是知觉 ·· 27
　第二节　知觉种类 ··· 38
　第三节　面孔识别 ··· 40

第二章　表象、概念结构和记忆 ······································ 45
　第一节　表象 ·· 45
　第二节　概念结构 ··· 55
　第三节　记忆 ·· 56

第三章　语言和言语 ·· 87
　第一节　心理语言学的发展简史 ···································· 87
　第二节　语言和言语的结构及其运用 ····························· 93
　第三节　双语现象 ··· 96
　第四节　句及篇章水平的理解 ····································· 102

第四章　思维 ··· 109
　第一节　概念的形成 ·· 109
　第二节　命题的记忆和加工 ·· 115
　第三节　推理心理的研究 ·· 117
　第四节　问题解决 ··· 126
　第五节　创造性思维 ·· 131

第五章　注意 ··· 140
　第一节　注意模型 ··· 140

第二节　注意的加工过程 …………………………………… 146
　　第三节　注意的类型 ………………………………………… 146
　　第四节　注意和知觉现象的结合研究——行为范式中的特征捆绑
　　　　　　机制 ………………………………………………… 150

第六章　数字和音乐的认知 …………………………………………… 152
　　第一节　数字认知加工 ……………………………………… 153
　　第二节　音乐能力 …………………………………………… 159
　　第三节　音乐：神奇的力量 ………………………………… 160

第七章　元认知及其应用 ……………………………………………… 167
　　第一节　元认知基本理论 …………………………………… 167
　　第二节　元认知训练 ………………………………………… 171

第二篇　认知心理的生态学研究

第八章　认知心理的神经基础及临床研究 …………………………… 181
　　第一节　意识的研究 ………………………………………… 181
　　第二节　研究技术和方法 …………………………………… 189
　　第三节　脑的语言功能的研究 ……………………………… 193
　　第四节　脑的开发 …………………………………………… 208
　　第五节　社会认知神经科学 ………………………………… 212
　　第六节　个体认知心理的神经机制和临床研究 …………… 217

第九章　认知心理的社会基础研究 …………………………………… 226
　　第一节　社会环境下的认知 ………………………………… 226
　　第二节　社会知觉 …………………………………………… 232
　　第三节　人格与认知 ………………………………………… 236
　　第四节　思维风格与创造性人格 …………………………… 240
　　第五节　刻板印象 …………………………………………… 244
　　第六节　网络行为研究 ……………………………………… 247

第十章　认知心理的文化基础研究 …………………………………… 257
　　第一节　文化的研究 ………………………………………… 257

第二节　哲学对文化和心理关系的研究 …………………………… 262
　　第三节　文化、人格和认知的相互作用 ……………………………… 266
　　第四节　应用研究简介——影响广告受众认知心理的传统文化因素的研究 ………………………………………………………………… 267

第十一章　认知心理学在人类认知发生、发展和教育中的应用 ……… 271
　　第一节　语言认知发展 ………………………………………………… 271
　　第二节　创造性思维发展特点的研究 ………………………………… 277

参考文献 …………………………………………………………………… 287
后记 ………………………………………………………………………… 295

绪　论

一、什么是认知心理学

认知心理学是以信息加工观点或原理研究心理现象的科学。认知心理学的主要研究内容包含心理加工过程的整个范围——从感觉到知觉、神经科学、模式识别、注意、意识、学习、记忆、概念形成、思维、想象、记忆、语言及其发展过程等。其实质是研究心理的表征，这是贯穿始终的核心问题。

（一）关于表征

"representation"在英语里有代表、表示、象征等意义，即以一物作为另一物的代表，或用一种信号代表一种事物，在心理学中被译为表征。表征在辞海里的解释是"揭示，阐明"。

在教育和学习心理学中，心理表征是指内部表征，与外部表征不同，外部表征往往是根据客观事物的客观逻辑关系进行信息组织的。但是人们在表征外部信息时并不是完全按照外部所表征的形式进行的，他们必须以个人的心理结构形式对外部信息进行重新表征才能理解外部事物以及它们间的相互关系，这就是内部表征。

汪安圣把信息的记载或表达方式称为对这种信息的表征。著名科学家、认知心理学和人工智能的创始人司马贺（H. A. Simom）指出："表征包含了两方面的含义：信息和对信息的加工。"皮亚杰认为，表征是指在心理结构基础上的智力活动而不是仅在知觉和动作基础上的智力活动。显然，这两个定义的出发点有明显不同。Markman等首次将表征的核心概念定义为中介状态，中介状态是认知系统的内部信息状态，而系统正是用信息来促进其目的。

可以看出，表征是个很复杂的概念。从信息的流动和加工过程来看，外界信息进入人脑后，一般要经历储存、提取和加工。那么信息以何种形式被储存、提取和加工呢？这就牵涉到信息的表征问题。本书认为，表征的结果会产生四种编码：神经码、物理码、认知码和意义码。并且，表征不但与神经系统的结构和工作方式有关,而且还与编码有关,如何被编码,意味着其可能的表征形式就是什么。比如,语言心理学家认为,学会了语言和阅读的人都具有一个心理词典。心理词典中的词项由语义表征、语音表征、形符表征及其他相关信息组成;表征还与认识的发展水平或抽象程度有关,如用命题、命题网络和图式来表征陈述性知识,用产生式或产生式系统表征程序性知识。从这个意义上来说,其基本构成要素是符号、信息或意义和它们之间的联系方式。认知心理学中有问题表征、知识表征、动机表征、认知策略表征等。就知识表征而言,有逻辑表示法、产生式系统、语义网络、框架系统和面向对象的方法等。但无论何种类型、何种形式的表征,所用于代表意义或信息的基本符号都是抽象符号。

表征也有一个发展过程。表征所用的符号一般经历由动作到表象再到抽象符号发展的三个阶段。在这一发展过程中,符号的系统性、抽象概括程度越来越高,信息或意义与符号之间的联结方式越来越多、越复杂。而且,从这个角度出发,可以理解或推测心理表征的随年龄发展也可能经历了这样的过程。

另外,表征有动态和静态两层基本含义。从动态上讲,它是一种活动或过程,即建立符号与信息或意义间联结的活动过程;从静态上讲,它是一种形式或方式,即信息或意义的存在或呈现形式或方式。换言之,表征既是动词,也是名词。

就表征的种类来说,有人认为,存在言语表征和非言语表征(空间表征),例如,图表表征就是非言语表征的一种。有人研究发现,具有空间结构的视觉信息在记忆系统中储存着空间信息;言语材料的视觉信息在记忆系统中是按词的排列对各词进行线性编码。

归纳起来,表征主要有两大派:符号主义范式和联结主义范式。知识表征的两种不同思想下的描述是指:①信息加工观点(符号取向)。知识的人脑对符号信息进行加工处理,并以抽象、概括的形式存储于人脑中,包括概念、命题、脚本、图式、表象、产生式规则。②联结主义观点(联结取向)。知识的存储是彼此联结的大脑神经元彼此作用的结果。无论是早期的信息加工理论,还是新近的联结主义取向,都非常重视表征的作用,都把表征作为重要的研究内容。

(二) 关于信息

信息是物质存在的一种方式,一般指数据、消息中所包含的意义,可以使消息中所描述的事件的不定性减少。据不完全统计,信息的定义有100

多种，至今仍无法统一，为各界普遍认同。这种情况主要是由信息本身的因素以及认识层次上的差别造成的。近代控制论的创始人 N. 维纳从信息自身具有的内容属性给信息下的定义被许多研究所引用。他还说过一句名言："信息就是信息，不是物质，也不是能量。"这句话指明了信息与物质和能量具有不同的属性，虽然信息、物质和能量是人类社会赖以生存和发展的三大要素。

信息有广义的和狭义的两个层次。从广义上讲，信息是任何一个事物的运动状态以及运动状态变化形式的表征。它是一种客观存在，即此时对信息的认识是处于没有任何约束条件的本体论层次，不受主体意志的影响。不停运动着的事物不断产生本体论意义上的信息，例如，日出、月落、花谢、鸟啼以及气温的高低变化、股市的涨跌等都是信息。它是一种"纯客观"的概念，与人们主观上是否感觉得到它的存在没有关系。而狭义"信息"的含义却与此不同。它是指能被信息接受主体所感觉到并理解的东西，即此时对信息的认识处于受主体约束的认识论层次。中国古代有"周幽王烽火戏诸侯"和"梁红玉击鼓战金山"的典故。这里的"烽火"和"鼓声"都代表了能为特定接收者所理解的军情，因而可称为"信息"；相反，至今仍未能破译的一些刻在石崖上的文字和符号，尽管它们是客观的存在，但由于人们（接受者）不能理解，因而从狭义上讲仍算不上是"信息"。可见，狭义的"信息"是一个与接受主体有关的概念。

信息可以是语言文字和图画的意义、物质的属性的表征。例如，地球昼夜的变化是一种信息，它反映出地球绕太阳自转的运动特性和状态；山的高度是一种信息，它反映出山的空间特性等。

在通信领域里，我们通常把信息理解为一种希望传送、交换、存储的具有一定意义的抽象内容。譬如，在进行数字通信时，线路上传送的，以及在交换、存储系统中进进出出的都是由"0"和"1"组成的抽象数据流，但它都具有一定的意义，所以我们称之为"数字信息"。因此，从整体上看，通信的过程其实是信息的流动过程。首先是信源产生消息（信息的载体，是具体的代码或符号），信息是包含在消息中的抽象的量。然后编码器将消息变为适合于在信道（信号的通道）上传输的信号。就无线电通信来说，这个阶段要完成两次编码和一次调制。信源编码是为了提高传输的效率，信道编码是为了提高抗干扰性。调制则是对包含信号的交频振荡的某个参数（振幅、频率或相位）进行控制，使该参数随被传输的原始信号而变。译码器接收到电波后，要对它进行解调和解码，这是调制和编码的逆过程，从而接收到消息。信宿就是对这些消息中所含信息进行分析和接收的载体。信道通常具有一个固定的已知的宽带和可测量的容量。通信领域的许多科学概念和思想可以移植到心理学中,可以将人的理解看做是信道。但心理学不关心信息量的分析而是关心人如何对信息进行编码、储存、加工和提取。

尽管信息的种类和形态多种多样,但以狭义信息而论,它们具有如下共同特征:①信息与接受对象以及要达到的目的有关。例如,一份尘封已久的重要历史文献,在还没有被人发现的时候,它只不过是混迹在故纸堆里的单纯印刷品,而当人们阅读并理解它的价值时,它才成为信息。②信息的价值与接受信息的对象有关。例如,有关手机辐射对人体的影响问题的讨论,对城市居民特别是手机使用者来说是重要信息;而对于生活在偏远农村或从不使用手机的人来说,可能觉得这是没有多大价值的信息。③信息有多种多样的传递手段。例如,人与人之间的信息传递可以用语言文字或图像等来进行;而生物体内的信息可以通过电化学变化,经过神经系统来传递,等等。④信息在使用中不仅不会被消耗掉,还可以被加以复制,这就为信息资源的共享创造了条件。

常用的信息概念的内涵及其分类如下:①描述、类比定义(具有某种意义内容的符号表达式)。例如,信息是新闻、知识、消息、情报、报道、事情、数据、材料、现象、事物、主题、声音、图像、文字、内容、名称等;信息就是信息,既不是物质也不是能量(哲学化定义)。定义多是未触及信息本质及最基本概念的同义语的逻辑反复和循环。②属性定义。信息是物质的属性、联系、关系、运动状态、表述、中介、特性、存在方式、差异、变异度、不均匀性、表现形式等。③非决定论的统计概率信息定义。不确定性的减少,概率的定义。实际上,此类定义应该是信息量的定义。④物理类定义。Shannon 和 Wiener 等关于信息论、控制论的定义,如信息是信号、指令、符号、功能、场、不定度、熵、负熵、概率、复杂性、组织度、有序度、序列、排布、集合、语义。Shannon 信息论涉及信源、信宿两方联系的信息定义,包含反映、形式、感觉、感知、感受、表现、联系的普遍形式等信源与信宿双方的联系、传输、存储、交换的差异、不定性。在通信领域中信息是指信息量,即具有确定概率的事件发生时所表达出信息的量度。令事件为 X,其发生概率是 $P(X)$,则信息量 $I(X)$ 是 $P(X)$ 的倒数的对数。⑤哲学认识。其中主要有两种观点,即属性论——把信息看做是一切物质系统的客观属性;功能论——把信息看做是自控和自组织系统的功能。计算机科学中的信息概念主要是指其中的内涵①和②。

（三）关于知识

在《中国大百科全书·教育》中"知识"条目是这样表述的："所谓知识，就它反映的内容而言，是客观事物的属性与联系的反映，是客观世界在人脑中的主观映像。就它的反映活动形式而言，有时表现为主体对事物的感性知觉或表象，属于感性知识，有时表现为关于事物的概念或规律，属于理性知识。"从这一定义中我们可以看出，知识是主客体相互统一的产物。它来源于外部世界，所以知识是客观的；但是知识本身并不是客观现实，而是事物的特征与联系在人脑中的反映，是客观事物的一种主观表征，知识是在主客体相互作用的基础上，通过人脑的反映活动而产生的。

知识是一个被广泛使用的词。一般可区分为狭义和广义的两种概念。根据《韦氏大词典》（即《韦伯斯特词典》（Webster）（1997）年的定义，知识是通过实践、研究、联系或调查获得的关于事物的事实和状态的认识，是对科学、艺术或技术的理解，是人类获得的关于真理和原理的认识的总和。总之，知识是人类积累的关于自然和社会的认识与经验的总和，这就是广义的知识概念。这个定义说明，知识是人类的主观世界对客观世界的概括和反映，是大量有组织的信息，是关于事实和思想的有组织的陈述，是某种经过思考的判断和某种实验的结果。

1. 知识的分类

经济合作与发展组织（OCED）出版的《以知识为基础的经济》认为：

第一类"知事"（know-what），指关于事实方面的知识，也可理解为know-when、know-where，即在什么样的时间（know-when）、什么样的地点或条件下（know-where）能解决什么样的问题。

第二类"知因"（know-why），指自然原理和规律方面的科学理论、知识的生产是在专门研究机构如实验室和大学完成的。

第三类"知道怎样做的知识"（know-how），指做某些事情的技艺和能力。

第四类"谁以及是怎样创造知识的"（know-who），侧重对创造思想、方法、手段、过程以及特点等的了解。

其中关于"是什么"和"为什么"的知识，即关于自然和社会的运动规律、原理方面的理论体系，可称之为狭义的知识概念。从形式上看，前两类知识是易于文字记载的认识类知识，所以又可被称为"有形知识"。它们非常容易编码（信息化），可通过各种传媒获得。第三类、第四类知识更多的是没有记载的经验类知识,有人称之为"隐形知识"(tacit knowledge)或无形知识,需要通过实践来获得。

2. 认知心理学对知识的认识

认知心理学是从知识的来源、个体知识的产生过程及表征形式等角度对知识进行研究的。例如,皮亚杰认为,经验(即知识)来源于个体与环境的交互作用,这种经验可分为两类:一类是物理经验,它来自外部世界,是个体作用于客体而获得的关于客观事物及其联系的认识;另一类是逻辑——数学经验,它来自主体的动作,是个体理解动作与动作之间相互协调的结果,如儿童通过摆弄物体获得关于数量守恒的经验;学生通过数学推理获得关于数学原理的认识。皮亚杰对知识的定义是从个体知识的产生过程来表述的。布卢姆在《教育目标分类学》中认为,知识是"对具体事物和普遍原理的回忆,对方法和过程的回忆,或者对一种模式、结构或框架的回忆",这是从知识所包含的内容的角度说的,属于一种现象描述。

现代认知心理学家普遍认为知识有两大类:一类为陈述性知识;另一类是程序性知识。现代认知心理学对知识的认识,反映出知识的作用和可被检测性。从作用上看,陈述性知识回答事物"是什么",程序性知识则回答"怎么做"。从测量的角度来看,看一个人是否已经掌握某一知识,不仅要看他"怎么说",而且要看他"怎么做",其中包括难以言传的知识。

1)陈述性知识

陈述性知识是一种个体具有明确的提取线索,能够直接陈述的知识,通常为有关某一具体事件、事实、经验性的概括性认识以及反映真理本质的深刻原理等,主要说明事物是什么、为什么、怎么样,从而区分和辨别事物。陈述性知识是描述性的,其认知单位是概念和命题。

2)程序性知识

程序性知识是一种个体没有明确的提取线索,存在于活动中的知识,通常包括启发式、各种方法、策划、实践、程序、常规、方略、策略、技术和窍门等,用以说明做什么和怎么做。程序性知识主要是说明性的,其基本的认知单位是目标→情景→行动。

陈述性知识是一般性的而程序性知识的应用受到特定情景的制约,人的任何智力行为都同时需要这两种类型的知识。

程序性知识主要是从个体会做什么中推测出来的,所以程序性知识从本质上来说也是一套操作规则或程序控制和支配了人的行为。因此,现代认知心理学的程序性知识实际上包含了技能概念。另外,"认知策略"实质是一套关于如何学习、记忆和思维的规则或程序，也属于程序性知识的范畴。值得指出的是，上述知识观是广义性的，它包括我们平时所指的技能、认知策略等，甚至还包括元认知知识。

知识的来源和获得主要是两类：第一类是直接源于产生信息的客观事物；第二类是通过信息载体或媒介（文献、电视、广播、他人等）的传递、交流而间接获得。皮亚杰认为知识的获得是通过行为的逐级内化获得的。布鲁纳认为知识的获得首先是以程序的形式出现的，然后通过一种中介图标（视觉）的形式，最后知识才具有符号（陈述性）形式。这些都是程序性知识向陈述性知识的转化。让学生有机会参与问题的解决将有助于学生将理论（陈述性知识）转化为问题解决的程序（程序性知识）。

（四）信息、知识的关系

信息是有形的物质产品，与行动和决策无关，其被加工后形态会发生改变，可以复制；知识是无形的精神产品，与行动和决策相关，对其的处理能改变思维，经过学习才能获得，无法复制。

知识是有组织的大量的信息，是人类对信息加工处理后的产物，但并非所有信息都可成为知识。

二、认知心理学发展简史及评价

认知心理学是心理学科自身发展的结果，与西方传统哲学也有一定的联系。其主要特点是强调知识的作用，认为知识是决定人类行为的主要因素。这种思想至少可以追溯到英国的经验主义哲学家如培根、洛克等人。

认知心理学也继承了早期实验心理学的传统。19世纪赫尔姆霍茨和唐德斯提出的反应时研究法，是认知心理学家广泛采用的方法，并已有了新的发展。冯特是现代实验心理学的奠基人，他认为心理学的研究对象是经验、是意识内容，方法是控制条件下的内省，这与认知心理学相近。

格式塔心理学在知觉和高级心理过程的研究中取得重大成果，强调格式塔的组织、结构等原则，反对行为主义心理学把人看成是被动的、机械的刺激反应器。这些观点对认知心理学有重大影响，如认知心理学对知觉的认识。认知心理学是反对行为主义的，但也受到它的一定影响。认知心理学继承了行为主义严格的实验方法、操作主义思想等。认知心理学已不专注于内部心理过程的研究，也注意对行为进行研究。

认知心理学的形成也受到了外部学科的影响。首先，语言学对认知心理学的发展有很大影响，乔姆斯基的贡献巨大。控制论、信息论、计算机科学对认知心理学的发展也具有深远的影响。人可被当做是一个自适应、自学习和自组织的控制系统，也是一个信息加工系统。计算机科学与心理学相结合，产生了一门边缘学科——人工智能。计算机的出现使人们找到了分析人的内部心理过程和状态的新途径。计算机模拟法促使研究课题得以扩大。

图灵于20世纪30年代发表了后来被称为"图灵机"的数学系统，对心理学也产生了影响。数量逻辑和图灵机使人们想到，人类的认知系统也可以被视为符号运用系统。人类的某些观念可以用符号来表示，而且这些符号可以通过确定的符号运算过程加以变换。这些思想不仅在理论上，而且在具体研究上对认知心理学都有重要的作用。

认知心理学的基本观点是，用计算机的信息加工过程类比人的内部心理过程。计算机对所输入的符号进行编码、存储、加工，并输出符号。这可以类比于人如何接受信息、编码和记忆、决策以及如何变换内部认知状态，如何输出行为。计算机与认知过程的这种类比，只是一种行为上的类比，而不是计算机硬件和人脑的类比。

如果说行为主义的兴起是心理学发展中的第一次革命，那么认知心理学的兴起则是第二次革命，它是一个新"范式"，反对行为主义的基本观点。在心理学研究对象上，行为主义主张研究外显的、可观察的行为，而不管内部的心理过程；认知心理学则把研究重点转移到了内部心理过程。在研究方法上，行为主义强调严格的实验室方法，排斥一切主观经验的报告；认知心理学则既重视实验室实验，也重视主观经验的报告。对于认知心理学家来说，改变外部条件并不是目的，它只是揭示内在心理过程的手段。

认知心理学企图把全部认知过程统一起来。它认为注意、知觉、记忆、思维等认知现象是交织在一起的，对于一种现象的了解有助于说明另一种现象。它们之间的相互依赖关系，很可能会使人们发现人类认知过程的统一加工模式。认知心理学不仅要把认知过程统一起来，而且要用认知观点研究和说明普通心理学中的情绪、动机、个性等方面。认知心理学的观点还进一步扩展到了社会心理学、发展心理学、生理心理学和工程心理学等领域。

认知心理学在西方心理学中的出现和发展，具有一定的进步意义。它与西方心理学中统治多年的行为主义和精神分析主义截然不同。与行为主义的机械论的、简单化的刺激－反应公式相对立，它强调意识在决定行为上的重要作用；与精神分析主义的非理性主义相对立，它强调认识、理性的作用，反对把人视为被动的，而强调人的主动性。它重视心理学研究中的综合观点，强调各种心理过程之间的相互联系、相互制约。认知心理学在具体问题的研究上，在扩大心理学研究领域对计算机科学的发展也有相当贡献。

归结起来，认知心理学的产生原因是：①行为主义的失败（行为主义、新行为主义、格式塔心理学）；②"三论"（系统论、信息论和控制论）的影响；③计算机科学的影响。

三、认知心理学的性质及其发展特点

当代信息加工认知心理学的发展呈现出一些新特点，主要有：①认知心理学的研究取向；②与高新科学技术结合，在基础理论研究上有较大的突破；③将自然认知与社会认知的研究结合起来，促使信息加工的研究能更接近人类实际的认知过程；④将基础理论研究与应用研究相结合，不断扩大认知心理学的研究领域和应用范围；⑤研究层次由外显向内隐转变。认知心理学在发展初期，其研究大多数针对人的外显心理活动。但许多研究者发现人的心理存在潜意识层，心理学家们将元记忆纳入认知心理学研究范畴，说明心理学家从仅仅关注外部输入信息记忆过程，开始注意到人类在对信息的接收加工、储存和提取过程中所伴随的自我意识、自我体验和策略组织等一系列与记忆过程有关的认知活动。而且，元记忆现在已经成为越来越多认知心理学家关注和研究的热点问题，也有学者展开了对内隐记忆的研究。这一研究使人们把以前研究的外显记忆转向了更加深入的研究层次（内隐）。

下面对其中的几个研究思想作详细分析。

（一）对符号加工思想的分析

符号加工思想来自于人类认知与信息的计算机加工之间的类比，其理论隐喻是"心理活动像计算机的信息加工"，它把人脑比做计算机，把人的心理活动比做计算机对符号的逻辑操作。

把人的信息加工比拟为计算机程序运行，并暂时抛弃生理基础，认为人脑像计算机一样具有对信息接受、储存、编码、转换、回收和传递的功能。这样，人其实就是一个符号加工系统，认知的功能体现为对符号的表征和加工。符号加工思想重视的是符号加工的逻辑基础,强调的是功能水平。符号加工思想认为,无论是有生命的人还是人工的计算机都是通过操纵符号来加工信息的。符号是模式,其功能是代表、标志和指明外部世界的事物。符号通过一定的联系而形成符号系统。符号和符号结构代表着一定的内容和意义,是对外部事物的内部表征。符号不仅可以代表外部事物,也可以标志信息加工的操作,符号加工系统得到某个符号后就可以得到该符号所代表的事物或进行该符号所标志的操作。Newell 和 Simon 认为,符号加工系统均是由感受器、效应器、记忆和加工器组成的,且每一组成部分均有其相应的功能,而这些功能的系统性表现结果就是智能行为;反之,凡表现出智能行为的系统又必然具有这些功能(图0-1)。

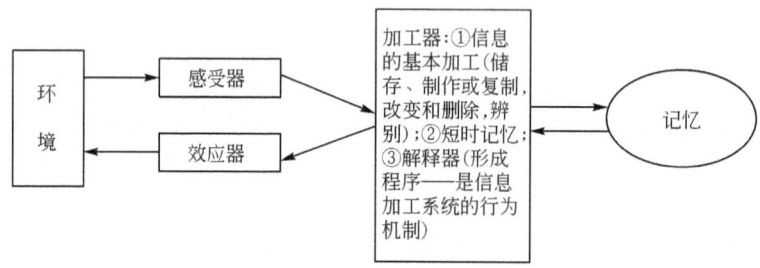

图 0-1 符号加工系统示意图

虽然符号加工思想曾成功地解决了以往困惑心理学家的诸多问题,在人脑思维功能模拟方面取得了很大进展,加深了人们对认知本质的了解,促进了心理学的发展,但其隐喻本身的局限性使其表现出诸多不足。具体而言,表现在以下几个方面:①计算机只能处理事实,而人是在生活于世界的过程中创造自身及事实世界的一种存在,计算机根本不可能进入人类组织起来的世界之中。②在信息加工方面也存在着一定的局限性。计算机进行信息加工时所需要的数据必须是离散的、明晰的和确定的,而人在进行认知加工时所需要的信息并不完全是明晰和确定的。③忽视了情感、意向活动、人格、变态心理、心理治疗等领域的研究,缩小了认知心理学的研究范围。

(二)对联结主义思想的分析

在符号加工思想遭遇怀疑与困难之时,20世纪80年代早期所复兴的联结主义思想则从另一角度为认知心理学的研究带来了新的生机,特别是1988年出版的《并行分布加工:认知的微观结构之探索》一书更对联结主义的观点进行了详细阐述。此后不久,联结主义很快成为认知心理学的"新浪潮"。联结主义思想以"人脑就是人脑"作为隐喻基础,其基础是并行分布加工和神经系统网络化结构。联结主义把认知系统看做是简单而大量的加工单元的联结网络,网络中的每一单元在某一特定时刻总是处在某种激活水平上,其实际的激活水平同来自环境和其他与之相连的单元有关。在联结主义看来,知识并不存在于特定的地点,而是存在于单元之间的联结中,学习就是建立新的激活模式或改变单元之间的联结强度,因此不同的激活模式能够解释不同的认知过程。相对于符号加工思想,联结主义思想与大脑的功能方式更为一致,因为人脑就是由大量神经细胞以复杂方式联结起来的。联结主义的基本前提是:单个神经细胞不传递大量的符号信息,而是针对大量与之相似并与之以合适方式联结的单元的计算。

联结主义思想试图构建一个更接近于神经活动的认知模型。与符号加工思想相比,联结主义网络具有平行结构和平行处理机制,能够同时平行处理所有的运算,操作所有的加工单元,这样就可以使网络以极快的速度感知一个事物并迅速对其作出判断;在联结主义网络中,知识是以交互激活的模式扩散于整个网络中,与此相应采用了分布表征的方式来加工知识。这种分布式表征既能同时满足多重约束,又可节约大量的单元,而且加工速度也很快;联结主义网络具有连续性和亚符号性的特点。这与符号加工思想是不同的,符号加工思想是以离散的物理符号来表征较高级的概念,处理的是知识的结晶;而联结主义网络则强调模拟运算的连续性和亚符号性的特征,它所表征和处理的是直觉经验以及尚未结晶或升华为用语言表达出来的概念,即"亚概念"。联结主义网络具有很强的容错性,这与人的生物大脑十分相似。人的大脑神经系统本身就具有很强的容错性,大脑细胞的自动死亡并不影响人的认知能力,甚至大脑的局部损伤也不影响其整体功能。联结主义网络也具有这样的特点,在联结主义神经网络中,某个神经单元的缺失或损伤并不影响整个网络的输出模式,对作业成绩也无实质性的影响。与人的生物大脑一样,如果神经元损失太多也会导致网络的输出发生偏差。此外,联结主义神经网络还具有自学习、自适应、自组织等功能,如果网络的输出发生错误,其自身就可以通过采取一定的训练策略来调整神经单元之间的权重,直到输出与期望相符。因此,联结主义思想对大脑的模拟更接近生物脑的实际情况,对心理实质的揭示也更符合人的真实心理。

联结主义反对人脑与计算机的类比,反对把心理内容表征及加工符号化,改以能量的流动及其加权运算来说明认知过程,回避了符号加工思想所遇到的困难，暂时缓解了认知心理学的危机，但联结主义也不能成功解决认知的本质问题。

既然符号加工思想和联结主义思想都不能从根本上解决认知的本质问题，研究者就不得不另辟蹊径，寄希望于第二次世界大战时期由吉布生所开创的认知的生态学研究思想。

（三）对生态学研究取向的分析

由于符号加工取向和联结主义取向受到责难，这引起我们对认知的生态学研究取向的关注，这是使心理学走出实验室，回归到人的生活情境的过程。生态学效度是指研究所获得的结果也应该能够适用于现实世界中自然发生的行为。生态学研究取向以人的生活经验和生活历史为隐喻基础，主张在现实环境中研究人的心理和行为，即要研究人的现实行为和自然发生的心理过程，认为认知不会发生在文化背景之外，而是在人所从事的各种活动的基础上，心灵和世界的共同生成。由此看来，生态学研究取向所强调的是人与环境的动态交互过程，尤其重视研究生态环境中具有功能意义的心理现象。生态学研究取向可以追溯到第二次世界大战时期。当时，吉布生负责为美国空军重新设计机舱内的仪表盘和机场跑道信号。在实验中，他发现在紧急起飞和着陆时，飞行员是在"直接发现"信号而不是在知觉中"构造"信号的心理表征。由此，吉布生发现了实验室中的认知心理学的弊端，并开始了知觉的生态学研究。吉布生认为，认知心理学家不能也不应该像生理学家那样给被试施加刺激，因为一个有理解力的主体是主动的、有目的的观察者，他是有目的地搜寻信息而不是被动地接受刺激。而搜索什么样的信息则取决于他的期望和环境究竟能够提供什么样的信息。在搜索信息的过程中，个体也在与环境不断地发生相互作用，并且利用从环境中所搜索到的信息来调节自己的活动以及自己与环境的关系。在此过程中，个体必须与环境保持接触，而要做到这一点，就必须依靠最基本的认知过程——觉察。受机能主义和格式塔心理学的影响，认知心理学的生态学研究取向否定在人为环境中研究认知现象的价值，否定实验室研究和计算机模拟的可靠性，淡化理论假设、实验设计和心理机制的还原分析，而强调在现场中探索心理过程的影响因素和特点，重视对生活情境中认知现象的直觉、描述和解释，这都在一定程度上克服了符号加工取向和联结主义取向的明显缺点，预示着认知研究的现象学回归，从而使对认知的研究走向更为广阔的空间。因此，认知的生态学研究在未来必然会得到加强。在当代认知心理学中，生态学的研究已经成为一种取向，这一取向直接导致认知心理学开始重新关注更具现实性的认知现象,使研究尽可能地贴近人们的实际生活,减少研究情境的人为性。但是,要想有效地开展生态学的认知研究,就必须充分利用现代科技成果和研究方法;否则,如果只是进行纯粹的观察,就会导致研究的低效,这与当前学科的快速发展及社会需要是不相适应的。

生态学研究取向主张在日常生活的实际状态中研究认知,要求将认知与整个环境联系起来进行考察,这必然会促进人与环境的协调发展,避免了心理学研究中的非人性化现象。而且,由于生态学研究取向主张把认知与现实生活结合起来进行研究,因此在技术层面上也为在现实生活中研究认知提供可能性。但是,由于生态学研究取向过分重视和强调人与环境交互作用中环境的作用,忽视了人在认知过程中的主观能动性,而且这种研究取向本身也存在一些弊端,因而遭到了人们的批评和质疑。Fodor 就认为,认知的生态学研究取向是不可行的,因为实际上不可能有一个合适的自然主义的心理学。

(四) 争论

认知心理学在其产生广泛影响的同时,也面临着许多挑战。首先面临的就是人脑和计算机之间结构和功能的可比性问题,其次是信息加工方式上的不同。

我们前面提到,人脑和计算机都可以被看做是信息加工系统,从而可以认为都具有智慧。但作为信息加工系统的人脑与计算机的不同之处在哪里呢?从结构上看,Norman 认为,与机器相比,人脑这一信息加工系统要多出调节系统和情绪系统,结构的不同对认知系统的功能有着重要的影响(图 0-2)。

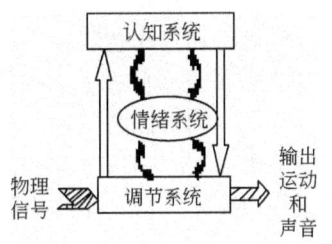

图 0-2 人的信息加工系统示意图

(1) 适用范围问题:是不是可以用计算机模拟人类全部的信息加工?

(2) 相似性问题:计算机的思维方式主要是条件判断,它与人类高效的推理、直觉和创造性思维有多大的差异?

(3) 各有千秋:人脑的加工速度较慢,信息容易丢失或被错误提取,但人有很强的适应性,人脑损伤后修复困难;计算机快而准确,可以永久保持信息,计算机遭到破坏后,容易被修复。

计算机的最基本行为是对从外部输入或接收的信息和指令作出反应。按功能分类有三种类型：①工具型，包括计算、信息处理、预测、自动控制、办公、管理、通信、教育和娱乐功能；②智能型，它具有模糊识别、学习提高、自动纠错、分析和归纳推理能力，即适应环境和自我优化能力；③情感型，它的输入过程模仿人的感觉方式，输出过程模仿人的反应情绪。

计算机的工具功能目前已经达到了非常高的水平，而且还在不断地发展和完善之中，显然它在这方面远远超过了人脑或人的能力。一台普通计算机的计算能力超出全世界所有人加在一起的计算能力也绝不是神话，在这一点上，人脑只有自愧不如。我们可以让计算机实现所有人的特定物理感觉方式，包括视觉、听觉、嗅觉、味觉、触觉，而且其识别范围和精度大大超过人的能力。但计算机本身只是接受和处理传感过来的数字信号，计算机的工具功能是它最主要的用途，几乎占百分之百，它这方面的能力主要依赖于硬件的进步和配置水平。

目前计算机开始朝智能型方向发展。尽管计算机在某些地方显得比人聪明或比人的脑子快一些，但计算机在智能化方面的进展远远比不上其硬件的进步速度。体现智能的最重要标志就是学习和自动纠错功能，换句话说，就是能够吸取经验教训，积极适应环境和不断完善自己。对于计算机来说似乎是要能够自发地更改人为的软件（逻辑部分）。问题是计算机经常不知道它的行为是否正确及如何纠正，因此它的工作离不开人机的交互。人类的智能特点是快速的、可进行有效取舍而不是全盘接受、模糊判断。

计算机在工作过程中依赖人机交互的程度直接反映了它的智能化水平。计算机的智能化水平更多的是依赖于软件。智能计算机也可被称为有经验的计算机，它可以解决难以建立数学模型的问题，通常这些问题有太多的变量或需要太多的历史和经验数据。智能计算机最重要用途是软件开发或者说智力开发，这比生物克隆的意义还要大，因为这几乎是智力克隆。

另外还有一个值得探讨的问题，那就是智力能否复制自己或被复制。人类的智力是靠教育和经验积累形成的。人的智力和性格各不相同，从而展现了人类丰富多彩的社会生活。现在无法肯定高智能的计算机能否在另一台计算机上完全复制自己的智力。我们不敢肯定一台计算机教另一台具有中学水平的计算机高等医学课程是花几年工夫还是仅用数分钟。

情感型计算机对硬件和软件都有极为特殊的要求，这方面的进展仅仅是初步的。这种计算机应该是仿真机器人的大脑。

友好的人机界面，计算机荧光屏显示人的不同表情面孔或发出不同口气的言语可以表达人机之间的"情感"交流，不过这种交流在很大程度上是单向的。计算机经常是个简单的、会取悦主人、没有脾气的"宠物"或是个自动心理咨询机。

情感与智能不同,它不仅与人的个性相关,而且在相当大程度上是人的社会化产物,它是人与人之间交流的产物,通过它,人们会产生共鸣和认同,以实现生理和心理上的平衡。情感交流是个复杂的信息交流过程,受时间、地点、环境、人物对象和经历的影响,有表情、语言、动作或身体接触。

虽然目前计算机尚无存在于人类中的那些邪恶,有时会比人更可爱,可以在一定条件下安慰受伤的心灵或减轻孤独感,但它毕竟是个机器。几乎所有表达情感的词汇都不适用于它,如嫉妒、喜悦、幸福、烦躁、厌恶、虚伪、紧张、吃惊、坚强、好奇、畏惧、勇敢、爱慕、空虚、孤独、抑郁、兴奋、幽默、炫耀、嘲讽、蔑视、崇拜、怜悯、迷恋、愤怒、偏执等。

善与恶就像真与伪、美与丑一样,从来都是一对孪生子,我们能接受情感型计算机同时带来的恶吗?只要真善美,只能是一厢情愿。

由于计算机的智能和情感不如人脑,因此计算机只有在这两个方面朝人脑方向靠拢。另外,人脑还有计算机不具备的生理和社会性两项功能。生理功能是大脑维持身体器官和组织的正常状态和代谢过程;所谓社会性功能是指人际关系的作用,人的思维和行为与社会环境或他人的态度有很大的关系,社会性是人的最重要属性,计算机模拟人脑是绝不能忽略它的。

欲望、情感和意志是具有主体意识的人类本身专有的,一旦它们脱离人就不存在或者说变成了假的。情感只有是真的时才能起作用,不可想象一台机器会自发地产生那些根本不属于它的特性。情感是不能制造的,模拟永远是假的。计算机不具有任何社会性需求。具有人类情感的计算机就像永动机一样永远不会实现,除非它具有独立意志。

人脑的工作可以是在无意识和意识两种条件下进行的。无意识是不知不觉的,而意识则是清楚的和明确的。人脑的结构和工作机理至今仍未被人类搞清,这至少说明人脑是极为复杂的。计算机的最基本构成是处理器、内存和总线结构,它们只能对电路的开关作出反应和发生作用,这些决定了计算机的"思维"方式,这种结构可以看做是计算机的思维活动平台。计算机不存在无意识,没有心理平衡问题,无法建立主体价值观,不能自动对所有的感受进行过滤以便处理有用和必要的事情。

人脑不是处理"0"和"1"的装置,它直接接受和处理模拟信号。它的记忆是关于经验的建立、关联和组合。人脑进化到现在,应该说目前是大自然赋予的最佳结构和配置。

计算机的软、硬件都不是自发进化而成的，因此它不会具备人脑的本质特性，人是感性和理性的矛盾统一体。尽管计算机作为工具在处理相当多的理性问题方面已经大大超过了人类大脑的能力，而且可以模拟人的某些感性特征，但是它的数字化本质是纯理性的，我们人类尚无法使计算机具有本能和无意识。未来计算机可以让我们的社会数字化，但我们却不能让它感性化，更谈不上理性化。

（五）加工方式

1. 系列加工与平行加工

信息加工心理学认为，人脑的信息加工活动以序列化方式进行。在其许多理论假设中，串行加工模型占主导地位。根据串行加工模型假设，外界信息进入人脑后，要经过一系列的加工活动，输入、编码、存储、处理、提取、输出反应是信息加工的不同阶段。20世纪80年代以后，随着计算机科学、神经科学的发展，心理学家日益体会到人的信息加工活动在很多方面较计算机更为优越，串行加工模型不足以解释人的各种复杂的认知活动，于是又提出了信息的平行分布加工模型，或称神经网络模型（PDP）。

平行分布加工模型假设认知系统由成千上万个相互联系的加工单元组成，每个单元都具有相同的简单功能，即输入、输出和激活状态，认知系统靠这些单元之间的联结进行信息加工活动。平行分布加工模型可以解释从知觉到思维的各个领域中的广泛的问题。该模型并不把记忆看做是储存在大脑中的一组事实或事件，而把记忆看做事件以成组或单元模式被获得时的一组关系，所储存的是这些模式单元间所建立的联结。学习也就是建立单元间适当的联结强度，在一定的环境下激活正确的模式。平行分布加工模型更符合人脑的神经系统的网络活动，能更有效地解释人的知觉和学习活动。当前，这个模型是认知心理学的一项研究重点。

总之，系列加工与平行加工属于现代认知心理学中一种信息加工模型。以符号加工为研究取向的研究认为，人的信息加工过程是系列加工，但联结主义取向的研究则将人的信息加工过程看做是平行加工。由于这两种加工方式都有相应的理论为其作出严密阐述和证据支持，因此，这两种加工方式现在均被认为是人的信息加工方式。

2. 离散信息加工与连续信息加工

先介绍数据通信的几个基本概念。数据：通信的目的是传递信息，数据是信息的实体。数据有两类，即模拟数据和数字数据。模拟数据反映的是连续信息，如话音、电视图像等；数字数据反映的是离散信息，如电报数字、文字和二进制。信号是数据的电编码，有模拟信号和数字信号两种基本形式。模拟信号是在某一数值范围内可连续取值的电信号，数字信号是离散信号。

与数据通信类似，现代计算机是按数字原理来工作的，它的加工对象是以 0 或 1 来表征的离散信息。连续的模拟信息需要通过模数转换器转换为离散信息，才能为计算机接受和加工。但人除了具有极强的加工离散信息的能力之外，信息在人脑里还可以被表征为连续量，而非全或无、是或非的离散状态，即人可以进行模拟加工或类比加工。由于离散信号不能完全准确地表达连续的模拟信息，会存在一定的误差；且影响人的类比加工往往是在输入阶段，而数字电信号具有一定的抗噪声能力，且容易向其他载体传递。因此，可以进一步看出，对于模糊或干扰信息，人类的加工能力是比较强大的；计算机的信息加工将更加精确、速度更快，但可能损失了许多重要信息。

稍微补充一点关于模数转换器的知识。模数转换器是将模拟电信号转换为数字电信号的器件，在计算机等装置中运用广泛，其主要衡量指标是转换速度和量化精度。

（六）认知心理学的未来发展

正因为对认知心理学的认识一直处于争论之中，所以对其未来发展人们一直还未最终确定，但在本书中，我们大胆认定，目前可以看到它的一个大致方向，并结合现代研究热点进一步指出其当前具体的研究方向。

1. 未来的大致方向

综上所述，认知心理学的发展经历了三个途径：①以符号为定向，类比于计算机，通过符号的串行加工方式建立心理模型，这就是所谓的符号加工取向。20 世纪 60 年代，符号加工取向是认知心理学的主要倾向和核心理论。②以人脑的神经系统作为比拟，试图通过神经网络的并行加工方式建立心理模型，这就是所谓的联结主义取向。到了 80 年代，复兴后的联结主义取向开始在认知心理学中占据上风。③在具体的现实环境中来研究人的心理，因为人的所有心理活动都是由文化背景、社会环境"塑造"的，这就是认知的生态学研究取向。生态学研究取向实际上产生于 20 世纪 50 年代，形成于 60 年代并在不断地默默成长。90 年代，当符号加工和联结主义取向遭遇了难以克服的困难时，它才开始受到研究者的重视。

就认知心理学的三种研究取向而言，符号加工取向和联结主义取向均立足于实验室研究，采用假设、类比和模拟的方法来研究人类的认知，都从不同角度、不同程度上揭示了人类认知的本质，并取得了丰硕的研究成果。但这些成果对解释和说明人的心理生活是很不够的，因为人的心理生活更多的是发生在实验室之外，因此，生态学研究取向在认知等心理现象研究的过程中是必不可少的。生态学研究取向虽然保留了符号加工取向的成果，但却反对符号加工取向分离和孤立地考察认知加工系统的观点，主张应把符号加工取向放到现实世界中去，并认为这对于说明心理状态是关键性的。符号加工取向曾一度代表着认知心理学的发展方向，但不能据此而认为联结主义取向或生态学研究取向就代表着认知心理学的未来。事实上，认知心理学的各种研究取向在认知心理学的发展中是不可相互替代的，它们都为揭示人的心理活动的本质作出了贡献。虽然生态学研究取向与符号加工取向和联结主义取向同时发生在现代认知心理学的起点，但却并没有得到更多的技术支持和足够的重视。前两种研究取向为认知心理学的研究积累了丰富的素材，并且它们还将继续在认知心理学的研究中取得重要进展。但必须加强认知的生态学研究，把实验室的认知研究与生态学的认知研究结合起来，只有这样才能全面构成认知心理学的研究框架，否则认知理论就严重缺乏解释效度，很难真正说明人的心理活动的本质，从而使认知心理学的成果缺乏生态意义。但如果没有严格的实验室研究，认知心理学就难以成为完善的科学，也难以对认知的内在机制进行深入研究。因此，认知心理学的发展必然会出现实验室研究与现场的生态学研究相融合的趋势。

2. 当前的具体方向——社会、文化和神经机制的取向研究

虽然联结主义和生态学研究倾向的出现使得认知心理的研究开始注意人所处的环境和人脑自身，但这毕竟还是一个比较笼统和模糊的转向。那么，未来的认知心理学具体应该转向何方？从目前来看，答案应该是社会、文化和脑机制上。

众所周知，人脑是生物亿万年进化的结果。在人脑进化发展的过程中，社会文化、历史条件无时无刻不在其上烙上印迹，从而使人脑具有一定的社会文化属性。可以说，社会文化属性是人脑不同于任何其他动物脑的主要客观内容，文化表象是人脑优越于动物脑的主要思维形式。所以，我们不能仅从大脑内部来寻找意识的来源，意识现象绝不是大脑细胞单纯的生物生理生化活动的结果。而且人脑在进化发展的过程中借助于语言等独特的文化力量发展、丰富和完善了第二信号系统，从而使人在从事任何活动的过程中都表现出一定的创造性。这是任何脑模拟研究都无法做到的，对大脑的模拟研究充其量只是对大脑生物结构的模拟，并在对大脑生物结构进行模拟研究的基础上推论其功能，但却根本无法模拟大脑本身所具有的这些带有社会文化历史色彩的属性。把心理活动看做大脑神经元整体活动的联结主义以脑模拟研究为基础，虽然也在某些方面揭示了心理活动的本质，但那只是与心理活动本质近似，而不是心理活动本质的真谛。而且，尽管联结主义研究者已经提出了几十种模型，也将其广泛地运用于模式识别与图像处理等领域，但其自身仍然难以摆脱认知科学中最棘手的常识问题，对于符号加工取向所遇到的很多困难仍然束手无策。由此看来，联结主义取向在揭示认知的本质方面也是有一定局限性的。

四、认知心理学与其他学科的关系及对相邻学科的影响

苏联心理学家拉莫夫提出，认知心理学的理论基石为社会心理、个性心理、神经生理、心理过程（图0-3）。认知心理学与相应的学科呈交叉关系，对教育学、管理学、心理咨询和心理治疗、人工智能研究等也有着非常巨大的影响。

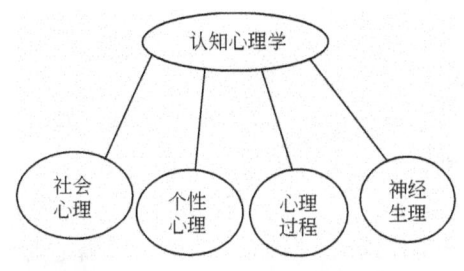

图0-3 认知心理学的理论基础

五、认知心理学的研究方法和技术

（一）研究方法

认知心理学中一般的研究方法是为了追求实验的内部效度，主要是为了探索心理内部的信息加工过程。因此，从某种意义上来说，它是从内部

流程的角度（使用反应时法）来加以研究。借助这样的研究方法，认知心理学取得了丰硕的成果。但随着现代科技的发展、心理学研究的不断深入，对于心理现象的研究开始越来越注重实验的外部效度。我们认为，这个思路要求进一步关注神经机制、社会文化背景、微观发生等。下面我们具体进行介绍。

1. 反应时法

认知心理学中通常采用速示法，即迅速地呈现刺激，要求被试作出反应，通过分析被试的反应时和正确率来回答特定的问题。反应时（机体反应潜伏期）和作业成绩为指标反应时（接受刺激到作出反应之间的时间间隔，是反应变量），1868年荷兰生理学家Donders将其引入到心理学的研究中。

1）减法反应时

减数法反应时实验的逻辑是安排两种反应作业，其中一个作业包含另一个作业所没有的一个处理（加工）阶段，并在其他方面均相同，从这两个反应时间之差来判定此加工阶段。这种实验在原则上是合理的，在实践上是可行的。认知心理学也正是应用减数法反应时间实验提供的数据来推论其背后的信息加工过程的。减数法的不足之处：要求实验者对实验任务引起的刺激与反应之间的一系列心理过程有精确的认识，并且要求两个相减的任务中共有的心理过程要严格匹配，这一般是很难的。这大大限制了减数法的广泛使用。

2）加法反应时

1969年心理学家斯腾伯格（Sternberg）发展了唐德斯的减数法反应时间，提出了加法法则，称之为加因素法（additive factors method）。这种实验并不是对减反应时法的否定，而是对减数法的发展和延伸。

加因素法反应时实验认为，完成一个作业所需的时间是一系列信息加工阶段分别需要的时间的总和，如果发现可以影响完成作业所需时间的一些因素，那么单独或成对地应用这些因素进行实验，就可以观察到完成作业时间的变化。如果两个因素的效应是互相制约的，即一个因素的效应可以改变另一因素的效应，那么这两个因素只作用于同一个信息加工阶段；如果两个因素的效应是分别独立的，即可以相加，那么这两个因素各自作用于不同的加工阶段。这样，通过单变量和多变量的实验，从完成作业的时间变化来确定这一信息加工过程的各个阶段。因此，重要的不是区分出每个阶段的加工时间，而是辨别认知加工的顺序，并证实不同加工阶段的存在。加因素法假定，当两个实验因素影响两个不同的阶段时，它们将对总反应时间产生独立的效应，即不管一个因素的水平变化如何，另一个因素对反应时间的影响是恒定的，这样称两个因素的影响效应是相加的。加因素法的基本手段是探索有相加效应的因素，以区分不同的加工阶段。

加因素法的不足之处是，它的基本前提是人的信息加工是系列加工，这一点受到很多心理学家的质疑。因为加因素法反应时实验是以信息的系列加工而不是平行加工为前提的，因而有人认为其应用会有很多限制。更为直接的问题是关于加因素法反应时实验的逻辑，即能否应用可相加和相互制约的效应来确认信息加工的阶段。心理学家帕奇勒（Pachella）在1974年指出，两个因素也许能以相加的方式对同一个加工阶段起作用，也许能对不同的加工阶段起作用，并且相互产生影响。还有人指出，加因素法反应时实验本身并不能指明一些加工阶段的顺序，在这个方面，它极大地依赖于一定的理论模型。

2. 引入生态效度的研究方法

（1）引入生理机制研究的方法，即神经心理学方法。神经心理学是通过研究脑损伤病人的心理障碍与脑损伤部位和性质的关系，来揭露心理活动的脑解剖学和生理学基础。神经心理测验是传统神经心理学的重要方法。著名的成套神经心理测验方法有赫勒斯蒂德－利他成套测验（HRB）、鲁利亚－尼布拉斯加神经心理测验。近年来，随着神经心理研究领域的扩展，又出现了许多新的方法，如神经行为认知状态测验工具（NCSE）、高素荣等的汉语失语症检查法。这些测验对于失语症的诊断有很大帮助，也为语言的认知研究提供了许多证据。在神经心理学研究中，双分离（double dissociation）是一种重要的思想。它要求被试在同一控制变量下完成A、B两种不同的任务，如果一些被试完成A任务的成绩总是优于B任务的成绩，另一些被试则完成B任务的成绩总是优于A任务的成绩，那么作业成绩的双分离就可用来说明两个功能系统之间存在着并行加工过程。这种范式为语言认知研究提供了新的思路。

（2）引入文化背景的研究方法。这个角度的研究成果可以归属于文化心理学和跨文化比较研究。

（3）引入社会环境。群体、群体规范、网络环境这个角度的研究成果可以归属于社会心理学。

（4）引入发生、发展和教育维度。这个角度的研究成果可以归属于发展心理学和教育心理学。

（5）引入对认知的认知维度。这个角度的研究成果可以归属于元认知研究。

认知心理学的生态基础见图0-4。

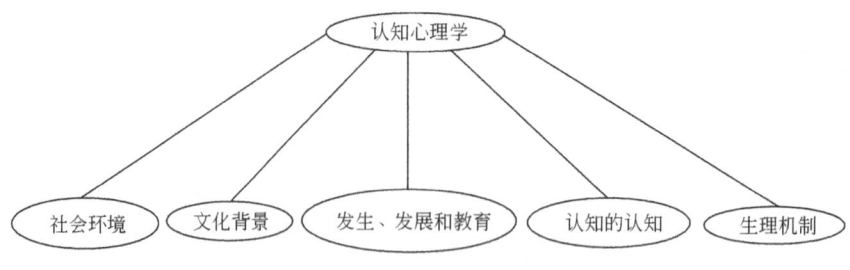

图0-4　认知心理学的生态基础

（二）研究技术

这里我们只列出一些基本的研究技术（本书主要是指依赖于特定装置并有特殊要求的），由于每种心理现象的特殊性，对其又有特殊的研究方法和技术，因此，在每章中我们将对其进行另外介绍。

1. 眼动技术

眼动技术是指通过眼动记录仪器记录和分析被试在观看图形或阅读过程中的眼球停留位置、眼球运动形式和轨迹，以此探究被测人认知特征的一种方法。眼动研究被认为是视觉信息加工研究中较为有效的手段之一，因为眼球运动不仅反映被试对环境的感知情况，而且还反映信息整合及视觉信息加工过程。根据眼动轨迹，可以分析眼动类型、注视时间、回视、眼跳等。这种技术多用于精神分裂症、睡眠障碍患者和注意缺陷多动障碍。

2. 计算机模拟

计算机模拟是认知心理学经常采用的一种方法和技术，从20世纪50年代以来，它已被广泛地应用于知觉、意象、问题解决和语言加工的研究中。认知的模拟是通过建立模型来阐明认知信息加工的计算原理，其最终的目的是要了解人类认知系统是怎样利用微观组件及其相互作用来完成对信息的表征与处理。早期的计算机模拟是在物理符号系统假设的基础上进行的，它的逻辑暗喻是机器。这种假设认为，人的信息处理本质上是一种基于逻辑与规则的符号序列处理，它的特点是通用性、离散性和程序性。

即计算机模拟的理论基础是依照信息加工模型,后来发展为依照联结主义模型,如陈鹰和彭聃龄(1994)参照单词识别与命名的分布、发展模型,建立了汉字识别与命名的联结主义模型。后来,刘颖和彭聃龄(1995)设计了一个基于语义的计算模型,用来模拟汉语的词汇判断作业。他们在研究中总结道:"我们在计算机上模拟了汉字读音和汉语词汇判断两种最常见的人类认知活动。结果表明,用计算机模拟能有效地验证字词识别中的频率效应、汉字形声字读音的一致性效应或规则效应、语境与词频的交互作用、语义启动效应、刺激衰减对词汇判断的影响等。这使我们有可能在一定程度上用计算机模型来解释人类字词识别的内部结构与过程。"

3. 启动技术

启动技术是指实验中快速呈现一个刺激(启动项目)之后,再延迟片刻后呈现第二个刺激,并要求被试对第二个刺激作某种判断,譬如,"第二个刺激与第一个刺激一样吗?"这种技术已被几代认知心理学家使用过,而且简单的启动技术(暗示被试作出反应)在早期的实验心理学中已经出现,即可以追溯到19世纪。随着现代化的速示器(快速呈现刺激和测量反应时的一种仪器)的出现,以及计算机特别是最近的脑成像技术的出现,启动实验已经变得更加普及。启动实验,尤其为检测语义效应而设计的启动实验,其背后的原理是:当激活一个可能与其他项目相关的项目时,后者的可接受性得到提高,这种效应称为语义启动(semantic priming)效应。例如,与预先看见一个亮绿色小方块或者什么也没看见相比,如果你预先看见一个红色小方块,你识别单词 blood(血)则要快得多。

六、本书的结构、思路和内容

综上所述,本书的思路是:由生活中随处可见的模式识别(辨认客体并进行命名)引出表象、概念和语言,由概念的形成和相互间的关系引出思维和记忆。模式识别是贯穿本书始终的线索,因为个体的记忆、思维等心理现象必须以此为发端。与概念对应的是命题,对其的记忆和加工研究也将予以介绍。因此,本书认为,知识或信息的表征依赖于两个系统:知觉表象系统和语义符号系统。后象-表象和概念-命题是分属于两个不同系统中的。本书的章节编排主要是按照认知心理学的一般框架,不过,我们在每一章中会介绍一些比较新的研究内容和成果。又由于心理现象实际上彼此是密切联系的,因此,有几章是综合性地来论述心理现象。

第一篇 认知心理学的研究

第一章 知 觉

第一节 什么是知觉

感觉是人脑对事物的个别属性的反映,而知觉是人脑对事物整体属性的反映。知觉是多种分析器联合活动的结果,同时,语词在其中也起着重要作用。普通心理学中知觉内容的介绍使我们初步知道了知觉是个有趣的心理现象。但是我们的知觉过程是如何发生的呢?知觉实质是一种什么心理现象呢?这是认知心理学要进一步研究的内容。目前认知心理学将知觉看做是一种模式识别,是人脑对感觉信息的组织和解释。知觉既具有直接性,也具有间接性。知觉是将感觉信息组成有意义的对象,即在已储存的知觉知识经验的参与下,理解当前刺激的意义。

模式识别是认知心理学研究领域中的重要问题之一,同时也是人工智能、神经科学等学科所关注的课题。模式识别在计算机学科中又可被看做是技术。如基于文字识别技术的笔输入计算机,它用笔输入代替了键盘输入,这样就简化了计算机操作,提高了效率。模式是指由若干元素或成分按一定关系形成的某种刺激结构。广义地说,模式是刺激在时间和空间上的组合,因此,文字、语音等都可以是模式。不同的感觉通道上也都有其适宜的信息模式。

我们身处在纷繁复杂的世界中,这个世界就是我们感知觉的对象。我们面对的对象有非常熟悉的、似乎是熟悉的和从未见过的。对于非常熟悉的对象,我们如何知觉呢?大家会说靠记忆,不错。比如,问你图1-1中"何"字你为何认识,你会说脑子里有这个字。对于图1-2,你会知觉到什么呢?你会说有点像茶杯,因为它与脑子里的茶杯形象比较接近。因此,脑中的茶杯是一种原型,借助它你识别出了当前的图形。

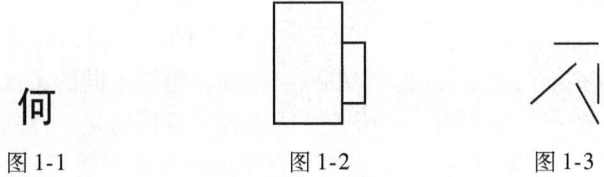

图1-1　　　　图1-2　　　　图1-3

对于图 1-3，你知觉到了什么？你会说不知道是什么东西，是由若干条直线和斜线构成的图形。这个图形你从未见过，但要说清楚是什么的时候你会将其构成特征说出来。因此，前述的生活经验其实隐约在告诉我们，知觉过程是一种模式识别，其发生是有一定规律的。后来许多研究证实存在三种模式识别理论：模板理论（模板匹配模型）、原型说（原型匹配模型）和特征分析说（特征分析模型）。认知心理学的知觉研究主要涉及模式识别，特别是视觉的模式识别。

一、模式识别学说

（一）模板说

模板说认为在人脑中储存着许多各式各样的过去在生活中形成的外部模式的袖珍复本，这些袖珍复本即称做模板（template）。模板是一种内部结构，它们与外部的模式有一一对应的关系；当一个刺激作用于人的感官时，刺激信息得到编码，并与已储存的各种模板进行比较；然后作出决定，判断哪个模板与刺激有最佳的匹配，就把这个刺激确认与那个模板相同。这样，模式就得到识别。该学说后来的发展是，增加了一个预加工过程。即在模式识别的初期阶段，在匹配前，将刺激的形状、大小或方位等加以调整，使之标准化。

（1）模板说的优缺点。模板匹配既有长处又有短处。有利的一面：个体在识别一个形状、一个字母等时，显然必须搜索一个对应的内部形式。一对一的关系使得匹配快速、省力。不利的一面：模板匹配理论在解释上遇到了困难。例如，仅当外部物体和它对应的内部表征为 1:1 时，或者说是完全重叠时，对外部物体的识别才可能；如果当一个物体与它的模板不吻合时就不能被识别。这意味着我们需要形成数百万个模板来匹配生活中看到和识别的各种各样的几何形状。这将增加记忆的负荷，使识别不灵活。因此，由于其严格性，它不能充分解释人类模式识别的多样性、准确性和经济性。

（2）实际运用。作为模式识别的一种理论，模板匹配理论有其实际作用，例如，对条形码的识别。条形码是商品的身份证，商场里计算机结算时，扫描仪扫描的是条形码，它由黑白相间、粗细不同的条纹组成。在条形码下方的一组数据是代码，它所表达的内容和条形码是一样的。代码一共有 13 位，前三位代码 690～693，表明是在中国内地注册使用的；前 7 位或前 8

位是厂商识别代码，也就是某公司某厂；后 5 位或后 4 位表明商品的特性，说明这是一个什么样的商品；最后一位是校验码，供计算机识别用。

条形码的下一代产品无线电频率识别标签（RFID）是一种无线通信设备，它可小至一粒米，大到一张信用卡，能被用于识别、定位或监视物体。一个 RFID 通常由三部分组成：读出器、硅芯片以及相关的天线。读出器天线发射无线电信号给标签，RFID 标签通过自己的专用天线接收此信号，利用它从信号得到的能量（有的 RFID 标签上装有电源）启动标签上的集成电路芯片工作。读出器也由天线、信号收发报机与译码器组成。一旦 RFID 标签上的芯片被激活启动后，就开始读出、写入数据操作，读出器可把通过天线得到的标签芯片中的数据，经过译码送往主计算机处理。该技术主要包含两个部分：标签（相当于条码技术中的条码符号，用来存储需要识别传输的信息）以及能够探测标签反射能的监视器。据悉，这项技术最早应用于军事和国家安全领域，例如，用来跟踪火车和汽车的交通安全情况，识别美国军队中士兵们的身份等。这一技术商业化后将被广泛应用于商品的连锁管理，也可作为公司和机构的安全监控系统，公司或机构可利用该技术跟踪办公室或库房里贵重物品的去向。

（二）原型匹配说

所谓原型，是一类客体的内部表征，包含了一类客体具有的基本特征。在长时记忆中将一些刺激模式的抽象表征储存起来，刺激模式与原型进行比较，如果能找到相似性，这个刺激模式就被识别出来。

（1）原型匹配说的优缺点。从神经活动机制来看，原型匹配说不但满足了神经活动的经济性要求，而且还能识别那些"不常见"的但在某种程度上与原型有联系的刺激模式。

（2）实验证据。Posner、Goldsmith 和 Welton 所作的这个研究是关于原型的经典实验。他们想研究三角形（还有其他一些形状）的原型，然后测量被试对一些接近原型的其他形状的反应（图 1-4），实验结果证实了原型匹配说的合理性。原型理论提出了集中－倾向模型和特质－频率模型两种理论模型。集中－倾向模型认为原型代表的是一系列实例的平均数或集中量数，特质－频率模型主张原型代表的是最常经验到的特质的众数或总和。

（三）特征分析说

特征是构成模式的元素或成分以及关系，模式可分解为特征。如字母 E 由三条横线、一条竖线和四个直角构成，四个直角是线之间的关系，这

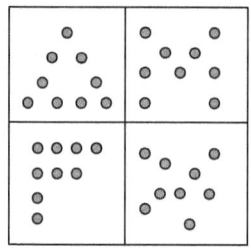
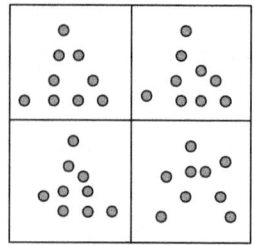

原型的模式　　　　　畸变的三角形

图 1-4　Posner、Goldsmith 和 Welton 在他们的研究中所使用的四种原型和三角形的四种畸变图形

些均为特征，模式识别时，首先对刺激信息的特征进行分析，抽取特征及特征间的关系，然后再与记忆系统中已储存特征进行比较，一旦达到最佳匹配，该刺激模式就得到识别。心理学家谢夫里奇（Selfridge）（1959）提出"鬼蜮"模型（pandemonium）（图1-5）：魔宫里有许多鬼，它们分别位于四个层次或阶段，每个层次上的鬼具有特定的功能以完成特定的任务。第一个层次的鬼是"映像鬼"（image demon），是摹写输入的外界刺激，对其进行编码，形成表象。第二个层次的鬼是"特征鬼"（feature demon），它们只搜寻和选择某个特征，如英文字母中的水平线、直角等，并作出反应。第三个鬼是"认知鬼"（cognitive demon），它们倾听"特征鬼"的喊叫，并作出反应。如果发现特征越是符合某个模式，它们的喊叫声就越大。第四个层次的鬼是"决策鬼"（decision demon），它们听到"认知鬼"的喊

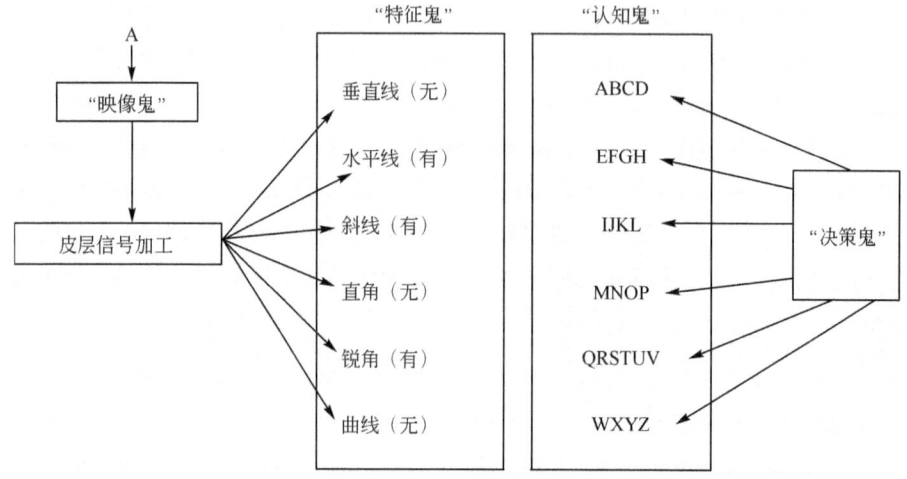

图 1-5　"鬼蜮"模型

叫声后，根据喊叫声最高的"认知鬼"来最终决定模式是什么。由此模型可以看出，模式识别的分析过程是等级化的，平行加工和系列加工是同时进行的。

（1）特征分析说的优缺点。特征是一种微型局部模板，可以不管刺激模式大小、方位等细节；同一特征可以出现在不同模式中（减轻记忆负担）；可以通过学习获得。特征分析说兼具模板说、原型匹配说中的合理成分，具有更强的适应性和变通性。

（2）实验证据。①生理学研究的支持。动物的视觉系统似乎包含了一些专门的特征觉察器，它们能帮助识别简单模式的某些特征。Hubel 和 Wiesel 通过将微电极插入猫的大脑皮层中的特定区域发现，某些神经元可能对一个垂直的光条有强烈的反应，而距离非常近的另一些神经元，则可能对偏离垂直方向 10°的光条有最强的反应。因此，一小块视皮层可能包含了各种各样的神经元，其中一些对垂直的线条作出特别的反应，另一些对水平的线条作出特别的反应，还有一些则对斜线作出特别的反应。推测人可能也有特征觉察器。②固定网像实验。一般来说，人注视一个客体，该客体的网像并非完全固定，它的位置会发生一些变化。但通过一种技术可使客体即便在眼动条件下，在视网膜上的像的位置也不变，即得到客体的固定网像。若一个客体被严格地投射到视网膜的同一部位，即排除眼睛的任何活动，那么对该客体的知觉就会消失，对这个客体将视而不见。但实验表明，这种知觉并非立即全部性的消失，而是部分地逐渐消失。

二、知觉的产生是直接的还是间接的

概括起来，模式识别是人将输入刺激与长时记忆中的信息进行匹配，辨认出刺激是什么，并作出命名的过程。因此，它是一个典型的知觉活动过程。当然，模式识别也是人的一种基本认知能力，在人的心理活动中起着重要作用。现在，我们再仔细分析我们的知觉经验。其中一个问题是，我们脑中有的模板、原型和特征是从何而来的。显然，这些都是通过学习基于经验而获得的，因此，可以说知觉依赖人的后天经验，是间接的。过去的知识经验主要是以假设、期望或因式的形式在知觉中起作用的。人在知觉时，接收感觉输入，在已有经验的基础上，形成关于当前的刺激是什么的假设，或者激活一定的知识单元而形成对某种客体的期望。知觉是在这些假设、期望等的引导和规划下进行的。这就是知觉的假设考验说。

这个观点是绝对的吗？之所以有疑问，是因为我们可以再接着思考这样的问题：在婴儿期，婴儿能逐渐识别出哪张面孔是母亲的，哪张不是。他如何获得这样的经验呢？他如何成功地实现模式识别呢？吉布森认为，对于知觉，它可以是直接依赖于刺激物和所处的环境而产生的，由此他提出了知觉的刺激物直接生成学说。该学说的观点主要有：知觉时，刺激物本身已包含有获得正确知觉的足够信息，并不需要内部表征。知觉过程中知觉者只做很少的加工，因为世界已提供了如此丰富的信息，几乎不需要知觉者再去建构知觉和作出推断。因此，知觉由从环境中直接获取的信息构成。

直接知觉观点对我们理解知觉的重要性表现在如下两点：①让我们注意到感觉刺激的重要性。该理论提出，对感觉刺激的加工是简单的和直接的，认知和知觉是一种自然的生态现象。直接知觉理论一定程度上可以帮助我们理解感觉印象的早期知觉，而建构性知觉理论可以帮助我们知晓会思维的大脑是如何理解感觉印象的。②在察觉客体时，人类（和其他动物）的推演能力不仅对理解不完整的刺激很有益，而且对物种的生存来说也是必需的。在吉布森看来，在充满刺激的世界中，刺激仅在其大脑中停留几百毫秒，对客体的知觉就形成了。

由此可以看到，关于知觉的形成，从发生的角度来说存在两种对立的观点：后天环境论和先天论，这两种观点有不同的研究成果作支持。综观这些研究成果，我们不难看出，研究者们是从不同的侧面来思考、研究知觉问题的，知觉研究的焦点问题——先验论与经验论之争至今仍然没有得到解决。但近几十年来，心理学家们在系统收集了早期经验对知觉发展的作用的研究材料的基础上，对于先天论与经验论这一问题的认识已经改变，人们不再持一种非此即彼的绝对观点。因此，这表明知觉是具有直接性和间接性的。

三、知觉是自上而下加工和自下而上加工的相互作用

迄今为止，我们所讨论的模式识别理论主要集中在人们如何觉察孤立的对象上。自下而上加工也叫数据驱动或刺激驱动加工，它强调了刺激本身在模式识别中的重要性。与刺激有关的信息来自感受器，这些信息触发了模式识别过程。简单、基础水平的特征结合，使我们能够识别更复杂的、整体的模式。然而，事实上，知识和期望也能够帮助我们识别客体。这样，除了自下而上加工之外，模式识别还涉及另外一个重要过程，即自上而下加工或概念驱动加工。这种加工强调概念和高水平过程对模式识别的影响。

试想一下拼图游戏（图1-6）：最初阶段，只有一些零乱的拼块，我们只能根据拼块的形状和颜色思考把各拼块拼到哪里，在错误中不断尝试。这一阶段主要是自下而上加工。接下来，大致有个整体的轮廓了，可以预测所要描述的是一个什么样的图案，此时，根据已有的这方面知识，开始寻找可以拼的拼块。这一阶段主要是自上而下加工。因此，在解决难题时，人们的知觉模式识别有自下而上加工和自上而下加工两个方向。

图1-6　拼图游戏

知觉更多地依赖于感觉输入的直接作用时，自上而下加工作用就减弱；如果知觉更多地依赖于自上而下加工，那么对物体直接作用的依赖程度就下降。更多情况下，两者交互作用。

四、知觉是从哪里发生的

前面我们介绍了模式识别的三大理论，对它们进行分析后，我们会问：知觉到底是如何开始的呢？目前，有三种可供选择的观点：从整体到局部；从局部到整体；整体与局部一起进行。一直以来，这几种观点都在不断争论着。但是目前的研究似乎更支持知觉是从大范围的拓扑性质开始的。

（一）拓扑性质和特征捆绑

何谓拓扑性质？具体而言，在拓扑变换下不变，洞就是拓扑性质，而且是一种典型的大范围的拓扑性质，顺序关系也是拓扑性质。而距离、方向、大小等是局部性质，它们会在变换下发生改变。圆、三角形和方形在拓扑学中是全等图形或等价图形，因为它们的拓扑性质是相同的，即是拓扑等价。通常的平面几何或立体几何研究的对象是点、线、面之间的位置关系以及它们的度量性质。拓扑学与研究对象的长短、大小、面积、体积等度量性质和数量关系都无关。

特征捆绑（feature binding）这一概念最早是在特征整合和知觉区分的

研究中提出来的。近年来，捆绑理论已经成为意识争论中的一个焦点问题。对其可从行为和神经机制角度来加以研究。行为范式中捆绑机制有特征整合理论、捆绑的形式模型和捆绑的双阶段理论三种。神经机制上，捆绑是将散布于不同皮层区的分散信息进行合理组织，整体性地知觉外部世界的客体，因此，捆绑是以凸显一部分信息，并将这些信息与特定的相关的内容结合起来为前提条件的。从它的内容到模型机制理论的建立，目前仍存在很多争议，行为与神经机制的结合将是捆绑理论的研究重点。

（二）大范围知觉整体优先性理论

在我们的视觉世界里有许多复合刺激，它们都是由相对独立的局部图形组成的整体图形，例如，由眼睛、鼻子和嘴等组成的一副面孔就是由相对独立的局部组成的整体。复合刺激有自己的整体属性（如整体形状），而组成整体的局部也有自己独立的性质（如局部的形状）。视觉系统是先加工复合刺激的整体性质，还是先加工其局部性质？特征检测模型和特征整合理论都认为视觉系统最初加工的是图像的局部性质，马尔（Marr）（1988）的视觉计算理论也认为，视觉系统最初表达的是点、线及它们之间的局部关系，视觉的最初过程就是计算这些局部特征的表达。这种认为视觉过程是从局部性质到整体性质的思想在目前关于视觉的研究中占据突出位置。然而近年来格式塔学派强调整体性质的思想越来越受到重视，特别是心理学家 Navon 在 1977 年提出的整体优先性理论对特征分析的思想提出了有力的挑战，并且在心理学及计算机科学界受到了广泛的重视。

Navon 发展了在实验上可操作的实验模式，对整体和局部关系的研究产生了重大影响。Navon 使用了一种复合刺激图形，这种刺激图形是由小字母组成的大字母，大字母和小字母或者一致（如大、小字母都是 H 或 S），或者不一致（如大字母是 H，而小字母是 S；或大字母是 S，而小字母是 H）。复合图形中大字母的性质被 Navon 描述为图形的整体性质，图形中小字母的性质被描述为图形的局部性质。这样整体和局部性质可得到形式化描述，且在 Navon 的视听干扰实验中，先呈现一个图 1-1 中的视觉刺激图形，然后被试通过耳机听到字母 H 或 S 的读音，被试的任务是判断听到哪个字母，并迅速按键反应。视觉刺激图形中的大、小字母可以与听觉刺激一致（被试听到和看到的字母相同）或不一致（如被试听到 H，而看到的是 S）。实验发现，当视觉刺激中的大字母与听觉刺激一致时，反应时（reaction time, RT）最短，不一致时 RT 最长；而辨别听觉刺激的 RT 不受小字母的影响。在图形辨别实验中，要求被试分别完成两个任务，任务一中被试辨别大字母是 H 还是 S，任务二中被试辨别小字母是 H 还是 S。Navon 发现，被试辨别大字母的 RT 比辨别小字母的 RT 短（Navon 称之为整体对局部的 RT 优势），辨别小字母的 RT 受大字母的影响，当大字母与小字母一致时较短，不一致时较长（Navon 称之为整体对局部的干扰作用）；相反，辨别大字母的 RT 几乎不受小字母的影响。Navon 认为，分辨大字母较短的 RT 以及大字母对小字母的干扰作用说明在处理复合刺激时，知觉系统首先处理整体性质，然后再加工局部性质，这就是整体优先性的理论假设。

1. 整体优先性机制

（1）基于可分辨性差异的理论。对 Navon 的实验结果所作的直观解释是整体和局部图形的可分辨性有差别。在 Navon 复合刺激图形中，大字母的视角总是比小字母的视角大，因此从可分辨性上讲，大字母总是优于小字母。支持这种分析的证据主要来自 Pomerantz 和 Grice 等（1983）的研究。Pomerantz 发现，复合刺激呈现在视野外周时，辨别大字母的 RT 比辨别小字母的 RT 短 100 毫秒左右，并且大字母对小字母的干扰比小字母对大字母的干扰大；而复合刺激呈现在视野中央时，辨别大字母的 RT 比辨别小字母的 RT 短 18 毫秒，但大、小字母的相互干扰却没有差别。

他们认为，大字母的视角比小字母的视角大，即大字母的可分辨性比小字母强，因此，当刺激图形呈现在视野外周时，视锐度的衰减对小字母的辨别任务有很大的影响，而对大字母的辨别任务影响不大；当刺激图形呈现在视野中央时，由于视锐度的提高，使得大、小字母的可分辨性差别减小，因此，这时对大、小字母的反应速度也没有很大的差别。

（2）基于空间频率差异的理论。Hughes、Lamb、Yund 以及 Badock 等用不同的方法滤掉复合刺激中的低频成分，发现被试分辨复合刺激的整体性质的 RT 变慢，整体优先性被大大削弱。这些研究者认为，视觉系统中空间低频通道的传导速度比空间高频通道的传导速度快，分辨复合刺激的整体优先性本质上反映了不同空间频率通道传导速度的差异。Shulman 等研究了复合刺激中的整体优先性与空间频率的关系。实验中被试注视某个空间频率的正弦光栅，适应一段时间后，让被试辨别复合刺激中的大、小字母，发现影响辨别大字母的光栅的空间频率较低，影响小字母的光栅的空间频率较高。Shulman 和 Wilson 要求被试注意复合刺激中的大字母或小字母，而把具有不同空间频率的光栅作为"探测"刺激。他们发现，当被试注意大字母时，低空间频率的光栅容易被检测到；当被试注意小字母时，高空间频率的光栅容易被检测到。Shulman 等认为当辨别复合刺激中的大字母时，视觉系统中的低空间频率通道被激活，而辨别小字母时则激活高空间频率通道，整体和局部性质分别通过低空间频率和高空间频率通道进行加工。

（3）基于注意分配的理论。Miller 首先提出注意分配的差别在于整体优先性中起重要作用。Miller 使用复合刺激研究后发现，当靶目标只出现在局部水平上时，RT 最长；当靶目标只出现在整体水平时，RT 较短，而靶目标同时在整体和局部两个水平上出现时，RT 最快。Miller 认为，这些结果表明，至少在被试对整体性质作出反应以前，对局部性质也进行了加工，而 Navon 观察到的整体优先性并不是由于整体和局部性质在知觉加工中时间先后的差别，而是反映了注意更容易分配到整体水平（大字母）上，不容易分配到局部水平（小字母）上，这种注意分配的差别是整体优先性的主要原因。Hoffman 的研究表明，注意分配可以影响整体和局部信息加工的速度。当注意分配到两种水平上时，整体目标并不具有优势；而当把注意只指向一种水平时，对整体或局部刺激的加工会有同样的促进作用。因此，对于特定水平的加工速度或许取决于分配到该水平上的努力。

2. 影响大范围整体优先性的因素

继 Navon 的研究之后，许多研究者利用相似的刺激和实验任务，如用 stroop 式任务、目标搜寻和快速分类等去探索整体优势现象产生的原因、影响因素和在知觉过程中的时间定位。研究表明，整体优势效应的产生可能受下述因素的影响：视觉、图形结构和质量以及注意。

影响整体优势效应的视觉方面因素可以是视角大小和网膜上的成像情况。Kinchla 和 Wolfe（1979）研究了视角大小对整体优势现象的影响。他们要求被试在等级模式的整体或局部的水平上搜寻目标，测量被试的反应时，发现整体优势对应于 7 度视角。Mclean（1978）也发现，对大于 10 度视角的模式没有整体优势。Navon 和 Norman（1983）证明，Kinchla 等的研究将整体性同离心率混淆了。在等级字母里，整体的字母比某些局部的字母离中央凹远，所以局部的字母可以从更大的视敏度中受益。为了避免这种混淆，Navon 和 Norman 使用了所有元素都有相同的整体周长的刺激，发现了对小视角（2 度）和大视角的整体优势。该结果提示，只要离心率保持恒定，整体优势就可以在一个相当大的视角范围内保持。Pomerantz 和 Grice 等的研究表明，网膜位置可以影响整体和部分加工的相对速度。当视像落在网膜边缘时，可以发现整体优势；当视像落在中央凹处时，整体优势便消失了。我们知道，当视像偏离中央凹时，眼睛的视敏度就会降低。

这种降低对较大的字母影响小，对较小的字母影响大。

影响整体优势效应的图形方面因素可以是图形的结构和质量等。Martin 通过保持不变视角，但变化局部元素的数目，考察了稀疏性（sparsity，即局部元素之间的空间）对于整体优势效应的影响。他发现，对于密集的刺激模式是整体优势，但对于稀疏的刺激模式却是局部优势。Kimchi 采用几何图形为刺激，发现当整体与局部是相同的几何图形时，元素少的模式出现整体优势；当整体与局部是不同的几何图形时，元素多的模式出现整体优势。因此，对于元素的数目和它们的稀疏性没有发现一致的影响。Hoffman（1980）发现，歪曲的局部字母会加快被试对整体字母的反应，而歪曲的整体字母会加快对局部字母的反应。Sebrecht 和 Fragala（1985）发现了相似的效应。这些发现提示，整体优势受在整体和局部水平上信息质量的影响。

注意也可以影响整体优势效应，前述中已给出有关实验证据，另外，刺激呈现的时间也影响到注意。例如，Paquet 和 Meikle（1984）发现，在整体字母和局部字母间的干扰效应受刺激呈现时间的影响。他们以 10 毫秒、40 毫秒、100 毫秒的时间呈现合成字母，发现整体对部分的干扰仅发生于 10 毫秒的呈现时间里，在 100 毫秒的呈现时间里，观察到相互干扰的效应。

3. 当前大范围整体优先性理论的发展

韩世辉等根据其大量的行为实验和 ERP 实验的结果提出了一个新的关于复合刺激加工机制的理论模型（图 1-7）。该理论模型强调了局部知觉和整体知觉的关系，即空间相邻性组织。当是基于空间相邻性的知觉组织时，整体知觉可能发生在比局部知觉更早的阶段；当局部图形是基于形状相似性时，整体知觉可能发生在局部知觉之后。另外，选择局部图形的努力影响整体知觉的优先性。当知觉某种局部图形的性质（如封闭性）在视野中以一种更平行的方式进行时，需要较少的选择局部图形的努力，这使得局部知觉进行得较快，受整体图形的干扰也较小；反之，当需要较多的选择努力时，局部知觉发生得较慢，整体知觉的优先性就较强。其最近的实验发现，当易化局部图形的选择时，被试对局部图形的反应变快，而对整体图形的反应变慢；当局部图形的组织较强时，局部图形的选择易化局部知觉的作用就较弱，这表明局部图形的知觉组织和选择可能存在一种相互抑制的作用（其实表明注意在其中可能具有的作用）。

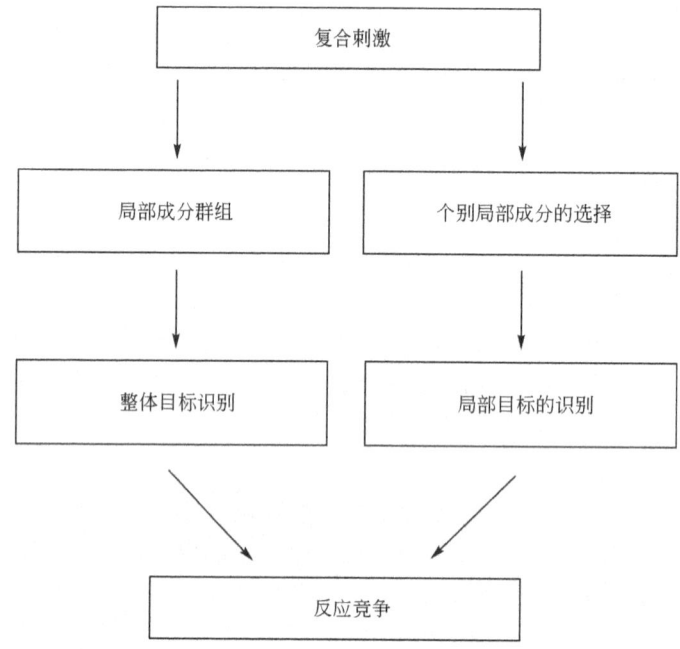

图 1-7 韩世辉等根据行为和 ERP 实验结果提出的
一个关于复合刺激加工机制的理论模型

第二节 知觉种类

知觉可以分为时间知觉、空间知觉和运动知觉。本书中我们只介绍时间知觉,因为最近对它的研究越来越热,并且对它的研究已经达到时间心理学的水平。知觉还可以被分为意识知觉和无意识知觉。其中,我们重点介绍无意识知觉,因为这样将可能更有助于认识无意识现象。

一、时间知觉

时间知觉是个体对同时直接作用于感觉器官的客观事件的持续性和顺序性的反应,有人称之为"知觉到的现在"。时间知觉的上限对于不同刺激性质来说有所不同,下限一般是 50 毫秒,"知觉到的现在"可以持续 3~4 秒。Fraise 认为,5 秒内的时间信息加工过程则称为时间估计(time estimate)。时间知觉的阈限是指个体将两个相继的刺激知觉为持续刺激的最短时间。不同感觉道的阈限值是不同的,视觉的阈限值为 113~124 毫秒。作为"知觉到现在"的时间知觉,其概念的内涵应当包括:①将一些时间上相继的事件知觉为大致同时或一个整体。②对事件持续性和顺序性的知觉。③时距知觉不牵涉长时记忆,是对"当前"刺激的直接反应;时限下的时序知觉依赖于同质刺激的自发组织,不同于对顺序的记忆重构。在"知觉到现在"的时间限度内谈时间知觉,并不意味着它独立于任何先前经验,但它又不同于对事物的回忆和再现。

时间估计要求判断的是仅靠感知不能判断的时距,因此会有记忆系统的介入。当记忆用于将过去的某个时刻与现在的某个时刻相连或联系了两个过去事件时,就会有对时间的估计了。时间估计可分为时距判断和时序判断,时距知觉领域中的某些研究成果主要是关于时距估计的,并不都适用于这里界定的时间知觉理论范畴。

1. 基于记忆的模型(memory based models)

基于记忆的模型认为时间判断依赖于存储在记忆中的信息量,其中之一是 Ornstein(1969)的存储容量模型,认为被试知觉到的时距与该时距中信息的处理量呈正比函数关系。随着所处理信息的数量和复杂度的增加,记忆的储存增加,因而有更长的时距判断。这个模型至今仍有较大的影响,之后的一些模型就是在这一模型的基础上提出来的,如 Block(1978,1989)提出的认知情境变化模型。在认知情境变化模型的基础上,Poynter(1983,1989)提出了时距分割模型。

Jones 和 Boltz(1989)以及 Boltz(1991)认为,时距判断是知觉到的时距与时间信息加工强度之间的差异的函数。时间信息加工反映为在目标时距中出现的事件结构所支配的活动,如分组、计算等。这一模型对于时间信息加工作出了综合解释,并阐明了时距判断中的预期任务,但是它不能解释非时间信息加工负荷的影响。Dan Zakay 总结了记忆模型后认为,知觉到的时距与出现在将被判断的时距中的下列一些因素呈正比函数关系:任务难度、非时间信息的加工负荷,以及认知情境的变化量(或高优先级事件)。

2. 能力模型(capacity models)

一些研究者的实验研究发现,在单位时间内,计时器处理的时间信息越少,知觉到的时距就越短。因此,该模型认为时距判断值主要是人脑内部"计时器"的信息处理量的函数,总体认知能力有限"计时器"的操作需要认知能力,而引起和非时间信息处理器争夺有限的认知能力。如果非时间信息加工任务的难度越大,非时间信息处理器就需要更多认知能力,"计时器"所获得的认知能力就少。这种模型解释了非时间任务的难度和时距判断之间的负相关现象。

二、无意识知觉

无意识知觉的研究较早开始于 Poetz(1917),当然,更早的还可追溯到莱布尼茨。20 世纪 50 年代,Klein 和他的同事做了大量工作,从而大大推动了无意识知觉的研究。最初的研究发现,无意识知觉对刺激主要在相对较低的水平上加以分析,如一个人能加工单词的物理的甚至正字法的特征,却不能识别单词的意义;在典型的"盲视"现象中,盲视病人能够无意识地对运动、波长、朝向、空间定位或将这些特征结合进行辨别,但却不能报告刺激的内容。而在过去 20 年左右的时间里,许多研究人员把注意力转向探讨无意识知觉能否进行刺激深层加工,如无意识语义启动。尤其自 Marcel(1983)的经典性研究开始,心理学家们已经发展出了大量的复杂方法加以研究,并宣称获得了无意识语义加工的证据,但是,该研究结论,尚没有得到广泛认可。主要原因在于,自阈下知觉启动现象被发现开始,就一直伴随着有关被试对所呈现刺激的觉知状态的争论,即被试是否意识到了或感觉到了自己的知觉行为。

第三节 面孔识别

面孔是复杂的、多维的、自然的特殊视觉刺激。面孔识别是模式识别中最活跃的研究领域之一,是一种比较特殊的知觉种类。面孔识别能力似乎具有先天固有性,Morton 发现出生仅 30 分钟的婴儿对面孔注视的时间长于非面孔刺激,这种兴趣出现在任何学习和经验之前。

面孔识别是否具有与一般物体识别和字词识别不同的加工过程?有人认为,与字词、物体识别比较,面孔识别的特殊性在于其程度而非种类,仅仅在量上而非质上与物体识别及字词识别有差异。一定程度上讲,面孔只是一个特殊的物体。ERP 研究发现,面孔刺激可特异地诱发出潜伏期为 150~200 毫秒的正电位或负电位,而物体引发的反应具有相似的头颅分布,但波幅较小且出现较晚。熟悉面孔的重复启动效应表现为 T4 区 P300 潜伏期缩短,而熟悉名字的重复诱发 T4、O1、O2 区的 P300 潜伏期均缩短,提示面孔和语义启动效应涉及不同的脑区。脑功能成像(PET/FMRI)研究显示面孔可能激活特定的皮层区域，这表明在解剖学上会存在一些特殊的面孔识别区域。人类现已公认梭状回为面孔加工区域（fusiform face area, FFA），并提示在解剖学上有一些特殊的面孔识别区域。

面孔失认是面孔加工紊乱，这种失认通常同大脑右侧颞叶损伤相联系。在一些面孔识别任务中，人们表现得相当精确。如对一个面孔是男性的面孔还是女性的面孔，能够作出非常熟练的判断。Bruyer 等描述了一个农民，尽管他不能识别人的面孔，但能识别自己的母牛和自己的狗。这说明病人的失认是极端特异性的，即只是在识别人的面孔方面有问题。

面孔失认可分两个亚类：一类病人在面孔识别方面存在缺陷；另一类病人知觉能力相对完整，缺陷主要表现在对先前存储的有关熟人外貌的记忆上。前一类病人身上所表现出来的障碍，称做知觉的或感知的面孔失认，而后一种病人身上所表现出来的障碍，则称做记忆的或联想性的面孔失认。神经心理学研究发现一些脑区损伤后发生了物体识别和面孔识别缺陷的相互分离，分别称之为物体失认症和面孔失认症。据报道，病人不能辨别正立面孔，但辨别镜像的能力与正常人一样，提示人类在面孔识别和物体识别时利用不同的脑区。

一、面孔识别的整体性假说

面孔特殊化观点的核心在于面孔表征是一种非常抽象的整体表征。文献中有关整体信息的术语很多，有空间关系（Bartlett，1993）、二级关系（Dimond，1986）、模板或格式塔（Farah，1991）、组构（Tanaka，1993）等。尽管整体信息的定义目前尚未得到统一，但初步得到的共识是：面孔比物体及字词多一种组构信息，且比局部特征更重要。面孔识别更大程度上依赖于各特征所形成的空间关系特征。

（1）二级关系假说（second-order relational hypothesis）。Carey 指出面孔具有一级关系特征和二级关系特征，前者是指局部特征之间的空间关系，足可用以分类；后者是指共享组构的特殊性差异。因为部分特征可传递一些特异的与众不同的信息，因此，面孔的个体化总是建立在二级关系特征之上。R. Hodes 则进一步提出组构及基于常模的编码假说。面孔包含两种信息，一种是成分信息如眼、口、鼻等，称为一级关系即面孔的局部特征；另一种是组构信息，包括各特征之间的空间关系和它们相对于面孔轮廓的定位，称为二级关系，是一种整体特征。假定面孔表征包括分离的但相互作用的特征，相互作用的情形决定其表征是否具有整体性，因此，涉及面孔的局部特征的计算是重要的。

（2）格式塔或模板假说（gestalt or template hypothesis）。该假说认为面孔的组成成分尽管原则上是分离的，但其表征是作为格式塔或模板进行表征。面孔在某种意义上是一个整体，整体大于部分之和，面孔识别只在面孔倒立时才与物体一样进行基于部分的表征。

（3）空间频率假说（spacial frequency hypothesis）。该假说认为面孔的质地和轮廓在面孔识别方面的侧重点不同，有研究分析了自然面孔通过低通、高通或带通滤波后的图像，发现低空间频率信息在面孔熟悉性和相似性判断方面具有特殊重要的意义，而高空间频率信息在面孔和非面孔的辨别方面所发挥的作用较大。

（4）拓扑特征学说（topological feature hypothesis）。该假说强调面孔识别时首先提取面孔的拓扑特征，人类和恒河猴作被试的面孔识别在对"洞"的拓扑特征有早期加工优势，提示拓扑特征是面孔整体加工的基本表征方式。

二、其他学说

（1）Bruce-Young 的模型。根据 Bruce-Young 的模型，第一阶段为面孔结构编码阶段。在此阶段，对面孔的结构特征进行编码。此阶段之后是两条独立的通道：第一条通道是有关视觉处理的，包含表情分析、面孔语言分析和指导性视觉处理三个平行的处理单元；第二条通道是有关面孔识别的，包含面孔识别单元、个体身份结点和名字产生单元三个串行的处理过程。这种分离与神经心理学的发现是一致的。根据对面孔失认症病人的研究，存在陌生和熟悉的面孔的分离、面孔识别与表情的分离、面孔识别与面孔语言的分离等。这两条分离通道的输出结果最后都进入认知系统，以便对信息进行整合和作出决策。

（2）Farah 的双加工模型。Farah 提出了物体识别的双加工模型。在这个模型中，她区分出两种加工形式：整体分析和局部分析。整体分析是指某目标的完成或整体结构被加工，局部分析是指加工集中于某目标的关键部分。依据这个理论她对面孔识别进行了解释。她认为面孔识别主要依赖基于整体分析的物体识别加工。实验中，先向被试呈现一些面孔或房子的素描图，然后要求被试把某个名字与面孔和房子一一对应起来。接着，向被试呈现整个面孔和房子或只呈现一个单一特征（如嘴巴、前门）。被试的任务是，判断给出的一个特征是否应该属于某一个特定的个体（名字之前已经给出）。实验结果显示，当呈现完整面孔时，对面孔特征的识别成绩比只呈现单一特征好。相反，对房屋特征的识别在呈现整体和单一特征时很相似。

面孔倒立时识别难度戏剧性地增加（难度增加25%，Yin，1969），这被形象地称为"翻脸效应"，这可能是人类在长期正立面孔识别进化中形成的一种独特效应。倒立面孔不能启动面孔识别系统，但可以通过物体识别系统的介导识别之。病人C.T.不能识别正立面孔，但辨认倒立面孔的能力与正常人相似，提示正立面孔和倒立面孔识别依赖于不同的系统。这个模型看到了物体识别和面孔识别的联系。

三、面孔识别和表征

Farah提出了表征连续性的观点，即面孔表征最具有整体性，字词表征最具有部分性，物体表征（如房屋）居中（图1-8）。人体可能具有两种表征能力的系统：一种系统对表征面孔是必需的，对表征物体是有用的，对表征字词是无效的；另一种系统对表征字词是必需的，对表征物体是有用的，对表征面孔是无效的。这一设想得到了神经心理学的支持，面孔、物体、字词识别在脑损伤后可以任意两两分离，但Farah统计了99例公开报道的病例，尚未发现哪一例是有完整的物体识别能力，但面孔和字词识别能力均丧失；或者物体识别能力丧失但保存完整的面孔和字词识别能力。张伟伟等认为面孔特异性加工模块的定义模糊，面孔和物体的加工和编码均采用部分重叠的镶嵌式马赛克即选择性分布式（selectively distributed processing）。由此看来，面孔识别的特殊性在于其程度而非种类，仅仅在量上而非质上与物体识别及字词识别有差异。例如，面孔失认症的猴模型至今尚未建立；只是在脑内进化有专门负责面孔加工环路的范畴特异性模块（category-specific modules）；负责面孔和物体的脑区在颞叶具有轻微差异但却是相互交叉和重叠的；视觉上属于同质性（homogeneous）类别物体的识别比异质性（hetergeneous）物体的识别其外表特征起着更重要的作用，面孔在类别上可能是最具同质性的刺激。因此，面孔的表征是基于外表特征

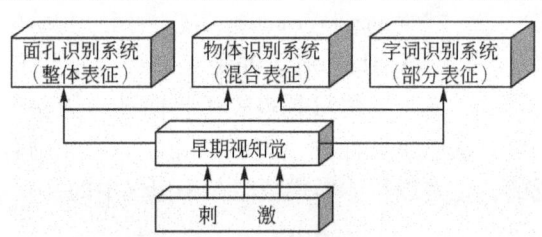

图1-8 面孔、物体、字词识别区别及联系示意图

的，物体和字词的表征是基于部分特征的，三者之间没有本质的区别，一定程度上讲，面孔只是一个特殊物体。

四、面孔识别的特殊系统

面孔神经心理学研究的关键是寻找一个专门用于处理面孔的特殊中枢神经系统。Moscovitch 采用物体识别能力受损但面孔识别能力相对保存的病人 C. K. 做的 19 个精心设计的实验全面评价了面孔识别系统的几个特点：

（1）正立面孔才能激活该系统，其能独立完成正立面孔的识别，但不能识别倒立面孔。

（2）决定面孔身份的关键信息是面孔内部特征组成的组构信息，眼、口、鼻三种成分中任两种成分形成的空间关系即足以确定身份，外部特征似乎不太重要。

（3）内部特征的相互空间关系（二级关系特征）及其与面孔原型表征之间的偏差（基于常模的编码）可以决定面孔的身份。

（4）特殊的内部特征及其相互的空间关系均在面孔识别系统中得到表征。

（5）只要所需要的面孔组构特征保存，组成面孔的特殊成分并不重要，如漫画、卡通、面孔样物体或由物体组成的脸均可激活面孔识别系统。

（6）该系统输出的是一张特殊的个体脸的结构性描述，但不保留激活该系统的刺激的非面孔因素。

面孔识别系统在强型 Fodorian 感觉域似乎满足了模块系统的主要准则：域特异性（domain-specificity）、信息封装或认知不可穿透性（informational encapsulation/cognitive impenetrability）和浅输出（shallow output）。但整体假说认为面孔识别系统不是一个面孔模块而是一个特殊的整体性过程，不仅对面孔而且对所有以整体性表征为特征的刺激均发生反应。

Farah 让面孔失认症患者 L. H. 和正常被试做"整体－整体"（whole-to-whole）和"部分－整体"（part-to-whole）实验，两个实验的正确率在正常被试分别是 93% 和 74%，L. H. 分别是 96% 和 73%，提示 L. H. 识别孤立面孔特征的能力与正常人无异，他只是丧失了将面孔作为一个整体来看的能力，这与面孔识别系统以整体性方式表征面孔的假说相吻合。面孔是以整体形式来被知觉的，也是以整体形式被储存于记忆中的。

第二章 表象、概念结构和记忆

第一节 表　　象

前面我们学习过，当苹果呈现在我们面前时，正常的知觉结果是苹果，并且我们能予以命名，这依赖于模板、原型或特征的存在。我们可以进一步看到，模板、原型、特征以及苹果这个事物和概念都储存在记忆中，一定意义上可以说，没有记忆我们就无法实现识别。命名是说出了这个事物的概念，这意味着概念又是事物的名称，具有指称功能，并且概念和苹果这个事物存在一种对应关系。

与概念相对应的事物的形象被称做表象，所谓表象是指曾经感知过而当前未被感知的事物在头脑中呈现的形象，诸如，"余音缭绕"、"余香扑鼻"、"音容宛在"等都是表象的活动。表象具有形象性和概括性两个特点：①因为表象总是在感知的基础上形成的，是感知过程留下的形象，所以与被感知的对象极为相似，这是表象的形象性。②因为表象一般都是多次感知的结果，是在多次感知的基础上加工概括而形成的，是对某一个或某一类事物的一般特点的反映，这是表象的概括性。表象是介于感知与思维之间的心理现象，从其形象性看与感知相似，从其概括性看与思维相近，但它既不同于感知又不同于思维，而是人在认识过程中从感性到理性的中间环节。表象是对感知对象的初步概括，是对思维的高度概括的基础。表象可分为记忆表象和想象表象。

表象是一个富有特色的心理过程，心理表象的研究分为三个阶段：哲学阶段（前科学阶段）、测量阶段、认知和认知神经学阶段。

在哲学阶段，心理表象被认为是组成心理的主要成分，有时也被认为思维的元素。著名的 Aristotle、Plato 以及更近一些的英国经验主义者 Locke、Berkeley 等对这个问题的看法都说明了这一点。

对心理表象的定量评估可以追溯到 Galton。他向 100 人发放了问卷，要求他们回忆自己的早餐桌，并回答有关桌子表象的一些问题。结果显示，一些人报告的印象与原始的知觉对象一样清晰，而另一些人则报告对此印象回忆不起多少。高尔顿进一步发展了表象的测量，并把它与性别、年龄及其他个体差异联系起来。许多研究者开始对表象测量感兴趣。

随着以 Watson 观点为代表的行为主义的兴起,对表象的测量兴趣迅速消失。正如 Woodworth 所认为的,行为主义者公然抨击内省,而内省正是前面所提到的表象测验的关键部分。根据华生的观点,内省并不是心理学的必要组成部分,新的行为科学强调的是对外显反应的客观观察,而像意识、心理状态、精神和表象这样的术语不应当被使用。反对将表象及心理表象的主观内省当做值得研究的课题,许多心理学家从表象转向对行为的客观分析。

20 世纪 60 年代后期,表象研究再次兴起,并形成两条阵线。第一条阵线是关于表象的定量评估,并将其作为一种治疗工具来使用。因此,在心理咨询、治疗和智力开发过程中,表象发挥着重要作用。第二个研究方法是把概念合并到一个认知模型中,这种模型以信息的内部表征作为一个核心因素。这种观点可以通过 Shepard(1975)、Shepard 和 Metzle(1971)的研究证明,更近的则受到 Farah(1988)、Kosslyn(1988)和宾克(1985)的认知神经学方面研究的影响。每个学者都以一种独特的观点来研究表象。

一、表象与知觉的机能等价

认知心理学认为,表象与知觉的信息表征是相似的,二者在机能上是等价的。证明表象与知觉机能等价的方法是将在知觉条件下完成的一种作业与在表象条件下完成的同一作业进行比较,考察二者的共同或相似情况,即可进行判定。以下的定位实验就是为此而设计的。

(一)定位实验(Podgorny,Shepard,1978)

被试:①知觉-记忆组;②带栅格的表象组;③不带栅格的表象组。

实验材料:一个 5×5 栅格,用黑色将其中的一些方格涂成某个英文字母,如 I、L、F、E,或字母组合 IF(图 2-1);另有一个同样的 5×5 栅格,在其中的任一方格内画有蓝色圆点作为测试点。

实验过程:①先用速示器给被试呈现一个涂有某个字母或字母组合的栅格,然后呈现一个带有一个测试点的栅格,要求被试在保持高度精确的同时,尽快地判定该蓝色的测试点是落在所呈现的字母之内或之外,分别用左手或右手作出按键反应,记录反应时间。一个字母或字母组合要实验多次,测试点在全部 25 个方格中至少出现一次,其顺序是随机的,测试点安排在字母之内和之外的次数也是相等的。②带栅格的表象组的实验程序

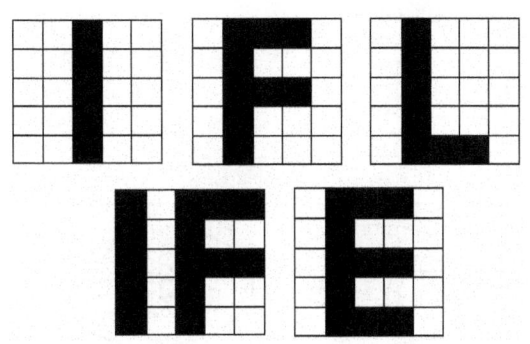

图 2-1 实验材料

与知觉－记忆组基本相同，但有一个重大差别。在这组实验里，上述的字母和字母组合不是利用某些方格涂黑而构成的。实验时先用速示器呈现一个同样的，然而是空的 5×5 栅格，同时实验者给被试以口头指示，让他利用某些特定的方格想象出某个英文字母或字母组合，这些字母及其在栅格中的位置与知觉－记忆相同，并且要求他不要变更字母在栅格中的位置。待被试想象出字母后，再用速示器呈现一个带测试点的同样栅格，其余实验程序同前。③不带栅格的表象组，这个组的实验与带栅格的表象组只有一点不同，即带测试点的栅格只画出最外边的轮廓，内部的方格不画出来。这样做的目的是为了避免被试在测试点呈现之后推论出字母在栅格中的位置，其他程序同前。

实验结果：在完成字符定位作业中，三个小组被试的反应时不存在显著性差异，这说明被试的知觉表征和想象表征不存在显著性差异。

（二）心理旋转

1. 平面对、立体对和镜像对的心理旋转

心理旋转的研究于 20 世纪 70 年代初由 Shepard 及其同事共同进行。实验所用材料如图 2-2 所示，分为三种情况：（a）为平面对；（b）为立体对；（c）为镜像对。实验要求被试判断所看到的一对图体经过旋转以后能否重合，记录被试的正确反应时。实验结果如图 2-3 所示。

从实验结果可以看出：
（1）无论是平面对还是立体对，被试的反应时及其发展趋势相同。
（2）两对图形的方位差越大，信息加工的时间越长。

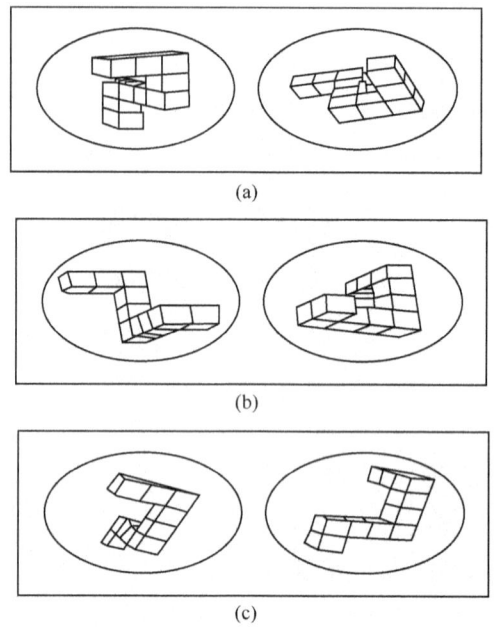

图 2-2 心理旋转实验材料

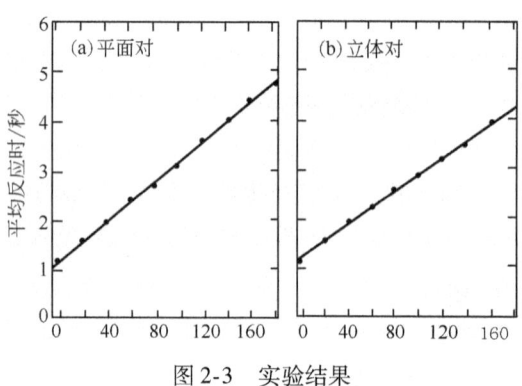

图 2-3 实验结果

（3）方位差每增加 53°，反应时就增加 1 秒。

由此可见，心理旋转这种心理过程是存在的，旋转速度为每秒 53°。

2. R 字符旋转实验

1973 年，Cooper 和 Shepard 以字符为刺激材料对心理旋转进行了进一步的研究，实验结果如图 2-4 所示。根据实验结果，他们认为，当样本旋转角度小于 180°时，表象旋转是沿逆时针方向的；而当样本旋转的角度大于180°时，表象旋转则是沿顺时针方向的。这也表明心理旋转是具有一定策略的（图2-4）。

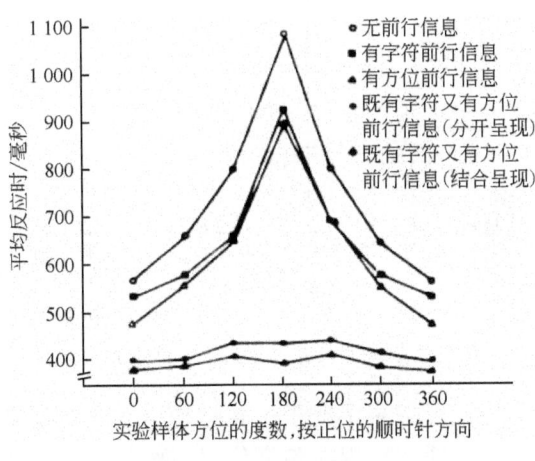

图2-4 字符旋转实验结果

3. 心理旋转的验证

1984年，Cooper和Shepard又以多边形为实验材料，进行了同样设计的实验。结果发现，无论是否具有前行信息，被试都会进行心理旋转这种操作，然后再进行正反位、匹配等反应。它表明了心理旋转的心理真实性。

4. 心理旋转的连续性

心理旋转还要解决的一个问题是旋转的过程是连续的还是跳跃的？Metzler（1973）对该问题进行了实验研究。他根据以前的研究成果，采用延缓呈现刺激材料的方法进行实验，延缓时间的确定根据每秒53°的实验结果进行。实验结果见图2-5。实验表明，无论是平面对还是立体对，被试的判别反应时基本恒定，并随两个刺激材料方位差的增长而有所增长。这表明心理旋转是连续进行的。

5. 生理学方面的证据

Georgopoulos和他的同事使用猴子运动皮层的单细胞记录技术，发现了猴子心理旋转的一些生理学方面的证据。他们训练每个猴子按垂直的、逆时针的方向将一个把柄移动到作为参照点的目标灯光处。这意味着，无论目标灯光出现在什么地方，猴子都应该以目标灯光为参照点，垂直地、逆

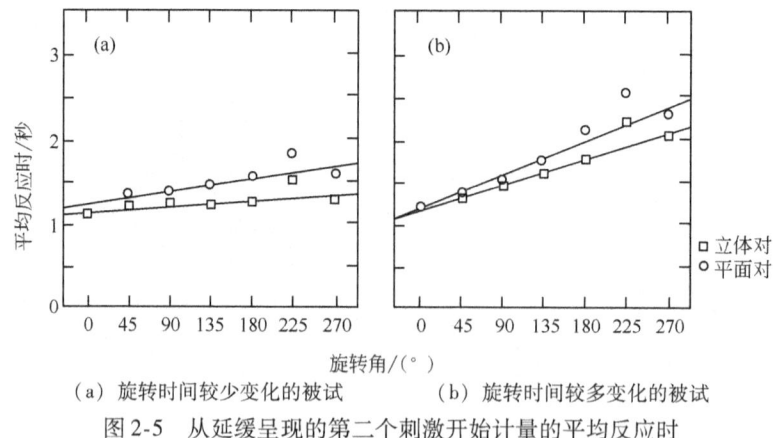

(a) 旋转时间较少变化的被试　　(b) 旋转时间较多变化的被试

图 2-5　从延缓呈现的第二个刺激开始计量的平均反应时

时针地旋转把柄。研究者记录了猴子旋转把柄期间的皮层活动。后来，把柄并不出现，目标灯光同样出现在各个位置，猴子皮层的活动被研究者记录下来。实验结果显示，同移动把柄相比，当把柄并不出现时，相同的皮层细胞产生了反应。这一方面证实了猴子的心理旋转；另一方面则说明，心理上的旋转与实际的旋转把柄，有着相同的神经生理机制。

二、表象与表征

1. 关于表象的争论

表象的争论焦点在于是否存在独立的心理图画，是否可以利用表象进行信息表征。两种对立观点的代表人分别是 Kosslyn 和 Pylyshyn。前者认为表象是独立存在的，后者持反对意见；前者强调表象与知觉机能是等价的，而后者认为，信息是以命题来表征的。

2. 两种编码说（Paivio）关于表象的论证

两种编码说认为人的记忆中存在情景（表象）记忆和语义记忆两种信息表征类型。Paivio 在实验中发现，如果给被试以很快的速度呈现一系列的图画或字词，那么被试回忆出来的图画的数目远多于字词的数目，这个实验说明，表象的信息加工具有一定的优势。也就是说，大脑对于形象材料的记忆效果和记忆速度优于语义记忆。在另一个实验中，Paivio（1975）进一步考察了表象在信息加工中的作用。实验所用的材料分为言语和图像两种（图2-6），每种又分为一致型和冲突型。要求被试判定所呈现的一对客体中，究竟哪个在实际印象上是大的（而不是根据图画来作大小判定）。实验结果：①被试对图画作出判定比对字词快；②对不一致图对的反应时大于一致的图对，但对字词的反应没有这种差别。这表明，表象加工是独立存在的，在某些条件下（如对客体大小进行加工）甚至语言信息还需转化为表象再进行判定。

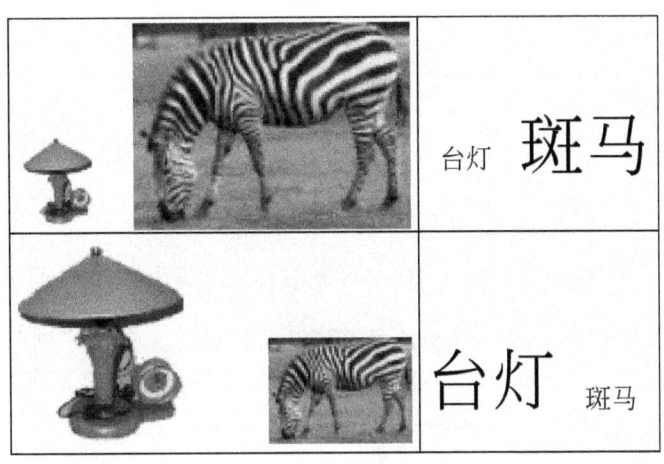

图2-6　Paivio 实验材料

3. 心理扫描

以 Kosslyn 为代表的表象存在论认为表象与现实客体的知觉相似，视觉表象中的客体也有大小、方位、位置等空间特性。为此，他们进行了心理扫描的实验研究，这些研究主要集中在两个方面：距离效应和大小效应。

（1）大小效应是指在客体知觉过程中，小的客体总不如大的客体看得清楚。表象是否存在这种现象，如果存在这种现象，则为心理扫描提供了另一个心理真实性。

Kosslyn 进行了这方面的实验。实验通过训练使被试形成四种颜色的正方形，它们之间各相差 6 倍。实验时主试首先说出一种颜色和一个动物，要求被试把该动物想象成与颜色框一样大。然后就动物身上是否具备某一特征请被试进行真伪判定，记录反应时。结果如图2-7所示。实验结果表明：表象的物体越大，则被试对其特征进行真伪判定所需的反应时越小。这表明，评定主观表象较小的客体要难于评定主观表象较大的客体，表象过程存在大小效应。

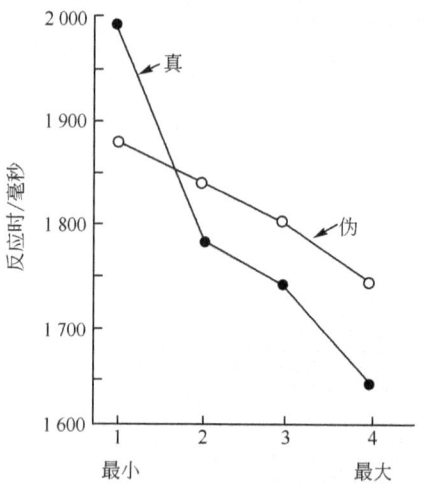

图 2-7 对不同大小的客体表象的特征作出真伪判定的时间

（2）距离效应。在实验中，要求被试从心理的注视点"画"一条最短的线路到达目标点，记录反应时。实验结果发现，两点之间的距离越长，反应时越大，说明心理扫描的心理真实性（图 2-8）。同时该实验也说明了人们心中存在认知地图。认知地图是人们编码和简化空间环境安排方式的一种心理装置，是人对空间环境的一种内部表征。认知地图能够表征空间环境中的距离、形状和方向。当两个地理位置在语义上看起来接近时，我们就会倾向于相信这两个位置在地理上接近。

图 2-8 距离效应——心理扫描实验材料

三、表象的计算理论

Kosslyn 于 1981 年在他上述多个研究的基础上提出了表象的计算理论，

该理论尝试具体说明表象过程是如何进行的。

　　Kosslyn 将表象分为两层：表层表征和深层表征。表层表征是在视觉短时记忆中的类似图画的表征；深层表征是储存在长时记忆中的信息，用于生成表层表征。深层表征包含本义表征和命题表征两种类型。本义表征所提供的信息是关于某一客体是什么样子，而不是关于某一客体看起来像什么。在计算模拟中，常用做坐标表。命题表征是由抽象的命题构成，与本义表征不同，它是解释客体的。这些概念之间的关系如图2-9所示。

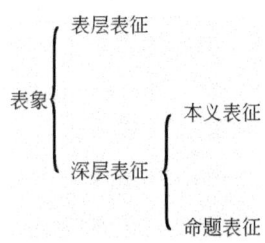

图 2-9　表象的构成

　　对于表象的产生过程，Kosslyn 认为表象是由深层的本义表征产生的，主要经历如下几个过程：①图示过程。将深层的本义表征转换为视觉短时记忆中的表象。②发现过程。在视觉短时记忆中搜索某个特定的客体或其部分。③放置过程。实现各种必要的操作，使客体的各部分处在表象中的正确位置上。④表象过程。负责协调上述三个过程的活动。

四、表象对其他心理现象的作用

（一）表象对知觉的作用

　　Hayes（1973）的实验研究表明，如果当前要知觉的字母的大小与事先表象出的该字母的大小一致时，识别所需要的时间要少于大小不一致的字母。表象所携带的方位信息也可在一定条件下有利于知觉加工。可以说，表象为知觉相应的客体作了准备，成为知觉的自上而下的加工的一个重要方面。但也有研究表明，表象对知觉有阻碍作用。鲁利亚观察到塞文斯韦斯克的超常记忆伴有强烈的联觉。塞文斯韦斯克头脑中生动的形象似乎也会干扰他理解散文，理解抽象的诗歌对他来说似乎更加困难。他报道，他听到的每一个声音都会引发一个形象，这个形象有时会与其他形象相"冲突"。阅读时他就受到了干扰。例如，简单句"工作在正常进行"，引起他的反应是:"至于'工作',我看到它正在继续……但是后面有单词'正常'时,我就看到一个高大的、面色红润的女人,一个正常女人……随后又有'进行'。谁?这一切是什么?你在工作……这个正常女人——但是它们如何结合在一块的?我必须删除多少以从中获得简单的概念。"

(二)表象对学习记忆的作用

表象作为一种信息表征在学习记忆中起重要作用。意象性是指语词容易快速唤起心理表象的程度。容易快速唤起心理表象的语词为高意象词,如大象、长城、天坛、彩虹、玫瑰等。不容易唤起心理表象的语词为低意象词,如暂时、背景、宏大、胜利等。Paivio 及其同事 1968 年比较了语词的意象值的大小对语词记忆的影响。研究结果表明,高意象值的语词,其平均记忆率远远高于低意象值的语词(图 2-10)。

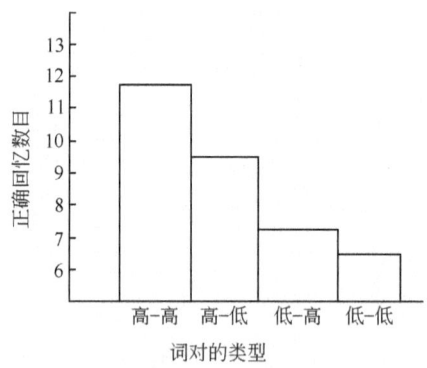

图 2-10　字词表象值对成对联想学习的作用

根据 Pavio 的观点,意象性高的语词,由于容易使人唤起该词所指的事物的表象,能够进行双重编码,因而信息在人脑中的保持比较牢固,提取时也比较方便、容易。而意象性低的词,只能进行言语编码,不能进行表象编码,因而信息的保持和提取都相对比较困难。所以高意象性的词比低意象性的词容易记忆。

(三)表象在思维中的作用

心理学家把借助于表象而实现的思维活动称为形象思维,以区别于逻辑思维。Shepard 等的心理旋转实验也令人信服地表明,人在完成某种作业或解决某些问题时,主要依赖于视觉表象过程。

(四) 心象在计算机中的模拟和表征的研究

在思维科学领域，对形象思维的研究相对薄弱，Paivio 的表象系统研究则有助于加深对形象思维的理解。Glasgow 于 1992 年在《认知科学》上发表了一篇题为"可计算心象"的学术论文。她较为系统地阐述了基于心象的问题求解，并提出了可计算心象的一种知识表达框架。她把心象的表达分为三层：描述性表达（长时记忆）、视觉和空间表达（工作记忆的两种形式），描述性表达基于命题，视觉和空间表达基于嵌套的符号矩阵，并提出了心象表达的基于矩阵的形式化理论和基于矩阵的形象处理操作。她的研究工作具有突破性意义，在人工智能界和认知科学界引起了极大的反响。

除此以外，对于表象在计算机中的模拟和表征的研究，还有许多其他的理论与方法，如表象的傅里叶模式（认为表象在人脑中是以傅里叶变换形式存储的）等，这些模型大部分只是一种理论框架，只有某些得到计算机程序的模拟。

第二节 概 念 结 构

概念是人脑对客观事物本质属性与共同特征的反映，是对一类事物特有的本质属性的信息表征，是用词来标志的。但是否只存在语义编码或者有没有脱离表象的概念，这其实探讨的是概念结构问题。概念结构主要揭示要领的表征是由哪些因素构成以及这些因素的相互关系。自 20 世纪 60 年代以来，知觉范畴的多个研究都涉及概念的结构。当前概念结构问题引起了心理学家的重视，人们在实验研究的基础上提出了多个理论。特征表说和原型说是其中最重要的两个理论。

一、特征表说

特征表说（feature list theory）认为，概念或概念的表征是由两个因素构成的：
(1) 概念的定义性特征，即一类个体具有的共同的有关属性；
(2) 关系与规则，诸定义之间的关系，即整合这些特征的规则。

这两个因素有机地结合在一起，组成一个特征表。概念的结构为 $C = R(X, Y, \cdots)$。

从特征表说来看，概念规则在概念结构中是非常重要的因素。一个概念只有定义性特征是不够的,还必须有整合这些特征的规则,这与命题是不一样的。概念规则与定义性特征在抽象程度上有所不同,概念规则的抽象程度高于定义性特征。

特征表说认为,概念的形成过程应当包含两个既互相区别又互相联系的过程,即特征学习(feature learning)和规则学习(rule learning)。研究特征学习时事先将有关的概念规则告知被试,而在研究概念规则时事先将有关特征告诉被试。概念的规则可以分为肯定、合取、包含性析取、条件、双重条件、否定、选择性否定、联合性否定、排除、排除性析取等。对于没有经验的被试而言,合取、析取、条件和双重条件四个基本规则的困难程度是依次增加的。

二、原型说

原型说(prototype theory)认为要领是由两个因素构成的:①原型或最佳实例;②范畴成员代表性的程度。

这两个因素紧密结合在一起,原型起着核心的作用。原型说的代表人物 Rosch 认为,这种结构可以解释全部的自然要领,包括我们日常应用的最简单、最基本的概念。而原型之所以能最好地表征概念,是因为它有更好的特征与该概念的其他成员相同,即原型具有更好的家族相似性(family resemblance)。所谓家族相似性是指一个家族成员的容貌都有一些相似,但彼此相似的情况又不一样(表2-1)。原型与特征是不一样的,正如前面的章节所介绍的那样,原型加工主要通过匹配实验来证实,而特征加工则是通过分析(计算)实验来证实。

表2-1 四个语义范畴的实例的优良程度评定的常模

家具	等级	水果	等级	车	等级	武器	等级
椅子	1.5	橙子	1	汽车	1	枪	1
梳妆台	6.5	杏子	6.5	吉普车	7	弹簧刀	6
床	13	浆果	13	缆车	13	原子弹	13.5

第三节 记 忆

记忆在人的整个心理活动中占有重要的地位,人的一切心理活动都离不开记忆,因而记忆在整个心理学的研究中也占有十分重要的地位。自19世纪末德国著名心理学家艾滨浩斯(Ebbinghaus)开创记忆研究以来,记忆问题在心理学发展史上一直都备受关注。但是直到20世纪50年代,心理学对记忆的研究,从总体上看,无论是研究方法还是实验材料,基本上还是沿着艾氏的方向进行,因而长期以来,人们对记忆的理解还只停留在长时记忆研究的水平上,由此带来许多问题。50年代以后,在记忆领域中的研究取得了突破,人们认识到了短时记忆的存在,从而认识到了感觉记忆的存在,并由此形成各种记忆信息的加工模型,解释记忆的结构特点。

一、两种记忆说

两种记忆说认为,记忆不是单一(长时记忆)的,存在着长时记忆和短时记忆两种记忆,它们彼此独立又互相联系,形成一个统一的记忆系统。两种记忆说的核心是承认在长时记忆之外还存在着短时记忆。

长时记忆是一个大容量的信息库,又称为永久记忆。短时记忆是一个容量有限的缓冲器和加工器,信息在这里可以通过复述的策略进入长时记忆,也有可能产生遗忘。美国学者James最先提出初级记忆和次级记忆概念,她根据意识经验区分出这两个概念,认为初级记忆是直接记忆,次级记忆是间接记忆。Wough和Norman引用James的概念,建立了两种记忆说的模型(图2-11)。

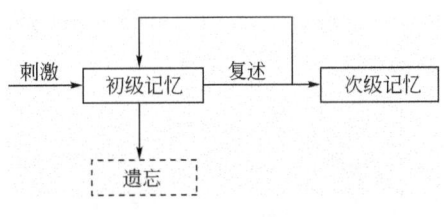

图2-11 两种记忆说模型

对于长时记忆,人们可能在生活经验中经常遇到,但短时记忆是否就是真实存在的呢?目前有很多证据证明短时记忆是真实存在的,这些证据来自以下几个方面。

1. 临床和动物实验

脑损伤患者的临床表现。Lynch和Yarnell(1973)对几个患过脑损伤的足球运动员进行短暂的神经学检查后,在其受伤后30秒内开始对其采访。其后,(如果条件允许的话)每隔5～20分钟,运动员要接受3～5分钟的采访(没受伤的运动员作控制组)。让被试受伤后立刻接受采访,使其准确地回忆当时的情况。例如,"当我踢凌空球失败时,我从前面受伤了"。但是,5分钟后,他们就无法回忆起踢足球时的任何细节。例如,"我不记得发生了什么,我想不起来那时我在做什么,可能与踢凌空球有关"。这说明,遗忘的事件被临时储存在记忆中,但并没有进入永久记忆。

动物海马回摘除实验和电击实验。研究发现,海马回神经核与近事记忆有关。这种关系已在人和动物的临床与实验中被证实。癫痫患者在摘除大脑海马回后,过去记住的东西未受损害,但新东西难以记住。这表明短时记忆中的信息没有进入长时记忆中,客观上反映了短时记忆与长时记忆是分开的。电击实验中,通过多次训练使老鼠形成跳台的避电反应。然后对老鼠的头部施加电击,电击后又把老鼠放到笼中,结果老鼠已形成的避电反应消失了,这种记忆的丧失属逆行性失忆症。如果信息保持时间约为10秒,这期间从短时储存向长时储存转移的记忆内容受到破坏后,信息就无法实现长时记忆了。

2. 自由回忆实验

大量的自由回忆实验都呈现系列效应,这是短时记忆存在的最有力的证据。这种实验形式来源于艾滨浩斯。实验方法是给被试按一定顺序相继呈现若干个音节、字词或其他项目,然后要求被试尽快回忆出已学过的东西,但不必按照原先呈现的顺序来回忆。实验中,将被试的回忆结果与呈现的顺序相比较,就可以发现在原来刺激系列中不同位置上的刺激的记忆效果,并可以据此绘制出系列位置曲线(图2-12)。

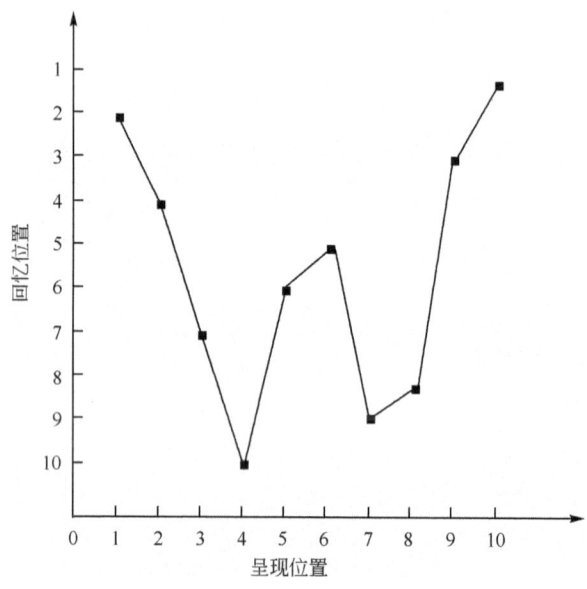

图2-12 系列位置曲线

在自由回忆实验中,可以清楚地看到系列位置效应现象(图2-13)。系列位置效应是指实验材料呈现位置不同,记忆的效果也不一样。常见的系列位置效应有:①首因效应。位于材料开始处的实验材料记忆的效果好。②近因效应(后因效应)。位于材料结束处的实验材料记忆的效果比较好。

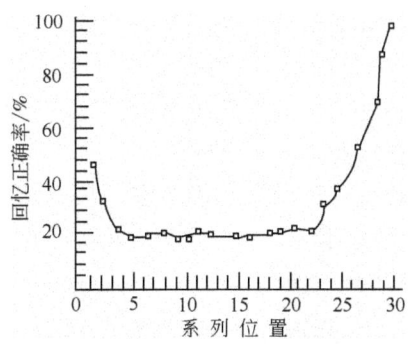

图 2-13　自由回忆系列位置曲线

二、三大记忆系统

感觉滞留现象早已为心理学所确认,但感觉记忆却是在认知心理学兴起之后才被提出来的。很显然,这是对短时记忆研究深化的结果。感觉记忆的信息虽然持续的时间极为短暂,但它在刺激作用之后,为进一步的加工提供额外的、更多的时间可能,对知觉活动本身和其他高级认知活动均有重要意义。目前关于感觉记忆的研究主要在听觉和视觉通道上进行。视觉的感觉记忆被称为图像记忆(iconic memory),听觉的感觉记忆被称为声象记忆(echoic memory)。

(一)感觉记忆

1. 图像记忆

图像的感觉记忆可以通过部分报告法实验来证实,通过部分报告法,还可以发现图像记忆的某些特性。但是在研究初始采用的是全部报告法。

(1)全部报告法。Sperling 在 1960 年设计的实验,通过速示器以每张 50 毫秒的速度给被试看一张有 9 个字母的卡片,分上、中、下 3 行,每行 3 个字母(图2-14)。卡片呈现完之后要求被试将看到的字母报告出来,越多越好。实验结果是,被试一般只能报告 4~5 个字母。

```
C    F    X
P    L    A
N    T    S
```

图2-14 感觉记忆实验材料（9字母卡片）

（2）部分报告法。实验设计与全部报告法的不同在于不要求被试报告全部的字母，3行字母每行配以高、中、低3个提示音（纯音），卡片呈现完毕之后，随机播放一个提示音，要求被试报告相应行的字母。实验结果是，被试可以全部报告出提示音匹配行的所有字母。

两个实验表明，被试看到的字母确实多于报告的字母，但其中一部分字母在被试报告时被迅速遗忘。由此可见，确实存在一种感觉记忆，其容量相当大，而信息保持的时间极其短暂。

2. 声象记忆

在一个房间的4个角上分别放上4个扬声器，让被试处在当中位置，使之可以同时从4个不同声源听到声音并能区分出声源，犹如人长了4个耳朵似的，故名"四耳人"实验（图2-15）。实验时，从2个、3个或4个声源同时各呈现1~4个字母，刺激完后让被试报告听到的字母。实验也分别采用完全报告法和部分报告法，结果也与图像感觉记忆的实验结果一样——部分报告实验成绩优于完全报告实验。Darwin用相似的实验设计进行了"三耳人"实验，实验结果也相同。实验结果表明：①声象记忆也存在感觉记忆现象；②声象记忆的容量少于图像记忆的容量；③声象记忆的持续时间比图像记忆持续的时间长，可达4秒之久。

图2-15 "四耳人"实验

（二）短时记忆

1. 容量

1956年美国心理学家George A. Miller明确提出短时记忆容量为7 ± 2个组块。组块（chunk）是指将若干个较小的单位联合而成熟悉的、较大的单位的信息加工，也指加工结果的单位。因此，组块既是信息加工过程，也是信息单位。知识经验会影响到组块。组块的作用在于减少适时记忆中的刺激单位，而增加每一个单位所包含的信息。人的知识经验越丰富，组块中所包含的信息便越多。

如何解释短时记忆容量有限这个特点呢？

（1）Waugh、Norman和Atkinson等倾向于从储存空间及其有限的槽道来说明。

（2）Baddeley（1975）等认为短时记忆的容量取决于人在2秒钟内能够复述的信息量。

（3）Klatzky（1975）木匠工作台原理。木匠工作台既要放料又要工作，二者必然存在一个权衡关系。短时记忆也是如此，它既要储存，又要加工，实际上是一个工作记忆。

2. 编码

编码就是对信息进行转换，使之获得适合于记忆系统的形式的加工过程，即信息以什么形式储存和被进行加工。经过编码所产生的具体的信息形式叫做代码（code）。

实验证明，短时记忆中也存在视觉编码，而且它出现在听觉代码之前（Ponser实验）。回忆错误实验表明，人们在回忆时产生错误主要发生在声音相近的字母混淆上，这说明短时记忆的信息代码主要是声音代码或听觉代码。即使使用视觉材料作为刺激，其代码也仍有听觉性质，在短时记忆中出现形声转换，而以声音形式储存。语义代码是一种与意义有关的抽象代码，不带有任何感觉通道的特性。抑制实验表明，在短时记忆中两种被加工的材料意义越接近，互相干扰越大。这表明，短时记忆中也存在语义编码（图2-16）。鉴于字母、字词的听觉代码和口语代码都是不同形式的言语代码，因此，常将听觉的（auditory）、口语的（verbal）、言语的（languistic）代码联合起来，称之为AVL单元。

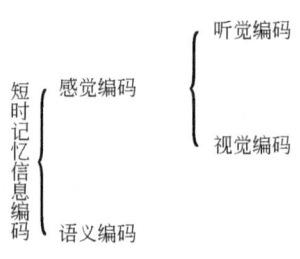

图 2-16 各种编码间的关系

（1）波斯纳（Posner）视觉码实验。波斯纳及其同事发现（1967，1969），至少在部分时间内，短时记忆信息是以视觉形式编码的。在他们的实验中，向被试呈现两个字母，第二个字母在第一个字母的右侧并同时呈现，或者在第一个字母呈现之后短时间内于右侧呈现。要求被试通过按键（以此记录他们的反应时）来指出两个字母是否属同一字母。从名称和形状上看，第二个字母和第一个字母在名称和形状上相同（如 AA），或者名称相同但形状不同（如 Aa），或者名称和形状都不同（如 AB 或 Ab）；从呈现时间看，两个字母同时出现，或者在第一个字母出现后间隔 0.5 秒、1 秒或 2 秒再呈现第二个字母。

结果（图 2-17）显示，同时呈现时，Aa 的反应时比 AA 的长。但当时间间隔增加时，AA 对的反应时急剧增加，但 Aa 对的反应时减少，并且 AA 对和 Aa 对的反应时的差别逐步缩小。当呈现时间间隔达到 2 秒时，几乎没有差别了。对这种结果的解释是：同时呈现时，被试判断相同字母时是依据字母的物理（或视觉）特征，随着间隔时间延长被试开始进行声音比较（当时间间隔增加时，AA 对的反应时急剧增加）。被试判断名称相同但视

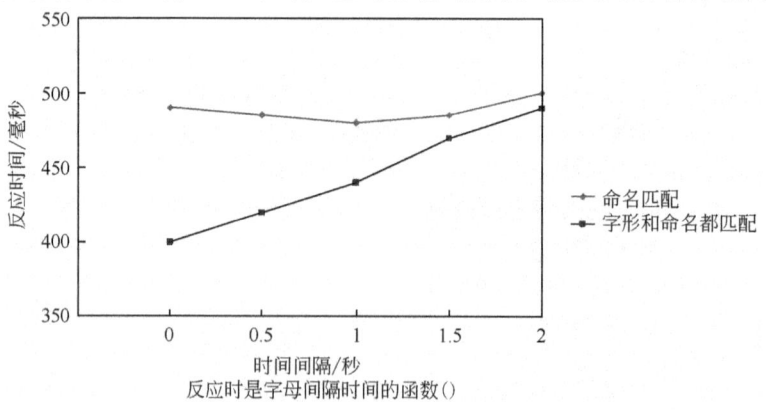

图 2-17 波斯纳及其同事实验结果

觉特征不同的字母进行比较时,是依据字母的听觉特征(却没有大的变化),因此,在关于短时记忆编码的讨论中,后者的加工时间更长。这表明,显然将 AA 相匹配至少部分是依据一种物理(或视觉)码。

(2)字母混淆实验。该实验是 Conrad(1963,1964)设计的。实验分为两个阶段:第一阶段为视觉呈现刺激;第二个阶段为在白噪声背景上,听觉呈现刺激。实验所用的刺激为 6 个字母组成的字母序列,其中有些字母的发音相似,如 C 和 V、S 和 F 等。刺激字母呈现后,要求被试按原来的顺序回忆字母。通过比较原序列与被试回忆序列,统计出被试的回忆错误,得出混淆矩阵表。由表中可以看出,字母发音越接近,被试的回忆错误越大,表明在短时记忆中信息是以听觉的方式进行编码的。

实验证明,在短时记忆中还存在着视觉编码。其条件如下:①在短时记忆初期,首先产生视觉编码,然后才出现形声转换;②在大量的非言语信息加工中,形声转换无法迅速进行,这时短时记忆直接以视觉方法进行编码。

(3)语义范畴前摄抑制实验。前摄抑制为先学的知识对后继学习的影响。实验采用连续四次组进行。图 2-18 中实点虚线表示实验组的成绩,空心虚点表示控制组的成绩。在前三次实验中,实验组和控制组的处理都是一样的。即向被试呈现三个不同的单词(每次实验所呈现的单词范畴相同),然后让被试用 20 秒的时间完成一个计算作业,以防止被试重复所看到的三个单词。在第四次实验中,控制组学生看到的依然是同范畴的单词,而实验组看到的则是不同范畴的单词,在完成一个计算作业之后,两组被试的回忆成绩发生显著的变化,实验组的成绩明显优于控制组的被试的成

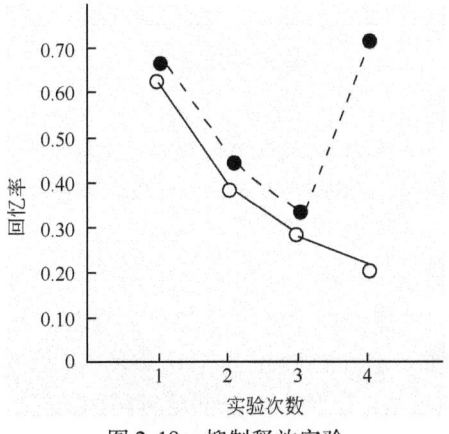

图 2-18 抑制释放实验

绩。这表明，计算作业对实验组产生了重要的影响，这也说明语义记忆在短时记忆存在的心理真实性。

3. 短时记忆信息的提取

将短时记忆中的项目回忆出来，或者当该项目再度呈现时能够再认，都是短时记忆的信息提取。由于短时记忆只储存少数几个项目，而且立即可被提取出来，因而使人感到，短时记忆信息提取的机制是很简单的。但是，后来的研究表明，情况远非如此。实际上，短时记忆信息提取的过程是相当复杂的。它涉及许多问题，并且引出不同的假说，迄今没有一致的看法。

（1）Sternberg 的经典研究。实验材料：①识记项目数量在短时记忆容量之内（因而错误率很小，可以反应时为指标）。②测试项目一半是识记项目中的（"是"反应），另一半是非识记项目的（"否"反应）。测试项目均匀分布于不同位置。③记忆集大小为 1~6 个（即识记项目数量）。可通过改变识记项目数量（或记忆集大小），可记录反应时随之变化的情况。具体实验过程如图 2-19 所示。

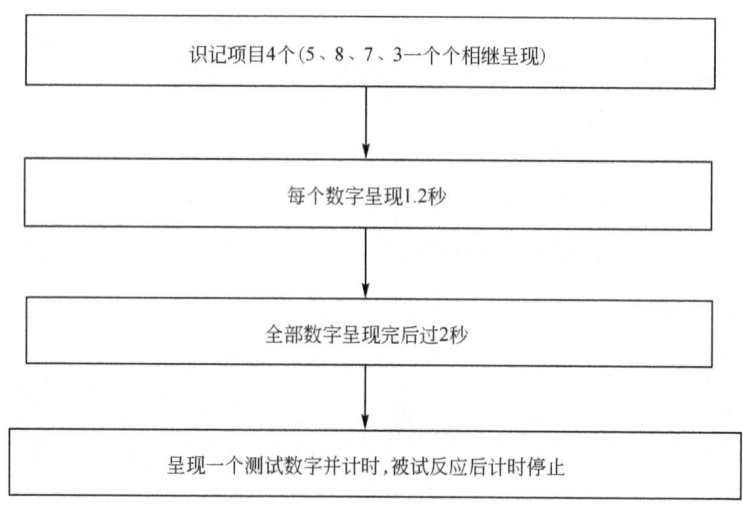

图 2-19　实验过程

实验假设：①如果测试项目与记忆集中的全部项目同时比较，那么被试的反应时将不会随识记项目数量或记忆集的大小而发生变化（平行扫描）。②如果测试项目与记忆集中的全部项目相继比较，那么被试的反应时将会随识记项目数量或记忆集的大小而发生变化（系列扫描）。两个假设的示意图如图 2-20 所示。

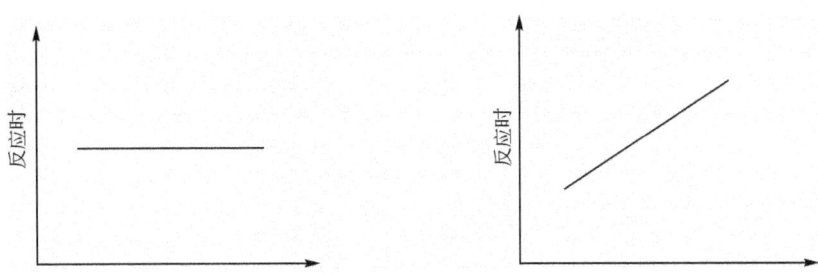

图 2-20　实验结果假设

根据因素相加法，对信息加工过程进行如下分析（图 2-21）：①测试项目编码。用时设为 ems。②测试项目与记忆集中的每个项目序列比较。假设每比较一次用时 cms，N 个项目需作 N 次比较，所用时间为 cN。③决定和反应阶段。假设用时 dms。④ $RT = e + cN + d = cN + (e + d)$。$c$ 为斜率，$(e + d)$ 为截距。根据实验结果（图 2-21）可算出：$c = 38$，$e + d = 397$。因此，$RT = 38N + 397$。

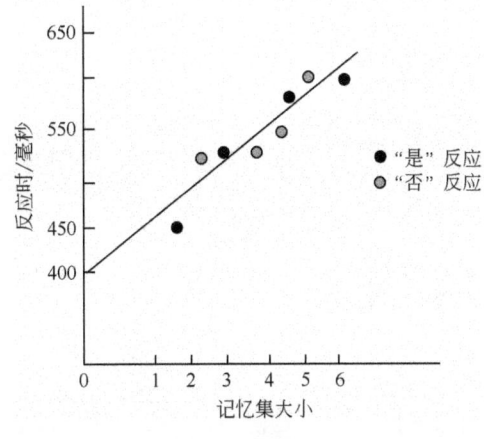

图 2-21　实验结果

（2）短时记忆信息的提取模型。第一，搜索模型（系列扫描）。Sternberg 的实验研究（图 2-22）提出，短时记忆中的信息提取是穷尽式的系列扫描（不是自我终止式的）（图 2-23），可以将之理解为扫描模型（scanning model）。"是"反应在穷尽式的扫描中，与"否"反应的情况相同，但在自我终止式扫描，只需对记忆集重点一半项目比较，因此，"是"反应的比

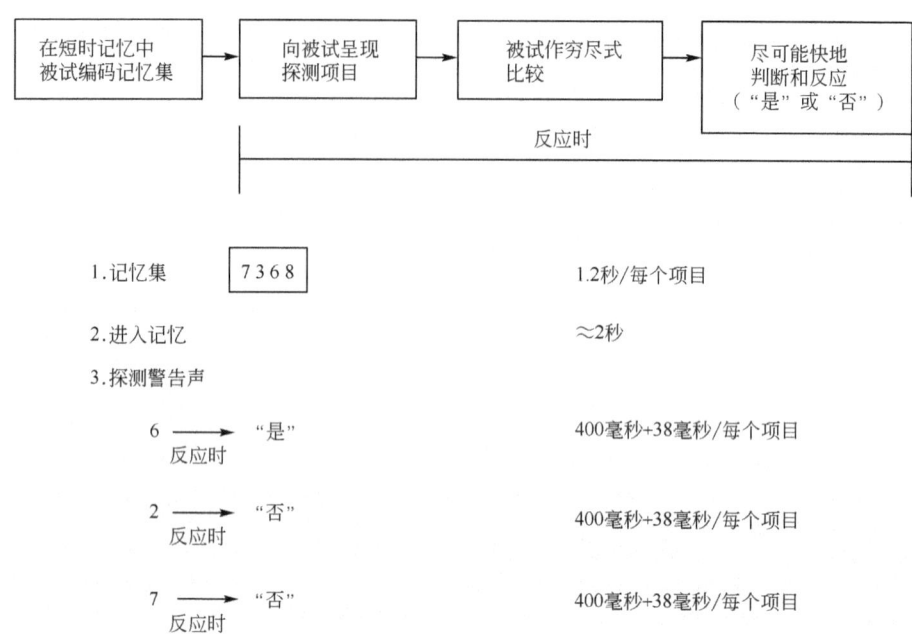

图 2-22 短时记忆信息提取研究——Sternberg 实验（实验范式）

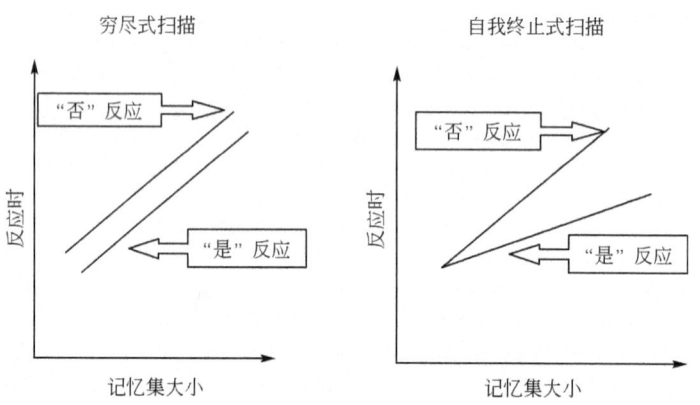

图 2-23 搜索扫描假设

较次数是 $(N+1)/2$，所以，"是"反应时的斜率接近"否"反应时的一半。

第二，直通模型（direct access model）。Wickelgren 认为，短时记忆中的各个项目不是通过比较来提取的，人可直接通往所要提取的项目在短时记忆中的位置，进行直接提取。这时需通过标准比较，即依据熟悉值（或痕迹强度）与内部判断标准的比较来直接提取。当高于这个标准时，作出"是"反应，否则相反。因此，熟悉值很高的更易直接通达。这个模型能解释常见词或重复出现项目的反应时快于非常见词或非重复出现的项目，能解释系列位置效应，但不能解释反应时为什么会随识记项目的增多而呈线性增加。

第三，双重模型。由于搜索模型和直通模型都有其合理的一面，同时又都有不足，因此有人企图将两者结合起来。Atkinson 和 Joula 认为，短时记忆过程中信息的提取既包含扫描方式，也存在直通方式，简言之就是两头直通，中间扫描。他们设想，输入的每个字词可按其知觉维量来编码，称为知觉代码；字词还有意义，即有概念代码。知觉代码和概念代码共同构成一个概念结。每个概念结有不同的激活水平（activity level）或熟悉值（familiarity value）。

在大脑内部有两个判定标准：一个是"高标准"（C1）。如果某一探测词的熟悉值达到或高于这个标准，人便可迅速地作出"是"反应。另一个是"低标准"（C0）。如果某一探测词的熟悉值达到或低于这个标准，人就可迅速地作出"否"反应。照 Atkinson 和 Juola 看来，这是一个直通过程。但是，对于一个其熟悉值低于"高标准"而高于"低标准"的探测词，要进行系列搜索，才能作出反应，所需反应时也较多（图2-24）。

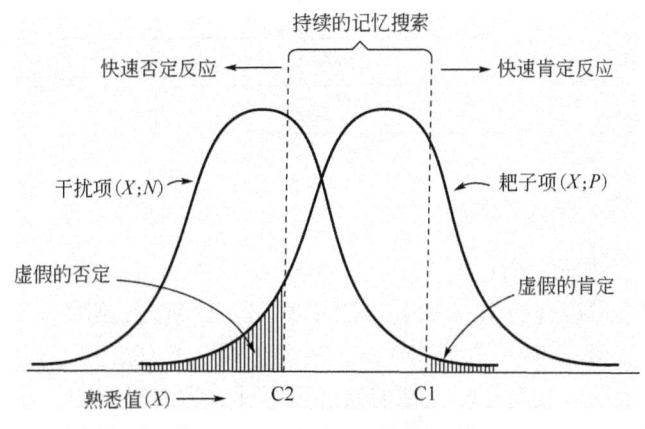

图 2-24 双重模型示意图

（3）影响短时记忆信息提取的因素。已有的实验结果表明，短时记忆信息提取的加工速率与材料性质或信息类型有一定的关系。Cavanaugh（1972）通过统计不同的研究对某类材料的平均实验结果，得出扫描一个项目的平均时间,并与相应的短时记忆容量(广度)加以对照,见表2-2。从表中可以看出一个有趣的现象:加工速率随着记忆容量的增大而提高,容量愈大的材料,扫描也愈快。现在还难以清楚地解释这个现象。曾经设想,在短时记忆中,信息是以特征来表征的,而短时记忆的储存空间有限,那么每个刺激的平均特征数量愈大,则短时记忆能够储存的刺激数量就愈小。Cavanaugh进而认为,每个刺激的加工时间与其平均特征数量成正比,平均特征数量大的刺激需要的加工时间多,反之需要的加工时间就少。这种解释还存在不少疑点,但它却把短时记忆的信息提取、记忆容量和信息表征都联系起来,这确实是一个重要的问题。加工速率反映加工过程的特点,在不同材料的加工速率差别的背后,可能由于记忆容量乃至信息表征等因素的作用而存在着不同的信息提取过程。

表2-2 不同类别材料的加工速率与记忆容量

材料	加工速度/毫秒	记忆容量/项
数字	33.4	7.70
颜色	38.0	7.10
字母	40.2	6.35
字词	47.0	5.50
几何图形	50.0	5.30
随机图形	68.0	3.80
无意义音节	73.0	3.40

4. 短时记忆信息的遗忘

(1)遗忘进程。通过干扰作业法(Peterson-Peterson方法)发现:①短时记忆中信息可以保持15~30秒;②如果得不到复述,那么短时记忆中的信息将会迅速被遗忘(图2-25);③只要短时记忆识记项目的数量不变,识记材料性质的改变对短时记忆的遗忘没有什么大的影响。

(2)痕迹消退与干扰。①关于遗忘,历来有痕迹说与消退说之分;②Waugh和Norman(1965)实验发现(图2-26),短时记忆中遗忘的主要原因是干扰而不是记忆痕迹消退。

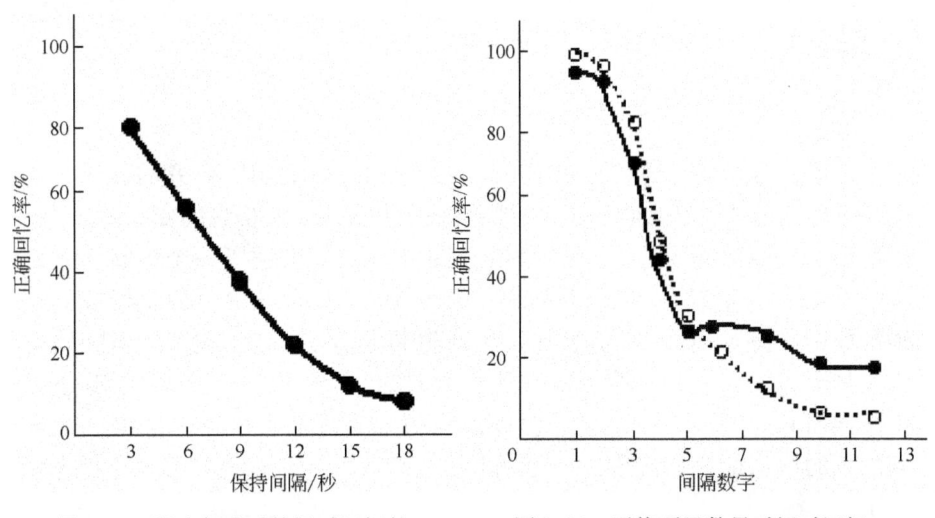

图 2-25　阻止复述后的短时记忆的遗忘速率

图 2-26　干扰项目数量对短时记忆信息保持的影响

（三）长时记忆

1. 情景记忆与语义记忆

Tulving（1972）把长时记忆分为两种类型：①情景记忆。接收和储存关于个人的特定时间的情景或事件以及这些事件的时间－空间联系的信息。②语义记忆。语义记忆是运用语言所必需的记忆，它是一个心理词库，是一个人所掌握的有关字词或其他语言符号、其意义与指代物之间的联系，以及有关规则、公式和操作引起符号、概念和关系的算法的有关组织知识。例如，"去年这时下了一场大雪"是情景记忆；"电流＝电压/电阻"属于语义记忆。二者的区别在于情景记忆一般以个人经历为参照，以时间、空间为框架，而语义记忆以一般知识为参照，具有形式结构（如语法结构等）。

2. 表象系统与言语系统

Pivio（1975）从信息编码的角度将长时记忆分为两个系统：表象系统和言语系统。①表象系统。以表象代码来储存关于具体的客体和事件的信息，如头脑中关于故乡的景色。②言语系统。以言语代码来储存言语信息，如头脑中记住的学科知识。Paivio 的理论认为这两个系统既彼此独立又相互联系，因此人们也把其理论称为两种编码说或双重编码说。

语义代码是一种抽象的语义表征，具有命题的形式，又被称为命题代码或命题表征。表象代码是记忆中事物的形象。

（四）记忆系统之间的关系

由单一的长时记忆到短时记忆，再到感觉记忆，随着研究的深入，人们开始思考记忆类型之间的关系，以及在几种类型之间信息的变化过程。

Atkinson 和 Shiffrin 吸收了两种记忆说的精神，建立了一个多储存记忆系统模型（图 2-27）。该模型的基本思想为：外部输入通过感觉器官进入感觉登记（感觉记忆），信息在这里作短暂整合后，有些进入短时记忆，有些马上丧失，也有一些可能直接进入长时记忆。短时记忆的作用是一个缓冲器和加工器，信息在这里以复述的方式可进入长时记忆中，得不到加工的信息很快会丧失。它还可以从长时记忆中把信息提取出来进行加工。

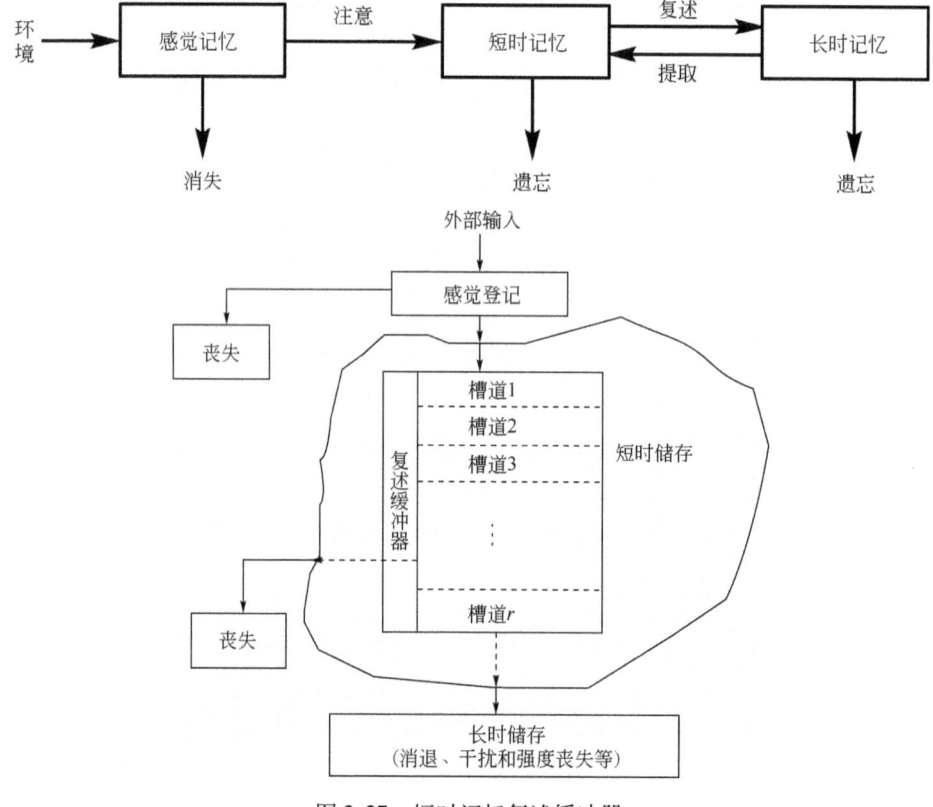

图 2-27　短时记忆复述缓冲器

（五）短时记忆信息缓冲原理

短时记忆信息缓冲原理见图 2-27。短时记忆由若干槽道构成，每一个槽道相当于一个信息通道，来自感觉记忆的信息单元分别进入不同的槽道。缓冲器的复述性加工有选择地将槽道中的信息进行复述。被复述的槽道中的信息将进入长时记忆中，而没有被复述的槽道中的信息将被清除出短时储存区而丧失。各槽道中的信息保持的时间是不一样的，信息在槽道中保持的时间越长，越有可能进入长时记忆中，也越有可能被来自感觉记忆的新的信息冲挤掉。相对而言，长时记忆才是一个真正的信息储存库，但其中的信息也有可能因消退、干扰和强度丧失等原因而产生遗忘。

三、语义记忆模型

1. 层次网络模型

Collins 和 Quillian（1969）的层次网络模型认为，长时记忆中语义记忆的基本单元是概念，概念在记忆系统是有联系的，形成一个有层次的结构。图 2-28 是层次网络模型的一个片断，位于最下层的"金丝雀"、"鲨鱼"等叫 0 级概念，"鸟"、"鱼"等叫 1 级概念，"动物"叫 2 级概念。要领的级别越高越抽象，加工所需要的时间也越长。在每一个级别上，只储存该级概念独有的特征。因此一个概论的意义或内涵由该要领与其他相连的概念的特征决定。Collins 和 Quillian 用实验验证了实验-范畴大小效应，实验根据概念间的距离呈现不同距离的命题，要求被试判断真伪，测量反应时，

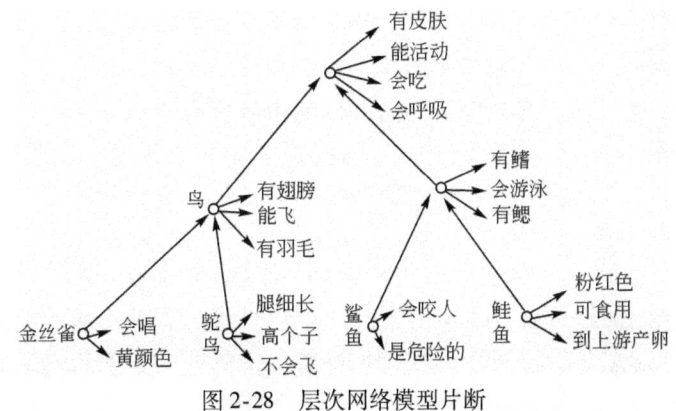

图 2-28　层次网络模型片断

结果发现存在范畴大小效应，0级句子加工时间最短，而2级句子加工时间最长，结果如图2-29所示。但对模型，存在各种批评，因为它无法解释如下几个效应。

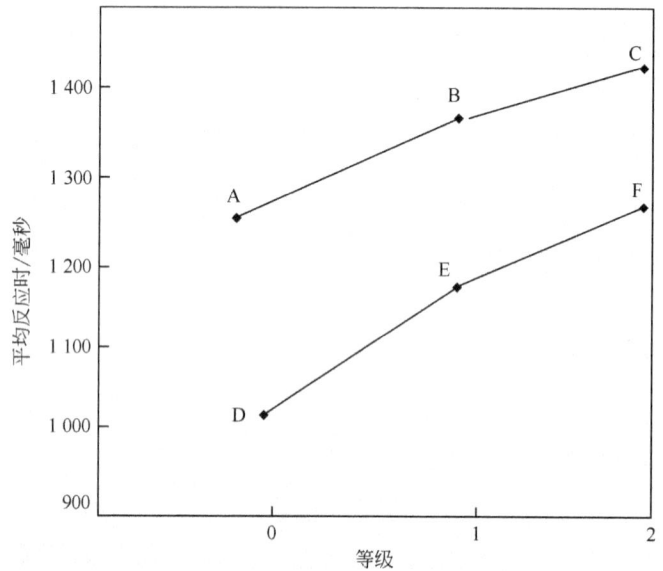

图2-29　不同等级句子的反应时实验结果

（1）熟悉效应："狗是哺乳动物"的判断要慢于"狗是动物"；

（2）典型性效应："鸽子是鸟"的判断要快于"企鹅是鸟"；

（3）否定判断："铁杉－雏菊"判断要长于"铁杉－鹦鹉"（判断同一范畴的两个词比判断不同范畴的两个词需要的时间更多）。

2. 激活扩散模型

（1）模型的结构。激活扩散模型结构也是一个网络模型，与层次网络模型不同的是，它以语义联系或语义相似性将概念组织起来。网络上的每一个概念是一个结点，连线长短表示概念之间联系的远近（短近长远）。一个概念的意义或内涵由与它联系的概念来确定，但概念的特征不一定分级储存（图2-30）。

（2）模型的加工过程。当一个概念被刺激或被加工，该概念所在的网络结点便被激活，然后激活便沿连线向四周扩散。这种激活的数量是有限的，一个概念愈是长时间受到加工，释放激活的时间也愈长，从而有可能形成熟悉效应。另外，激活也遵循能量递减的规律。

第二章 表象、概念结构和记忆

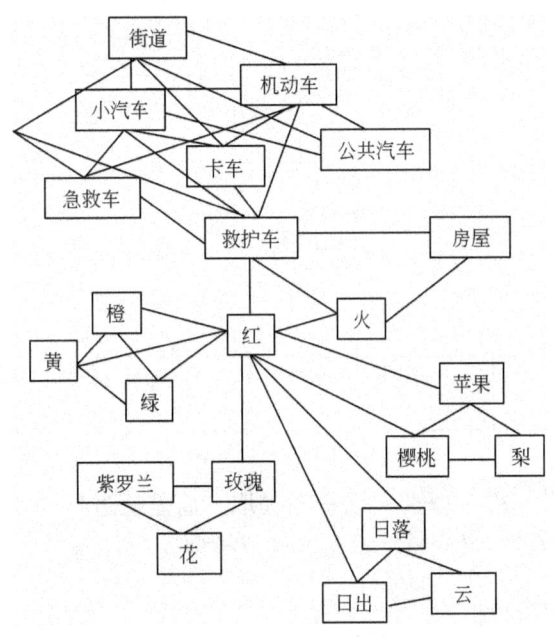

图 2-30 激活扩散模型片断

（3）模型的验证。启动效应。

（4）该模型对层次网络模型的修正。激活扩散模型是对层次网络模型的修正。它认为诸概念的特征可以在同一层级上也可以不在同一层级上，概念间的联系是激活扩散的方式，它以连线的长短说明范畴大小效应，而且也可以说明其他效应，可以说它是"人化了的"层次网络模型。

3. 集理论模型

该模型由 Meyer 提出，认为概念为语义记忆的单元。每一个概念都由一集信息和要素来表征。集可以分为样例集和特征集。在进行语义加工时，会分别搜索两个属性集，并根据两个属性集的重叠程度作出决定。重叠程度高就作出肯定判断，反之作出否定判断。

集理论的信息加工过程可以用图 2-31 谓语交叉模型进行表示。加工过程的第一阶段要进行集交叉判断，如果不能进行是或否的判断则要进入第二阶段进行子集关系判断，最后对命题进行正确的反应。集理论模型可以解释范畴大小效应，但不能解释熟悉效应和典型性效应。

集理论模型和特征比较模型与网络模型相比，比较鲜明的特点在于它们认为长时记忆的语义结构并不紧密，知识也不是事先预存的，知识之间

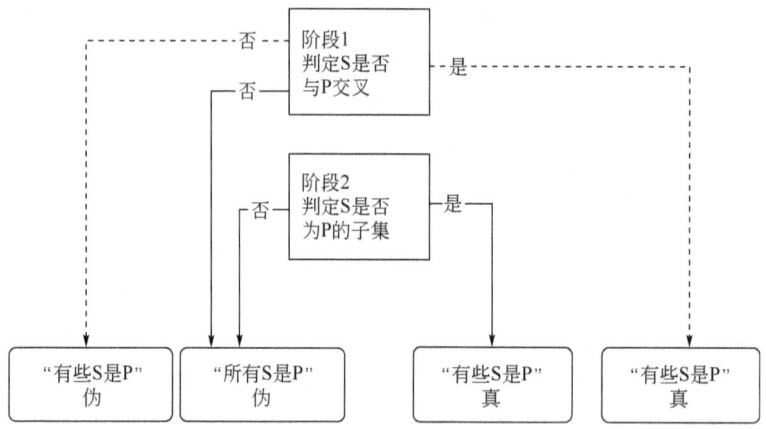

图 2-31 谓语交叉模型

的联系不是通过扫描或搜索实现意义提取,而是通过特征比较、计算来实现的,因此这类模型又叫特征模型、计算模型。

4. 特征比较模型

(1) 模型简介。该模型是由 Smith、Shoben 和 Rips(1974)提出的,认为概念的诸特征可以分为两类:一类叫定义性特征;另一类叫特异性特征。两种特征对概念定义并不一定必要,但却有一定的描述功能。处于不同级别的概念的定义性特征的关系是上级概念(如"鸟")具有的定义性特征比下级概念("知更鸟")要少,而下级概念必然包含上级概念的全部定义性特征,此外还有自己的独特的特征(图 2-32)。特征比较模型比较强调定义性特征的作用。

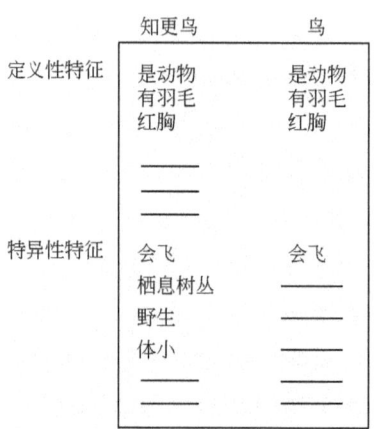

图 2-32 概念特征

(2) 语义空间。特征比较模型认为，概念之间共同的语义特征特别是定义性特征越多，其联系就越紧密。图 2-33 为 Rips 等（1973）利用计算机进行概念比较评定得到的一个关于"鸟"范畴与"哺乳动物"范畴的二维空间分布图。图中左边四个方格为"鸟"范畴的二维空间，右边为"哺乳动物"范畴的二维空间。无论在哪一个范畴里，空间中任何两点之间的距离都反映着两个概念之间的心理距离或语义距离。两个点越近，说明两个概念越接近。

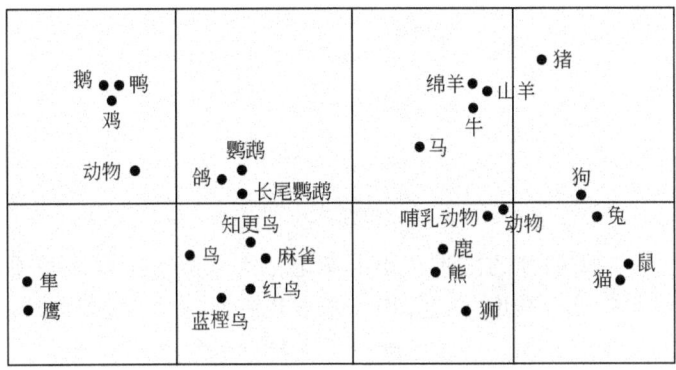

图 2-33　"鸟"与"哺乳动物"范畴的二维空间分布图

Rips 等认为，被试对概念间联系作出评定，依靠的是他们长时记忆中储存的语义特征。在概念的二维空间分布中，横轴表示动物躯体的大小，纵轴表示动物的野性和凶猛程度。

(3) 两阶段加工过程见图 2-34。特征比较模型认为信息加工过程包含两个阶段：第一阶段，提取命题的主语和谓语两个概念的特征，将两者的全部特征包括定义性特征和特异性特征加以总体比较，并确定两者的相似程度。如果两者高度相似则作出肯定反应，如果两者极不相似则作出否定反应，如果二者中等相似则进入第二阶段。第二阶段，撇开主语和谓语概念的特异性特征，只对两者的定义性特征进行比较、加工。如果两者匹配，则作出肯定反应，否则作出否定反应。两个加工阶段各有特点：第一阶段为总体比较，带有启发性质，常会发生错误；第二阶段加工为计算，较少发生错误。

评价

特征比较模型可以解释典型性效应，以语义特征的相似性对各种实验结果进行解释，显得简洁有效。但它也有一个问题，即如何分清诸概念中定义特征与特异性特征的区别，而且也有一反例对该模型提出了质疑。

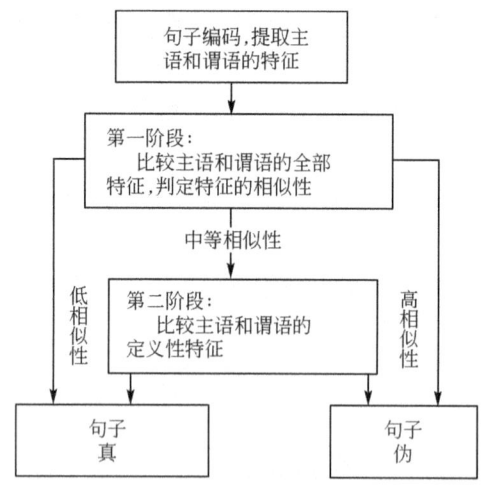

图 2-34　特征比较模型的加工阶段

语义记忆模型研究的困难在于语义记忆无法直接观察，必须通过被试的操作过程才能进行推论。这种操作总表现在结构和过程两个方面。正因为对两者的关注点不同，所以才出现了众多的模型。

在认知心理学中，从概念的储存情况来看，概念间的关系可以用记忆模型来描述，但其中的逻辑关系还可以使我们认识到概念间关系的另一个角度。如果按照逻辑关系形成命题的话，描述其的记忆模型就复杂了许多。

四、多重记忆系统

在记忆研究领域，Tulving 的多重记忆系统假设是对传统信息加工模型的挑战，这个理论越来越得到人们的重视。Tulving（1985）在一篇题目为"有多少记忆系统？"的论文中，把记忆描述为是由许多系统组成的，每一个系统有不同的目的，按照不同的原则运行。系统和原则联合组成了所谓的记忆。而且，他提出了五种记忆系统，分别是情景记忆、语义记忆、程序记忆、感觉表征记忆和短时记忆。关于为何采用多重记忆系统代替单一记忆系统，Tulving 提出了自己的五点看法。程序记忆是对具有先后顺序的活动的记忆，是个体通过观察学习和实际操作学习而习得的记忆。其显著特点是：不能用言语表述，属于一种内隐记忆，主要包括心智技能和动作技能。

第二章 表象、概念结构和记忆

1. 陈述记忆（情景记忆和语义记忆）

情景记忆是指接收和储存特定时间的情景或事件以及这些事件的时间－空间联系的信息。而语义记忆是指运用语言所必需的记忆。两者之间的关系如表 2-3 所示。

表 2-3　情景记忆和语义记忆之间的关系

不同之处	所储存的信息类型不同	所储存的信息性质不同	提取条件、抗干扰	联系之处（信息来源）
情景记忆	以个人经历为参照，以时间－空间为框架	具体的、自传式的	不稳定，易受干扰，提取较困难	都来自于感知觉。如对"苹果"的记忆，对两天前阅读过的一篇文章的论点的记忆是情景记忆还是语义记忆
语义记忆	抽象意义的记忆（语法、公式、概念）	抽象性和概括性的	较稳定，不易受干扰，提取较容易	

2. 工作记忆

工作记忆（working memory）属程序记忆、短时记忆，是一短暂时刻的知觉，是一系列操作过程中的前后连接关系，后一项活动需要以前一项活动为参照。通常是在过去的经历与当前的行动之间提供时间和空间的连续性，对于思维运算、下棋、弹钢琴以及无准备的即席演讲等都是十分重要的。

工作记忆的概念最初由 Baddeley 和 Hitch 在研究短时记忆的基础上于 1974 年提出，以修正和补充短时记忆的模型（图 2-35）。它是一种对信息进行暂时加工和储存的能量有限的记忆系统。该模型认为工作记忆由三部分组成，即视觉空间模板、语音回路和中央执行系统。执行中心负责控制

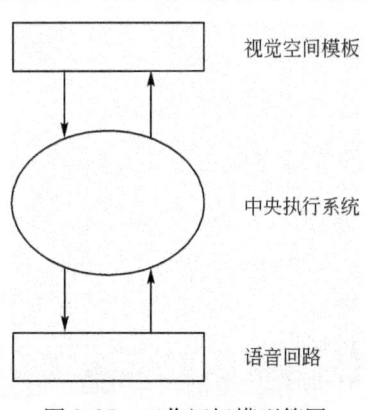

图 2-35　工作记忆模型简图

和协调感觉分系统和长时记忆之间的相互作用。在遇到新的情况时，这个中心也可以起到管理注意系统、调整感觉系统、协调和计划行为的作用。工作记忆的执行部位位于大脑的前额皮层，这个部位神经元的工作状态受神经递质多巴胺和谷氨酸的影响较大，也就是说它和情绪、食物、健康状态以及药物服用等有关。

语音回路包括语音储存装置（phonological store）和发音复述装置（articulatory rehearsal）两部分。语音信息以记忆痕迹（memory trace）的形式储存在语音储存装置中，但这些记忆痕迹如果得不到及时复述，会在2秒钟之内衰退甚至消失；要想保存下来，就必须使其不断地得到复述，这就需要依靠发音复述装置的作用了。听觉形式的语音信息可以直接进入语音储存装置，而视觉形式的语音信息必须先转化为听觉形式的信息才能进入该装置，完成这一转化也是通过发音复述装置实现的。所以，发音复述装置有两个功能：一是不断加强将要消退的记忆痕迹；二是将视觉形式的语音信息转化为听觉形式的语音信息，从而使其进入语音储存装置。

工作记忆容量有限，并且随儿童的不同发育阶段而改变，不同的人之间也有差异。有的认知科学家用对工作记忆的测评，预示儿童智力的发育和差异。工作记忆是一个位于知觉、记忆与计划交界面上的重要系统，对于学习、运算、推理、语言理解等复杂的认知活动起关键作用。许多研究表明，阅读困难与工作记忆缺陷有关，对于阅读困难儿童的工作记忆研究的经典范式是阅读广度测验。该范式要求被试阅读一系列句子（加工成分），同时记住每个句子的最后一个词（储存）。在呈现完一系列的句子后，要求被试按呈现的顺序回忆出句子的最后一个单词，这种范式发展为各种各样的变式，如听、计数和计算等。

五、记忆种类

（一）内隐记忆和外显记忆

传统的对记忆的研究是注重对外显的、有意识的记忆研究；最近又兴起了对内隐记忆的研究，这是当前记忆研究的热点，代表了记忆研究的最新动向。从20世纪70年代起，一大批从事实验心理学和认知心理学研究的主流心理学家对内隐记忆研究表现出极大兴趣。内隐记忆现象是在遗忘病人身上首先发现的。1854年，英国医生Dunn报告，一位因溺水昏迷而患遗忘症的妇女，虽然已完全忘记了自己曾学过做衣服这件事，但不久后在学裁剪衣服时却无意中表现出某些裁剪技艺方面的记忆痕迹。1889 年，对遗忘症病人的内隐记忆现象进行系统调查者的 Korsakoof 报告，一位接受过电休克治疗的遗忘病人早忘了曾受过电击这件事，但当他再次见到电击仪时，却有相应的行为表现。20 世纪 60 年代，研究人员（Warrington 和 Weiskrantz）发现，健忘症患者没有意识到自己拥有对某方面的学习记忆，但在他们完成有关任务的操作上却表现出了记忆效果。这种现象被心理学家 Cofer（1967）称为启动效应（priming effect）。之后，对正常人进行大量研究发现，启动效应是普遍存在的，这是一种自动的、不需要有意识回忆的记忆现象。Graf and Schacter（1985）把这类记忆称为内隐记忆，而把传统的、需经有意识回忆的记忆现象统称为外显记忆。

大量研究表明，人类的记忆不是一种单一的心理功能，不同类型记忆任务受不同大脑区域调节，拥有不同的神经网络。内隐、外显记忆任务是当前被广泛接受的记忆类型的划分。内隐记忆指人们特定的已有经验影响人们当前绩效，而个体却没有意识到这些经验，也没有进行过有意识的提取操作。其被认为包含技能学习、经典条件反射和启动效应等类型。外显记忆是个体有意识提取信息的记忆，可以利用自由回忆、线索回忆和再认等提取有关信息，并能用语言进行表述。外显记忆任务要求对先前经历进行有意识回忆。像自由回忆、线索回忆和再认这样的传统记忆测验，都属于外显记忆任务。它们有一个共同特征，即都需要外显地参照特定的学习情节，都需要对特定的学习情节进行有意识回忆。内隐记忆和外显记忆具有不同的遗忘特点。根据实验性分离范式，选定加工分离程序为工具，通过对再认的两个加工过程进行的延时比较，考察了内隐和外显记忆的遗忘特点。结果显示：在延时分别为 0、6 分钟、15 分钟、1 小时和 7 天的遗忘进程中，再认的自动提取和意识性提取成绩表现了不同的特征，尤其是在前 15 分钟的遗忘进程中，自动提取成绩的衰减不明显而意识性提取成绩的衰减非常显著，另外研究还通过对加工水平因素的考察，发现了加工水平因素对意识性提取和自动提取成绩的作用不同。

内隐记忆任务不要求人们对先前经历进行有意识回忆，只要求人们完成一种知觉任务或一种认知任务。典型地，这些任务看起来与先前学习过的任何材料都无关。任务的指导语中也丝毫不提"记得"或"回忆"这样的字眼。常用的内隐记忆任务包括词干补全、残词补全、指明几个刺激中自己所偏爱的那一个、词汇判断和知觉辨认。这些任务的共同特征是，特定学习情节中所编码的信息，无须后来有意识的或深思熟虑的回忆，而是通过先前学习情节中所获得的信息对后来作业的促进作用表现出来。这即是一种启动效应。启动效应指由于某一刺激（通常指单词或图片）的先前呈现而导致随后对该刺激或相关刺激进行加工的易化。典型的重复启动实验包括学习和测验两个阶段。学习阶段，向被试呈现一系列刺激、间隔一定时间，在随后的测验阶段，被试或用与学习阶段相同或相关的刺激执行一项任务，或用与学习阶段无关的新刺激执行该任务作为操作的基线测量，采用新旧刺激进行操作所导致的成绩差异就构成了重复启动测量。

启动效应被认为至少可划分为两种类型，即知觉启动和概念启动。知觉启动主要反映对刺激形式的优先加工，概念启动主要反映对刺激意义的优先加工。通常被认为具有知觉特征的启动任务有阈下呈现的单词识别、词干补笔、残词补笔和图片命名等。尽管许多启动任务被发现具有明显的知觉或语义特征，但是，也不断有研究显示有些启动任务很难据此归类。因此，这种划分只是一种理想状态的描述。

启动还可以分为正启动和负启动。起促进作用的启动效应称为正启动效应或促进性启动效应，起抑制作用的启动效应称为负启动效应或抑制性启动效应。Marcel（1983a，1983b）的研究揭示了一种有趣的启动效应。在这个实验中，也是向被试呈现单词作为刺激。但是启动单词的呈现时间非常短（20~110毫秒），呈现之后还用一个掩蔽刺激阻止网膜后像的作用，这样做的目的是让被试对启动单词的加工停留在前意识阶段，不产生有意识的加工。为了检验是否达到这样的效果，可以让被试猜测启动单词，只要对单词的加工是前意识的，他们的猜测应该不会超过随机瞎猜的水平。马塞尔发现，在这种情况下也会产生启动效应。例如，先呈现一个启动单词 palm，在视觉掩蔽后呈现单词 wrist，要求被试说出后续单词的类别，由于两者都是人体器官，结果发现存在启动效应。

但是进一步的实验结果更加有趣。如果启动刺激 palm 呈现的时间足够长，被试对后面呈现的单词可能产生正启动，也可能产生负启动（即启动刺激抑制了对后续刺激的加工）。这是因为，马塞尔在实验中采用多义词做启动单词，palm 就是一个多义词，它有两个含义："手掌"和"棕榈树"，前者属于人体器官，后者属于植物。在 palm 呈现的时间足够长的情况下，如果被试激活了作为人体器官的义项（手掌），那么对同样属于人体器官的后续刺激 wrist 产生正启动，而对 pine（松树，属于植物）就产生负启动；相反，如果被试激活了作为植物的义项（棕榈树），接下来的效果正好相反：对于 pine 产生正启动，对于 wrist 产生负启动。

这个结果促使重新审视启动单词在呈现时间非常短的情况下的结果，并可以作出推断：在前意识阶段，被试虽然连单词都没有看清，但是 palm

的两个义项都被激活了。而如果呈现时间足够长，到了有意识加工阶段，被试看清了单词，才选定激活其中一个义项。

(二) 前瞻记忆和回溯记忆

前瞻记忆是指对将来要完成的活动和事件的记忆，回溯记忆是指对过去已经发生的事情或行为的记忆。两者最根本的区别在于，前瞻记忆任务包含两种成分：一种是自发启动先前意向的前瞻成分；另一种是对意向内容进行提取的回溯成分，而前者是回溯记忆所没有的。影响前瞻记忆的因素有：①提示物、靶事件和情境；②年龄；③其他因素，如不同注意类型。

在前瞻记忆任务中，需要人们在适当的时刻，把意识从正在执行的活动中转移到前瞻记忆任务上来。那么意识是怎样从正在进行的活动中转移到前瞻记忆任务上的呢？关于这个问题，存在不同的观点和理论模型。

1. 策略加工观点

该观点认为前瞻记忆是主动的、策略的加工过程，它由执行注意系统（executive attention system）或监控注意系统（supervisory attention system，SAS）所调节。注意对前瞻记忆监控的表现形式：一种是一些注意资源可能不断地用于监控与前瞻记忆活动有关的目标事件的环境；另一种是执行注意系统可能定期扫描前瞻记忆活动以保持线索-活动的激活，因此当目标事件出现时，很容易使线索-活动的激活达到阈限以上。不管哪种形式的加工出现，关键是一些注意资源是主动地、策略地考虑前瞻记忆任务，而且定期地把注意投向前瞻记忆，Smith 的研究支持这一假设。在她的研究中，连续进行的活动作为控制注意资源的指标。她发现，当给被试前瞻记忆指导语后，即使在测试中不呈现前瞻记忆线索，被试连续进行的任务完成的速度也大大降低，这就意味着被试在前瞻记忆阶段有意无意地考虑前瞻记忆任务，对注意资源进行再分配，因此用于连续进行的活动的注意资源减少了。

(1) 熟悉-提取模型。该模型认为，前瞻记忆类似回溯记忆中的再认，这就可以用再认的熟悉-提取机制理解前瞻记忆过程。再认包括熟悉和提取两个过程，熟悉过程可以提醒人们想起有某事要做，较高的熟悉值产生一个直接提取关于项目意义的信息，较低的熟悉值将被拒绝对该项目的搜索，处于两者之间的值是启动项目信息的提取过程。前瞻记忆任务中，形成活动意向和后来的呈现都增加了目标事件的熟悉值，当熟悉值足够大时，就会启动对该事件相关信息的搜索、提取意向，进而执行意向所要求的活动。Mcgann 等（2003）的研究结果可以对该模型加以整合，即学习和测试之间知觉特征的保持可以增强目标事件的熟悉性，而概念特征的保持可以增强前瞻记忆意向的提取。

（2）自动加工观点。该观点认为当遇到前瞻记忆目标事件时，前瞻记忆任务是自动地进入意识之中的。它认为一种无意识的自动记忆系统把与以前计划有关的刺激信息带入意识，当外部线索自动地与记忆痕迹相互作用时这个系统产生有意识的回忆，Guynn 等的研究支持了这一假设。在前瞻记忆中，记忆痕迹是前瞻记忆活动的编码，如果这个线索能够很好地与记忆痕迹产生足够强的相互作用，那么有关的记忆系统就可以被迫快速地，而且几乎不需要任何认知资源地把与线索以前有关的信息带入意识。与这个观点有关的理论机制是激活的结点。在前瞻记忆中，激活的结点就是一个所遇到事件的表征，通过与之有关的网络向外扩散激活。这个观点认为基于事件的前瞻记忆不是用策略监控目标事件，而是一旦遇到目标事件，有关的自动记忆系统将自动地提取前瞻记忆，或者通过激活扩散激活前瞻记忆活动，从而使前瞻记忆出现在意识之中。

（3）自动激活模型。该模型认为，当接受一个前瞻记忆任务后，被试形成一个关于目标事件－活动联系的编码，当这个编码从工作记忆中消失后处于一种特殊的阈下激活状态，这种状态对后来呈现的目标事件更加敏感，使之更容易留下痕迹，并进一步加强了目标事件－活动的联系。当这个联系提高到阈限以上时便进入意识，使被试注意到所呈现的目标事件，并从目标事件－活动的特殊路径自动激活扩散，实现对先前意向的提取。McDaniel 等（1998）认为，前瞻记忆主要是概念驱动的，语义编码有助于记忆的实现。Moscovitch（1994）指出语义编码增强了线索和背景之间的联系。当一个线索（目标事件）出现时，与前瞻记忆任务有关的信息被迫快速地、以一种不自觉的灵活方式转向意识，前瞻记忆得以自动实现。以上两种模型的区别在于依赖的自动或策略加工的程度不同，自动激活模型依赖于自动加工，提取过程不需控制，而熟悉－提取模型既依赖于自动加工又依赖于策略加工。

2. 双重加工观点

至少有两类研究结果与上述策略加工和自动加工的观点不符：一类是在前瞻记忆与年龄有关的研究中，Sathouse 认为，注意资源随年龄的增加而下降，前瞻记忆中包含注意资源。他预期前瞻记忆随年龄增加将下降，因为老年人不能有效地启动策略加工。另外，如果前瞻记忆是相对自动的加工,那么前瞻记忆就不会出现年龄差异。大量研究显示前瞻记忆随年龄的增加而下降;相反,许多研究在前瞻记忆中没有出现年龄差异,从而支持前瞻记忆的自动加工的观点。

另一类研究是通过完成一些前瞻记忆任务和掩盖任务,直接控制前瞻记忆可以利用的注意资源。由于掩盖任务占用一些注意资源,用于前瞻记忆的注意资源就减少了,因而前瞻记忆表现可能受到影响。McDaniel、Marsh 和 Hicksnl 的研究显示:在掩盖任务需要更多注意资源时,前瞻记忆成绩明显下降,这一结果支持了前瞻记忆是策略加工的观点,而 Einstein 等的研究用同样的掩盖任务却没有发现前瞻记忆下降。然而,必须注意,用于分散注意而导致的前瞻记忆下降与前瞻记忆提取的自动激活的观点并不是不相容的,原因之一是分散注意可能阻碍了目标事件的完全加工,这是需要自动提取的一个条件。Einstein 等对此进行了更加完整充分的解释,即分散注意降低前瞻记忆成绩可能不是由于它阻碍了前瞻记忆活动的提取,而是由于增加了此刻工作记忆的需要,因而连续进行的活动的工作记忆减弱了选择和计划提取前瞻记忆意向的能力。

由于注意或策略加工和自动加工都不能很好地解释一些研究结果,Einstein 和 McDaniel 提出:前瞻记忆提取可能既依赖注意或策略加工,又依赖自动加工的双重加工。前一种加工可能包括指导执行的监控,人们利用它策略地监控目标事件出现的环境;后一种加工可能表现在目标事件自动激活前瞻记忆活动。这种双重加工的观点看来适用于人们内省的印象,即人们有时感到前瞻记忆活动是"突然出现在意识之中的",而在其他情况下,有关前瞻记忆活动的记忆是一个包含自我提示的有计划的加工。Mcgann 等根据迁移适宜加工(transfer appropriate processing, TAP)框架,认为前瞻记忆成功的提取完全依赖或部分依赖于编码和测试时线索的获得以及可获得的线索之间的相容性。相容性的意思为,一个事件在先前学习时是知觉加工,它将有利于测试时知觉加工的进行,而不利于概念加工的进行;同样,一个事件在先前学习时是概念加工,那么它将有利于测试时概念加工的进行,而不利于知觉加工的进行。也就是说,如果提取对于事件学习和测试之间的意义变化敏感,那么提取加工是以概念为基础的;如果提取对于事件学习和测试之间的知觉特征变化敏感,那么提取加工是以知觉为基础的。这可以解释为什么 McDaniel 等许多研究者得出前瞻记忆提取加工在本质上为概念加工的结论,因为他们研究的目标事件大都安插在以概念编码为基础的连续进行的任务中,所以提取时对于概念加工更加敏感,得出前瞻记忆提取加工为概念加工的结论。Mcgann 等的研究结果证明了前瞻记忆对于在目标事件的学习和测试之间是知觉还是概念变化非常敏感，所以前瞻记忆既存在知觉加工也存在概念加工。

（三）元记忆

元记忆的研究始于 20 世纪 60 年代初 Hart 在其博士学位论文中提出的知晓感（FOK）。随着对元记忆的研究不断深入，心理学家对元记忆的内涵也提出了不同的界定。如 Flavell 认为，元记忆是指对记忆过程和内容本身的了解和控制。Flavell 还把元记忆的内容划分为"敏度"和"变量"两个部分，"敏度"是指个体对什么时候需要记忆策略的敏感程度。"变量"分为三类：①个人变量。它是指所有影响记忆的个人特征，如个人的知识经验、记忆容量、情绪、动机以及智力等。②任务变量。它是指所有影响记忆的任务特征，如材料的类似性、长度、有意义性以及呈现时间等。③策略变量。它是指所有的可用来帮助记忆的策略。个体对上述变量的了解程度构成了元记忆的主要内容。

Brown 和 Kluw 认为，元记忆主要是对记忆过程的监控。监测作用体现为对正在进行的认知过程进行监视和评价。控制作用则体现为如果目前的认知活动不能达到目标时对其进行调整，重新分配注意力，选择适当的策略以及确定应用策略的强度等。Paris 认为，"对认知的意识"和"自我监控"是两种特别重要的元记忆。"对认知的意识"包括关于任务和策略的所有知识；"自我监控"是指对正在进行的认知过程进行评价，并使用一定的认知加工对这些过程进行控制。

据此我们可以看到，元记忆是一个复杂的认知系统，它可以包括元记忆知识、元记忆监测和元记忆控制，其中元记忆监控是其核心的部分。

1. 元记忆的基本理论假设及相关研究

元记忆监测控制交互影响是元记忆的一个基本理论假定，即监测是控制的基础，同时，控制的进行有助于实现更为有效的监测。

Nelson 和 Narens（1990）认为，人类认知过程应分为两个各具特点而又有联系的水平，即元水平和客体水平；对人的记忆过程而言，则相应区分为元记忆和客体记忆。客体记忆即我们通常所说的对客体信息的编码、储存和提取的信息加工过程，元记忆则是人对自己客体记忆的认识、评价和监测。依据元水平和客体水平之间信息方向的不同，存在着两种主要的关系和作用，可分为"控制"和"监测"。如果信息流方向是从元水平流向客体水平，则为控制作用；如果信息流方向是从客体流向元水平，则为监测作用。元记忆监测从总体上可分为两大类：一类为前瞻性监测。它主要包括学习难易判断（EOJ）、知道感判断（FOK）和学习效果判断（JOL）。另一类为回溯性监测，对回忆或再认出的答案作出正确与否的自信判断就属回溯性监测。Leonesio 和 Nelson 对不同的元记忆监测进行了比较。结果发现不同类型的元记忆监测是针对记忆的不同方面的（EOJ 针对识记，JOL 针对回忆，FOK 针对再认），所以，它们与元记忆控制之间关系的紧密程度不同。

元记忆监控与记忆成绩关系密切是元记忆理论的另一假设。按照该假设，元记忆监控的精确性与记忆成绩有密切联系，即元记忆监控的准确性越好，记忆的成绩也越好。但实际的研究结果并不一致。Levin（1970）、韩凯（1997）等的研究证明了该假设，而 Hager（1989）等的研究发现，记忆监测和记忆成绩之间的关系是不密切的，否定了该假设。

对元记忆控制与记忆成绩之间关系的探讨离不开监测。根据元记忆假设，在判断为难的记忆项目上多花费时间可以抵消由难度差异所造成的记忆成绩的差异，从而使被试在不同难度的项目上的成绩无显著差异。但 Nelson 等发现，被试在他们判断为难的项目上多花费了一些时间并没有完全补偿项目难易的不同造成的学习差异。Nelson 把这一结果归因于不适当监测和可支配的时间太少。这个观点得到了韩凯等的支持。韩凯等发现，采取元记忆监控的措施，不仅提高了元记忆监测的准确性，对实际回忆成绩也有显著的作用。Cull 等（1994）的研究也支持这一观点。

2. 元记忆的机制

元记忆机制的研究主要解决制约元记忆准确性的因素是什么，以及它们是如何发挥作用的。目前，对元记忆机制的研究主要集中在 FOK 的产生机制上，它是元记忆监测判断中最重要也是研究得最多的一种监测性判断。

Nelson 等对有关 FOK 的理论假设，按判断的产生方式分为两大类：一类为痕迹－通达机制；另一类为推导机制。痕迹－通达说是 Hart（1967）提出的。该理论认为被试在回忆提取失败时（未能提取全部信息），实际上对所要回忆的项目的痕迹有部分的接通，这是进行 FOK 判断的依据。痕迹－通达说包括许多假说，其中靶项目提取可能说是研究得较多的一种。靶项目提取可能假说认为 FOK 判断等级的高低是根据所识记靶项目的记忆程度所决定的，或者说是根据可提取的记忆储存的靶子信息的多少决定的。

推论说是 Nelson（1984）提出的，认为 FOK 不是由于靶子本身残留痕迹的通达引起的，因为在进行 FOK 判断时，并未监测到未回忆出的靶子信息本身，而是根据所要提取的项目以外的信息来作出 FOK 判断。最有代表性的推论机制是线索熟悉性假说。线索熟悉性假说认为，FOK 判断是基于问题或者线索的熟悉性，而不是基于搜索靶子本身的可取性或者有效性。

  Kofiat（1993）总结了前人的成果，提出了关于 FOK 产生机制的可通达性模型。该模型认为 FOK 判断依赖于与靶子有关的部分信息总的可通达性，而与它的正确与否无关。可通达性模型包括两个主要的内容：①信息激活或可提取的量决定了 FOK 判断等级的高低；②被激活的信息的强度决定了 FOK 判断的准确性。

第三章　语言和言语

模式识别中对辨认出的客体进行命名是一个言语过程，言语过程是如何发生的呢？首先需要一个先天的生理结构为基础，其次是对语言的使用。而认知心理学对言语和语言的研究更注重后者，因此，需要知道语言是什么，以及人们如何理解和使用语言，语言对人的心理发展起到了什么样的作用等。

第一节　心理语言学的发展简史

一、心理语言学诞生的历史背景

心理语言学是近几十年来发展起来的，与心理学和语言学研究既有重叠和交叉，又有其独到研究领域的新学科，它是一门综合语言学和心理学研究，重点探索人类心智本质和结构的科学。心理语言学的诞生，基本上可源于心理学之父、结构主义学派的创始人——冯特（WilhelmWundt，1832～1920）的研究。冯特在晚年很重视语言问题的研究，发表过很多与语言心理学相关的文章和著作。无论是后来的格式塔心理学还是现在的心理语言学，其研究均不同程度地受到了冯特研究的影响。自冯特以后，出现了一大批对大脑和语言之间的关系有浓厚兴趣的语言学家、心理学家和人类学家。受冯特的影响，勃斯（Boas）把研究的重心从人类行为转移到文化现象的心理学因素和环境条件的心理学描述板等方面。1938年，他出版了《原始人的心质》（*The Mind of Primitive Man*），为20世纪30年代末40年代初"心理的语言学"（psychological linguistics）、"心理语言学"（psycholinguistics）和"语言心理学"（linguistic psychology）的出现奠定了基础。1954年，奥斯古德（C. E. Osgood）和西贝奥克（T. A. Sebeok）将讨论会的文件和报告汇编并将其命名为《心理语言学：理论和研究问题评述》（*Psycholinguistics：A Survey of Theory and Research Problems*）。心理语言学研究成果的大量涌现始于20世纪80年代初期。从目前已出版的作品来看，仅在 1975~1997 年短短的 22 年间，已问世的有关心理语言学研究的专著和论文就达 600 多种。在这些专著和论文中，除了回顾乔姆斯基、里奇、布隆菲尔德和哈礼德语言学理论以及 20 世纪 70 年代以前其他语言学家有关语音学、语言符号学等方面的研究和回顾巴甫洛夫、桑代克、斯金纳、艾里克森、皮亚杰等心理学家的研究专著和论文之外，还出现了一大批专门研究和探索心理语言学有关"言语感知"、"语言理解"、"语言产生"、"语言习得"、"言语错误"、"语言记忆"、"话语分析"、"语言本质"以及"语言的生物和心理基础"和"语言信息"等方面的专著和论文。

二、心理语言学初期发展的理论基础

心理语言学的初期发展受到三大理论的影响。

（1）以华生和斯金纳为代表的行为主义理论。美国著名心理学家华生所创立的行为主义理论，在俄国生理学家巴甫洛夫"经典条件反射"理论的基础之上认为，学习就是一种刺激代替另一种刺激建立条件反射的过程。华生认为，人的大多数行为都是通过条件反射建立新刺激－反应（S-R）连接而形成的。继华生之后，斯金纳又在华生的研究基础之上提出了"操作性条件反射"的理论。1957 年，斯金纳出版的《言语行为》（*Verbal Behavior*）一书对言语行为作了较为系统的论述。尽管斯金纳的《言语行为》后来受到了乔姆斯基的批判，但行为主义的"刺激－反射"和"操作性条件反射"等理论影响了心理学、语言学以及心理语言学的研究。

（2）以布隆菲尔德为代表的结构主义语言学理论。布隆菲尔德的结构主义语言学理论建立在华生行为主义理论的研究基础之上。其特点是用行为主义的原则研究意义，在确立语言单位时坚持严格的发展程序，总体上关心语言学的自由地位和科学性。

（3）以香农为代表的信息理论。心理语言学的初期发展在很大程度上得益于以香农为代表的"信息论"的研究。信息论的研究牵涉到信息的计量、传送、变换、处理和储存。在语言的研究方面，信息论认为语言的输出表现为一系列的信息符号，依次地从一种状态向另一种状态转换。自 1948 年信息论问世以来，信息理论中很多的研究方法都被心理语言学家所采用，用来研究"语言的感知"、"语言的产生"以及"语言信息的统计"和"信息分析"，特别是在"语言的编码"和"语言的解码"的研究方面。

三、心理语言学中期发展的理论基础

心理语言学的中期发展大体可以从 1960 年算起至 1975 年，共 15 年的时间。这主要是以西方心理语言学专著的大量问世为根据的。无论该划分是否准确，20 世纪 60 年代和 70 年代无疑是心理语言学发展壮大的"酝酿期"，而这个时期心理语言学的发展基本上是以乔姆斯基的"生成语法"和勒考夫（Lakoff）的"生成语义学"的研究理论为"动力源"的。首先，乔姆斯基于 1957 年出版了《句法结构》（*Syntactic Structures*）一书，提出了"转换生成语法"的理论。乔姆斯基对语言学研究的主要贡献可归结为以下四点：一是他强调语言使用的"创造性"；二是他针对行为主义的"刺激－反应"学习理论提出了"语言习得机制"，强调了语言习得的"遗传"因素；三是他提出了"语言模块"论，区别了语言系统的规则和表征与认知系统的规则和表征的不同；四是他提出了语言的"表层结构"和"深层结构"，这也是影响此后语言研究的最为重要的新的语言理论。然而，正当乔姆斯基在努力修正自己的理论并试图提出新的研究模式之时，以勒考夫为代表的"生成语义学派"与以乔姆斯基本人为代表的"解释语义学派"又在深层结构的"深度"问题上发生了争议：勒考夫认为深层结构还不够"深"，而乔姆斯基则认为深层结构已经"太深"。此后，尽管有人又提出"格语法"或"功能语法"或"交际语法"等的理论，但乔姆斯基的"转换生成语法"和勒考夫提出的"生成语义"的理论仍在很大程度上影响着当时语言学的研究。

四、心理语言学研究的三大主题

1. 言语产生

"言语产生"是心理语言学研究的重要课题之一，主要包括三个方面的研究：①通过"言语失误"、"言语停顿"、"言语障碍"等言语产生模型研究言语产生的过程及其影响言语产生的因素，并已提出言语产生以及言语加工模型：弗洛姆金的"话语生成器模型"、戴尔的"扩散激活模型"、莱沃尔特的"信息构成器"。②言语产生中的语言单位包括"音素段"、"语音特征"、"单词"、"词素"和"短语"五个方面。③言语产生过程中的言语失误，主要包括三个方面的研究：言语计划；词汇组织；口误和言语失误的特征和起因。

2. 语言习得

语言习得的研究主要包括：①语言发展的研究方法。除儿童日记和家长报告外，观察数据、采访和实验也是研究语言发展的重要方法。②言语感知的发展，包括三个方面的研究：家长的语言输出和儿童语言学习的关系；儿童早期言语感知；语言特化。③儿童语言词汇。咿呀学语、单词阶段、双词阶段、语法连接、词语和词义连接。在这方面，其研究的重心集中在"词汇和语法知识的获得"、"使用语言能力的获得"和"词语与语义的连接"上。④句子的学习及理解，包括四个方面的研究：单词和短语向简单句的过渡过程；语法在造句方面所起的作用；句子的形成和理解策略；简单句向复杂句的过渡以及对较为复杂语句的理解和使用。⑤语言的交际用途。贝茨和哈礼德提出的"语用学功能"、奈尔森提出的"指涉和表达功能"成为研究语言功用的主要理论基础。特别是哈礼德提出的七种语言功能，不但成为语言学研究的一个经典，同时也为心理语言学在语言习得理论的研究提供了一条重要的思路。⑥儿童语言习得理论。以斯金纳和布隆菲尔德"刺激－反应"或"强化"论为代表的行为主义理论、以乔姆斯基"天生论"为代表的"遗传"或"传递"理论构成了儿童语言习得理论研究的两大分支。此外，以皮亚杰和布鲁纳为代表的"认知"理论、由贝茨和麦克威尼提出的"竞争模型"和由波特提出的"交互作用模型"代表了儿童语言习得模型研究的主体内容。由此可见，行为主义的"刺激－反应"理论，心灵主义的"内在"理论，交互作用理论的"认知"、"信息处理"和"社会交互作用"理论构成了研究儿童语言习得理论的核心，是研究儿童语言习得理论的重要基础。

3. 语言理解

"语言理解"的研究包括：①言语感知；②词汇提取；③句子加工；④语篇理解。

"言语感知"牵涉到"言语感知的研究手段"、"言语感知的条件"、"言语信号的产生和语音的声学特征"、"元音和辅音的听辨"、"连续性的语音听辨"、"书面语言的感知"和"言语感知模型"共七个方面的研究。语言感知的研究手段最早是用达得立发明的"声音记录仪"记录和分析语言的输出信息的。第二次世界大战期间，有着同样原理的"声音摄谱仪"出现，它是根据声音频率的分布来分析语言信号的。到了20世纪六七十年代，受声学语音学和发音语音学的影响，又出现了"肌电记录仪"（electromyography）和"波电记录仪"（electrokymography），分别用来记录肌肉收缩时所产生的电压变化和说话时口、鼻腔的气流变化。当然，最新的研究手段当属"射线活动摄影技术"（cineradiography）。在语言感知条件的研究方面，"语境"是影响言语感知最为重要的条件。语言信号产生方面的研究，大都与"声学特征"、"元音和辅音的听辨"相关。语言感知研究的另一个领域是"书面语言理解"的研究。这牵涉到"视觉感知"、"字母辨认"、"词意确定"以及"信息记忆"和"信息组织"等方面的探索。当然，语言感知研究最为重要的领域当属"言语感知模型"的研究，包括五大模型：利伯曼及其同事提出的"肌动模型"理论（motor theory）、史蒂文斯提出的"合成分析模型"（analysis-by-synthesis）、马塞罗提出的"模糊逻辑模型"（fuzzy logical model）、马斯伦和威尔森提出的"交互作用模型"（cohort model）和爱尔曼提出的"轨迹模型"（trace model）。

"词汇提取"的研究主要集中在"词的基本元素"、"心理词汇的研究方法"、"影响词汇提取和组织的因素"和"词汇提取模型"等四个方面。心理词汇的研究方法主要有"反应时实验"、"命名/词汇检索"和"言语错误分析"三种。其中，"言语错误分析"和"命名"是研究词汇提取最为重要的两种方法。人们可以通过"嘴边现象"、"词语换位"和"失言"等的言语错误以及对造成这些错误的分析搞清人们是如何理解词意或提取语言信息的。在"影响词汇提取和组织的因素"的研究方面，目前的研究集中在"词汇性效应"、"语义性效应"和"语境效应"三个方面。到目前为止，在词汇提取模型的研究中，以福斯特词汇提取的"自动搜索模型"为代表的"串行搜索模型"（serial search models）和以摩顿提出的"词汇发生模型"为代表的"并行提取模型"（parallel access model）已成为词汇提取研究的两大主流。尤其是摩顿的"词汇发生模型"，在"词汇激活"的研究方面为后来词汇提取的研究提供重要的思路。此外，还有由心理学、哲学和计算机科学界中的联结主义者提出来的解释词汇提取的一个重要学说——"联结主义模型"。联结主义认为，一个词的最终理解是从信息的"输入"→"特征"→"字母"→"单词"的递增联结完成的。还有马斯伦-威尔森提出的"交互作用模型"的听觉词辨认模型。当一个人听到一个词的时候，该词所有的邻词语音都会被激活。

句子理解领域的研究分为：①句子结构的性质；②句法加工；③句子分解和句法的模糊性；④句子分解模型；⑤语言加工与记忆；⑥句子理解的加工模型。心理语言学家认为，人之所以能够理解语言是因为信息接收者和信息输出者的心目中有着共同的语法规则或"约定"。其实还牵涉到句子的表层结构和深层结构的问题。因此，句法加工便是心理语言学在语言理解方面所探讨的第二个问题。句法加工的研究涉及"表层结构与深层结构的关系"、"语言能力和语用能力的关系"、"句子结构的分解"和"从句的加工"四个问题，主要探讨人们是如何通过句法加工来理解复合句的。在句子分解和句法的模糊性的研究方面，心理语言学家将注意力集中在"局部模糊"和"永久模糊"两个方面的讨论之上。由于语言的"模糊性"是非人工语言的本质特征，所以利用"句子分解模型"研究模糊语句的理解方法也就成了心理语言学研究语言理解的一大手段。在分解模糊语句的研究方面，克立森将其模型分为两种：一种是"花园小径模型"；另一种是"强求圆满模型"。花园小径模型以"结构优先"或"词汇优先"的原则讨论语句的理解过程。然而，要正确理解语句，离不开句子记忆。对于句子记忆，心理语言学家的注意力集中在"意义和表层结构的记忆"、"语义推理和句子记忆"、"命题和句子记忆"三方面的研究上。当然，"句子理解的加工模型"是研究语言理解的根本。到目前为止，弗德等提出的"感知策略"、贝弗尔提出的"非转换策略"、基姆鲍尔"表层结构句法分析7原则"和以弗雷兹泽提出的"灌肠机"理论已成为句子理解加工的四大主体模型。特别是基姆鲍尔的"表层结构句法分析7原则"，基本上概括了句子理解的大体过程和研究思路。

"语篇理解"的研究基本上可概括为三个方面：①语篇连贯和理解策略的研究；②语篇记忆的研究；③语篇处理的研究。哈礼德和海森提出的"上指"（anaphora）和"下指"（cataphor）成为语篇连贯研究的一大主题。杰基米克和格兰博格在言语感知的研究中也将"上指"和"下指"视为语言理解的重要前提。在语篇理解策略的研究方面，由克拉克和海威兰德提出的语篇信息的"已知/未知策略"、"直接匹配策略"、"搭桥策略"以及"回顾已知信息策略"成为讨论语篇理解的重要思路。在语篇记忆方面，巴特莱特提出的有关人类认知系统的"图式"仍影响着当今心理语言学有关语篇记忆的研究。他认为，记忆是活跃的、有创建性的，是有计划的。就语篇的记忆而言，"命题"和"推理"成为研究的中心。心理语言学家认为，不仅话题的辨认和句子的组合与语篇记忆密切相关，语篇理解也有助于语篇记忆。在语篇处理的研究方面，诸如"语境模型"、"联结主义模型"、"建构与结合模型"等，均从各个角度阐述了语篇理解的过程，而"语篇处理模型"是语篇理解研究的关键性内容。

第二节　语言和言语的结构及其运用

语言是人类社会所共有的本质特征，是思维的物质载体，它与人脑其他高级皮质功能，如知觉、注意、记忆、思维等紧密联系，受到多学科、多层次水平的关注。每种语言都是音形意的结合，其基本语音单元自然数为音素，音素按一定的方式结合则可构成各种各样的语音。语音按一定方式结合则构成词素。词素是每个语言的最小的意义单元，由词素构成词、句、篇、章。对应于语言中的不同研究对象，可形成不同水平的研究。心理学对言语的研究，最重要的是句水平的研究，在这方面以 Chomsky（1957）提出的生成转换语法最为有名。

一、生成转换语法

生成转换语法理论包括短语结构语法（phrase structure grammar）和转换语法两部分，后者最为有名。

（1）短语结构语法。短语结构语法认为，一个句子是由许多组成成分构成的，其中短语是重要的结构，如图 3-1 所示。各成分按一定的书写规则构成短语、句子。

（2）短语结构的心理真实性。Fodor 进行的声音位移实验表明：被试通常把在句子中任意位置听到的声音理解为在短语边界处听到，出现了声音"位移"现象。

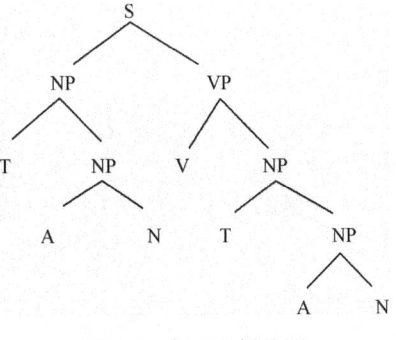

图 3-1　句子的树状图

（3）转换语法。Chomsky 认为，句子结构有两种类型：表层结构和深层结构。表层结构是句子的形式，深层结构是句子意义的抽象表征。转换法则可以将两种结构联结起来，并可实现多种表层结构与多种深层结构的联结，转换规则也存在心理真实性。

二、言语的理解

听懂别人说的话或看懂文字材料，即掌握言语或文字所表达的思想，都称为言语的理解。言语理解实际上是一个由表层加工到深层加工的过程。言语的理解包括对话和阅读两种情况,而以对话时的言语理解最为突出。可以用下列模型说明其信息加工过程。

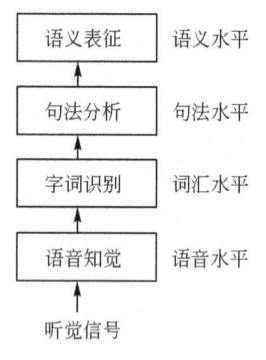

图 3-2 言语理解的系列模型

(1)系列模型与相互作用模型。系列模型认为,言语理解经历着顺序相对固定的一系列加工阶段(图 3-2)。它从语音开始,再到词汇、句法和语义。相互作用模型认为,系列各水平的加工以复杂的方式发生相互作用,信息并不总是朝着一个方向流动,而且一些加工水平也是可以重叠的。相比较而言,相互作用模型更接近于实际的言语理解过程。

(2)言语理解的策略。言语理解的策略包括:①语义策略。根据语义来确定各种词类,如"猴子吃水果"。②词序策略。利用词序的模式来加工言语信息,如名-动-名。③句法策略。对句子进行分解和组合,变复杂句为简单句。

(3)言语理解中的信息整合与推理。已有知识在言语理解中起着语境和上下文作用。此外,推理在言语理解中也起着重要作用。

三、言语的产出

言语的产出是从深层结构到表层结构的过程。许多资料表明,言语产出是以短语为单位的,一次产出一个短语。短语间的较长停顿为计划下一个短语提供必要的时间。Aderson 提出了比较简化的三阶段模型(图 3-3),认为言语的产出要经历构造、转换和执行三个阶段。

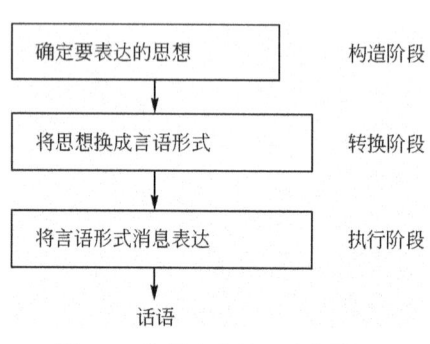

图 3-3 言语产出的三阶段模型

1. 构造阶段

言语产出是人的有目的的活动,人表达自己的思想是为了影响别人,达到一定的目的。言语产出的第一阶段是确定要表达什么信息。

2. 转换阶段

人们决定以何种语言、何种规则将自己要传递的信息表现出来。平时交流中的一些语病说明转换阶段的存在：词不达意或心欲言而口难开。一般说来，在事先有准备的说话中较少出现语法错误，而在没有准备的情况下，由于人们将注意力放在第一阶段而出现较多的转换错误。

3. 执行阶段

通过发音器官或其他方式将已构建的言语形式以外在的方式表达出来，如说出来或写出来。人们交流中的口误或笔误表明这是一个独立的心理过程。

四、具体的研究方法

在语言研究中常用的方法有命名法、词汇判断法、词义分类法和同一性判断法等。命名法（naming）要求被试大声读出一个字或词的读音，并且记录命名的潜伏期（也就是上面提到的反应时）。根据许多研究来看，字词的使用频率（usage frequency）、上下文背景（context）等对命名时间有很大的影响。词汇判断法也叫真假词判断法。主试给被试呈现一串字符，有的是真词，有的是非词（看起来根本不像词，如 wrds）或者假词（看起来像一个词却不是词，如 worder）。要求被试既快又准确地判断它是不是一个词。通过按键记录反应时与错误率，以测定不同因素对单词识别的影响。如被试判断高频词"桌子"的时间要比低频词"抽象"的时间短，这说明人在头脑中搜索单词时，依赖于词的使用频率。高频词排在前面，搜索起来快一些。词汇判断法要求被试处理词的视觉信息、语音信息，并进行语义搜索，因而对探索词汇通达的过程（从词的视觉或听觉信息获取语义信息的过程）有重要意义。词义分类法要求被试作语义判断，即判断一个词是不是属于某个语义范畴。如刺激词为"麻雀"，要求被试判断它是否属于"鸟"。这种方法的优点是有助于研究词义的通达，因为被试的反应必须以对词义的理解为前提。同一性判断法要求被试判断同时呈现或相继呈现的词是否相同，相同作"是"反应，否则作"否"反应。同一性判断包括形、音、义三方面。此法可用于研究词的形、音、义信息的提取，以及这些信息的相互作用。

第三节 双语现象

一、词义通达问题研究

词义通达是指人们通过视觉或听觉，接受输入的词形或词音信息，并提取词义的过程。

词具有形、音、义三种属性，在书面词的识别过程中，词形和语音特别是语音在词义通达中的作用问题一直是近年来研究的焦点问题。视觉词汇的识别的三个假设：①直接通达假设，认为能够直接靠对词形的视觉获得词的意义；②语音中介假设，认为必须把词的视觉形式转化为语音形式，然后才能获得词的意义；③双通路假设，认为有关词意义的语义记忆，既可以通过视觉通路直接达到，也可以通过语音通路间接达到。神经心理学的研究发现，在单词水平上一些病人不能正确理解词义，但可以读或写出这些词，另一些病人不能读写而能正确理解词义。Posner 等用 PET 研究了单词阅读时正常人大脑的活动过程。他们通过检查被试被动注视呈现在中央窝的名词时脑血流的变化，与对照组（只呈现注视点）相比发现了枕叶上的五个激活区，说明枕区加工词的视觉形状。在另一项实验中，要求被试大声说出具体名词的用途，与对照组（大声跟读具体名词）相比，左半球前额叶的一个区域被激活，说明这个区域与支持词的联想语义网络有关。他们还研究了词的语音作用，在用听觉方式呈现单词时，初级听皮层及左半球颞顶皮层的一个区域被激活。当被试为熟练阅读者且所用的单词为高频词时，该区域没有激活，说明该区域与语音加工有关，为词汇加工的双通道理论提供了依据。下面对三个假设详细论述。

1. 直通理论

直通理论认为，在词汇识别过程中，视觉输入的刺激被映射到词形表征上，词形表征的激活直接导致存储的词义的激活，语音在词义通达中作用不大，或者说，语音的获得是词义通达以后的一个附加过程。直通理论认为，尽管在言语获得的初期，语义的获得首先要与语音信息相联系，但是随着阅读水平的提高，成人阅读者可以直接由词的形态特征直接提取词义。Taft 的语义分类实验中，控制了范畴样例读音的规则性和不规则性。实验的逻辑是，如果词义的通达必须经过语音的中介，那么语义分类任务中就应出现如命名任务中一样的词的读音规则性效应，但实验表明，语义分类任务中不存在词读音的规则性效应。Taft认为，在阅读过程中，通达词义的唯一途径是词形或正字法通路。

近年来，一些以汉语为材料的实验证明，汉语词义的通达更符合直通理论。如Leck等的语义分类实验中，要求被试判断呈现的目标字是否属于一个规定的语义范畴（如"动物"）。结果发现，当目标字（如"弧"或"呱"）与类属字（如"狐"）字形相似时，无论它们是否同音都难以作出拒绝判断，而对同音但字形不同的目标字（如"湖"）作拒绝的判断时间与控制条件没有差异。这种实验结果不同于拼音文字的实验结果。这说明，字形信息在汉字字义通达中起着非常重要的作用。张武田等研究了常用汉字形、音、义匹配过程中大脑半球的协同加工情况。大脑半球在加工较复杂的材料时，两半球间会出现一种协同加工的优势，而加工较简单的材料时，半球内的加工优于半球间的加工。他发现，在形似匹配任务中，半球内与半球间的加工不存在成绩上的差异，而在音同、义近的匹配中半球间的加工优于半球内的加工。这说明汉字音、义的加工比字形的加工经历了更多的加工阶段，但音同、义近匹配条件下半球间的加工结果之间并无差别。这说明常用汉字，字音与字义的加工可能不存在加工阶段的差别，因此字音不一定在字义的通达中起只介作用。林仲贤和韩布新采用形、音、义特征匹配任务，探讨了影响汉字词形、音、义编码与提取的有关因素。实验发现，义码的加工时间显著短于音码的加工时间，而且义码再认的正确率高于音码再认的正确率。他们认为，人们对词义信息的提取比对词音信息的提取更容易。

2. 语音中介理论

语音中介理论认为，词汇识别过程中，词形信息首先激活语音表征，然后由此激活词义，语音在词义通达中起着重要的甚至中介的作用。语音中介理论的论据主要来自以下几个方面：①婴儿出生后，首先学会说话，然后逐渐地学会书面阅读；②从种系发展的角度来看，说话是比阅读活动更为古老的一种技巧；③在诸如英语这种形式的语言中，语音已经被编码在正字法中，换句话来说，正字法已经包含了语音信息；④视觉和听觉共同使用一种通达编码（语音编码）符合认知经济的原则。

语音中介理论有大量的实验证据，这些证据来自许多不同的实验方法。例如，Rubenstein等采用词汇判断法发现，被试拒绝同音假词（如leef）的时间比拒绝非同音假词（如neef）的时间要长。他们认为，这种效应是由于视觉呈现的词语，在词义通达之前要转换成语音，然后由语音激活这一语音所代表的意义。由于存在这一转换，这就使得同音假词（leef）激活了与其同音的真词（leaf）的词条，结果导致同音假词拒绝时间的延长。但 Rubenstein 的观点并未被所有人所接受。如 Gough 认为，被试对不熟悉的假词进行语音的转换，并不一定意味着读者遇到熟悉的词也进行这种语音的转换。

Vanorden 等采用语义分类任务研究语音在词义通达中的作用。任务过程为，先呈现一个范畴的名称，如 flower，然后呈现一个目标词，如 rows、robs，目标词与范畴的某一成员具有同音、形似等关系，被试需判断目标词是否属于范畴的成员。语义分类任务较词汇判断任务的优点是被试必须在通达词义的基础上作出判断。实验发现，与范畴成员同音的词（rows）较与范畴成员形似的词（robs）更容易被错报为该范畴的成员，即出现所谓的同音词干扰效应。Vanorden 认为，这种干扰效应是由于在词汇识别的早期阶段，语音表征激活了所有与这一语音表征相关各词的语义表征，语义表征的相互干扰导致了这种同音词干扰效应的出现。因此，Vanorden 等也认为，在词汇识别的早期阶段，语音对词义的通达起着极其重要的作用。但是，这种实验方式得出的语音中介的观点后来也受到了他人的批评。因为，语义分类任务很难回答同音词干扰效应是出现在语义加工前还是出现在语义加工后。也就是说，这种干扰效应也可能发生在词义通达之后。另外 Jared 等认为，语义分类任务中的这种同音词干扰效应可能是由于 Vanorden 等选用的概念范畴的外延太小造成的。Jared 的研究中使用外延较大的概念范畴，结果发现高频同音词并没有出现更大的错报率。

近年来，一些研究者采用语音中介启动范式研究语音在词义提取中的作用。这种范式中，目标词不是被与其语义相关的词直接启动，而是被语义相关词的同音词启动。如果词义是通过语音来激活的，那么应该观察到同音启动词对目标词的启动效应。如 Lukatela 等发现，在较短的 SOA（如 50 毫秒或 100 毫秒）下，目标词前面呈现目标词的语义相关词（如 toed）、语义相关词的同音词（如 towed）、语义相关词的同音假词（如 tode），对目标词（如 frog）的命名都有相同程度的促进作用，但当 SOA 为 200 毫秒时，语音中介启动效应近乎消失。这种语音中介启动效应说明，词义的通达是通过语音的自动激活实现的，语音对词义的通达起着中介的作用。后来，Luo 采用语义区分任务、Rayner 等采用眼动技术也都发现了语音对词义通达的重要作用。Frost 认为，在拼音文字中，词形传递的是语音信息而非语义信息。另外，在人类言语获得的过程中，口语最先与语义形成联系，后来正字法系统得到发展,因此这导致阅读过程中形音义形成了一个线性联系,即词形–语音–语义。

3. 双通道理论

双通道理论认为,在词义提取过程中,直通和语音中介两条通路同时并存,每条通道都有机会决定词义的激活,但最终由哪条通道通达词义取决于下列一些因素:①词频。高频词倾向于由词形直接获得词义,低频词需要经过语音的中介。②读者的水平。熟练的读者倾向于通过形来达义,不熟练的读者可能经过语音的中介。③任务要求。当要求对识别的词进行记忆的时候,读者会更多地依赖于语音的编码。

双通道理论也有大量的实验证据。如 Seidenberg 实验发现,规则字(词)的命名快于不规则字(词)的命名,但是这种规则性效应只出现在低频词中。他认为,高频词可直接由词形信息获得语义,语音的提取慢于语义的获得,因此高频词中没有读音的规则性效应。但对于低频词,由于语义的获得较慢,允许有时间积累语音的信息,因此低频词语音的激活发生在语义通达前,并因此产生读音的规则性效应。Jared 等的语义分类实验发现,只有当目标词为低频词时,才会出现如 Vanorden 等发现的同音词干扰现象。他们认为,高频词可直接由形达义,低频词、语音对词义的通达起促进作用。

双通道理论最强有力的证据来自于神经心理学的研究。这些研究表明,词汇识别中,既存在形音义的通路,也存在从形直接达义的通路。Kay 和 Ellis 描述了一位因肿瘤切除而损伤额叶的病人的表现。当要求病人朗读单词"steak"时,病人说出:"I am going to eat something...it's beef...you can have a..."这说明,他找到了文字的词义,但没有提取其名称。还有一些病人,能听读一定的文字,但不知其义。在汉语被试的研究中,尹文刚发现,一些病人不能读出汉字,但能准确地进行字–图匹配和字的分类,这说明没有语音也能通达词义。另一些病人不能完成字–图匹配,但能读音,这说明通达语音不一定能通达词义。这些神经心理学的证据强烈支持了双通道的理论观点。

二、双语者及其类型

除了母语外还能熟练地使用另一种(或多种)语言进行交流的现象叫双语,这种交流的主体叫双语者。双语者可分为两种类型:①合成性双语者。在相同的环境中同时学会两种语言的人，两种语言有严格的语义等价。②并列性双语者。在不同的环境中学会两种语言的人，两种语言没有严格的语义等价。

三、共同存储说

该学说认为，双语者从两个语言通道获得的言语各有其信息编码、句法和词汇分析以及信息输出组织的单独系统。两者彼此联系，可以相互转译，但两个通道的语言信息有共同的意义表征，共贮于一个单一的语义记忆之中（图3-4）。Taylor（1971）的自由联想发现，两种语言的联系处于语义水平。Glanzer（1971）的自由回忆实验表明，语义可以通过不同的通道得到强化。

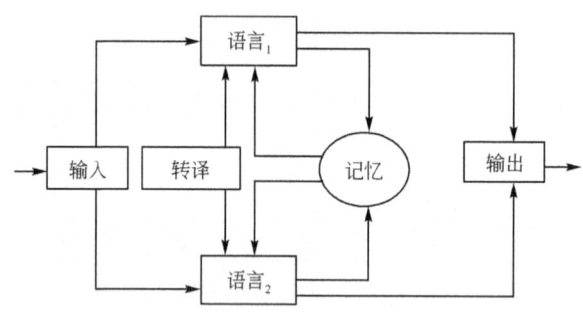

图 3-4　共同存储说示意模型

四、单独存储说

该学说认为，从两个语言通道获得的信息各有进行加工和存储的单独系统，不仅信息编码、语法分析等是分开进行的，而且各有自己的语义表征和存储，也即存在两个语义系统和记忆库（图3-5）。两个语言的记忆库的联系通过两个语义系统之间的转译来实现的。而语言的产出，则由各自的系统输出。语义的编码各自独立。

单独存储说与共同存储说是相互对立的，但也有自己的支持实验。Goggin 和 Wickens 在短时记忆实验中发现，当被试连续学习几个用同一种语言书写的各种动物名称的字表后，会形成前摄抑制，减弱对同一种语言的同类字表的回忆效果，但对另一种语言的同样字表的回忆却不存在这种

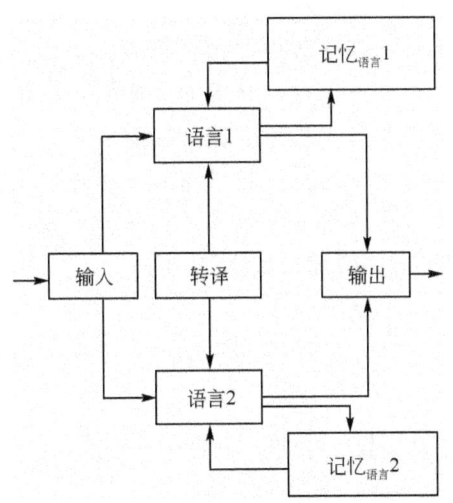

图 3-5　单独存储说理论模型

现象。这表明双语是单独存储的。

五、有关两种存储说的矛盾结果

两种对立的学说都有自己的实验依据，这是一个挑战。人们倾向认为，这有可能是因为双语者的个别差异所致。具体地说，与双语者的类型有关，合成性双语者可能共同存储语义信息，而并列性双语者可能为单独存储。

六、双语神经机制研究

双语是人脑所特有的重要功能，对其脑机制的研究在近几年有了很大的进展。当前，加工的观点已经逐渐取代了存储的观点以解释两种语言神经基础的异同。前额叶在双语加工中的作用逐渐受到重视，研究者已经发现其在语音分析、执行功能和避免两种语言干扰中的作用。同时，研究者在对第二语言的接触时间、第二语言的熟练程度、语言类型等与双语脑机制的关系研究上取得了一些新的发现，但在这些领域还有很多重要问题值得深入研究。

有研究采用 fMRI 探讨汉英双语者双语加工过程脑激活模式的异同，了解相应皮质活动中枢的分布及双侧大脑半球的工作策略。实验结果是，所有被试均出现显著的脑区激活，除传统语言脑区 Wernicke 和 Broca 区外，还出现其他脑区激活现象，如小脑、边缘系统、基底神经节等。不同被试在两种语言任务作业时脑区激活分布模式存在差异。总体上，汉英两种语言任务作业时脑区激活分布存在明显重叠，未发现特异性的汉语或英语加工脑区。结论：①对于大多数右利手者，左侧半球主导语言认知功能，右大脑半球不同程度参与该过程，两侧半球分工协作。②执行汉英单词语义理解任务作业时相应脑区激活分布模式存在明显重叠。③右半球执行英语任务作业机制可能与第二语言的熟悉程度相关。

第四节　句及篇章水平的理解

一、词、句子和语境水平上的信息加工

1. 固定的词序为理解提供线索

我们对"动词－名词"这个特殊词序进行分析，一般来说，动词之前的名词是主事者，动词之后的名词是受事者。人们看到这种词序时，总是会关注谁发出动作，谁是动作的承受者，这个动作是如何作用于承受者的。所以可以利用词序策略实现对句子的理解，对于复杂的句子我们则还需要句法知识。

2. 句子类型、句法和语义分析、句法分析策略对信息加工的影响

句子与图片匹配法测定句子理解的信息加工过程研究以及句子类型对理解速度的影响。实验材料为三张图片和与图片有关的不同类型的句子。三副图片分别是牡丹花、轮船和滑雪，每个图片的句子数为16个。句子类型有四种，分别是正确肯定句、正确否定句、错误肯定句和错误否定句。采用句子图片匹配实验，实验先呈现一个句子，记住句子的内容，呈现时间为2秒。句子消失后，屏幕上会出现与句子有关的图片，让被试判断句子的描述与图片的内容是否一致，然后根据自己对图片的观察作出正确的判断。实验结果是，正确肯定句反应时最短。

Clark和Chase句子－图画匹配实验是"减法反应时"实验的范例。给被试看一个句子和紧接着的一幅图画，如"星形在十字之上"，要求被试尽快地判定该句子是否真实地说明了图画，作出是或否的反应，记录反应时。实验应用的介词有"之上"和"之下"，主语有"星形"和"十字"，句

子的陈述有肯定的（在）和否定的（不在），共有八个不同的句子。Clark 和 Chase 设想，当句子出现在图画之间时，这种句子和图画匹配作业的完成要经过几个加工阶段，并提出了度量一些加工持续时间的参数。他们认为，第一个阶段是将句子转换为其深层结构，即以命题来表征句子，对否定句的加工多于肯定句；第二个阶段是将图画转换为命题；第三个阶段是将句子和图画两者的命题表征进行比较；第四个阶段是作出反应。这说明可以通过这样的实验设计来研究各种具体的心理过程。

在花园小径理论框架中，研究者提出了两个主要的句法分析原则：一个是最小附加原则。其含义是，在句子加工过程中，句法分析器并不假定任何潜在的不必要的结点。按照这一原则，当遇到歧义结构时，第一遍的句法分析过程中，句法分析器将建构最简单的可能结构。另一个是迟关闭原则。其含义是，只要语法上允许，读者总是倾向于把每个新的语言材料附加到当前刚刚假定的从句或短语上。该原则能够保证新的成分及时地附加到先前的材料上，因而使得超出读者工作记忆限度的可能性降到最低。

3. 语境影响到阅读，据背景知识组织当前信息，作出理解，产生期待、预测

针对语境在字词识别中的作用，心理学中已经有许多研究了。心理语言学的研究中，语境分为词语境、句子语境与文本语境三种类型，并且发现了词语境效应，即预先呈现与目标词有语义联系的词能加速目标词的识别。扩散激活理论对词语境效应的解释：词语境效应来自于心理词典内与语义有关的词之间快速的、自动的激活扩散；词语境的作用点是在词典内，它加速了词汇通达。

句子语境问题的研究是在 20 世纪 60 年代初开始的。Tulving 和 Gold 最早用速示呈现法给被试呈现句子，然后测量被试正确报告句子最后一个单词的反应时。结果发现，当填入句子的最后一个词能使句子通顺时，这个词的报告时间缩短。当填入句子的最后一个词使句子不通顺时，这个词的报告时间增长。Tulving 的实验说明，语境能促进和语境一致词的认知，也能抑制和语境不一致词的认知。到了 20 世纪 70 年代，这一结论进一步被证实。80 年代以后，随着实验事实的积累以及各种语言加工理论的提出，人们集中探讨了句子以及文本语境为什么会影响词汇识别的问题，这样，有关句子与文本语境的来源以及语境作用于词汇识别哪一个阶段即作用点等问题就成了语境效应研究的焦点。直到现在，虽然出现了若干理论模型，但相关研究并没有达成共识。

1）词汇间模型（interlexical model）和联结模型（combination model）

词汇间模型的代表人物为 Forster 等。Forster 认为词汇表征的激活是通过对单词物理特征的分析引起的，这是一种非常自动化的过程。这种过程不受句子语境等高层次表征的影响。句子语境之所以产生效应，是由于句子语境中恰好包括与目标词有语义联系的启动词，是这些词与词之间的、词典内的联结启动导致了目标词反应阈限的降低。词汇间模型没有直接的实验证据。Forster 这种观点虽然符合语言加工的模块化理论，但它不能解释许多实验现象。例如，Simpson 和 O'Seaghdha 等发现，句子或短语语境虽有与目标词联系的启动，但当这些句子或短语以不符合语法的词序呈现时，并没有产生词之间的联结启动。这说明语境效应的产生是依赖于句法、语义等高层次表征的。

针对词汇间模型的缺陷，Duffy 提出了联结模型，并认为，在句子加工过程中，句中的许多内容词被保存在缓冲器（buffer）中，并对与它们有语义联系的词产生激活。如果句中的一个内容词不足以激活目标词，那么句中两个或多个内容词的激活合并就能启动目标词。合并模型的主要观点和词汇间模型的观点相似，也认为句子语境效应来源于词典内部的词与词之间快速的、自动的传递激活。Duffy 以实验证明了其观点。

一个实验中，给被试呈现三种类型联系的句子语境。第一种类型的联系语境中有两个内容词与目标词有中等程度的语义联系，第二、第三种类型的联系语境中只有一个内容词与目标词有中等程度的语义联系。结果发现，只有第一种类型的联系语境产生了语境效应。Duffy 认为，单个词的联结不足以产生对目标词的启动效应，但是当句中有多个启动词时，每一个分别给目标词提供微弱的激活，这样多个启动词的激活累积起来，就能导致语境效应的产生。Duffy 的另一个实验证明，句子句法表征的变化并未影响目标词的促进效应。根据这些实验，Duffy 认为，句子语境效应的产生来自于句中多个启动词的合并启动。

2）基于语篇的模型（discourse-based model）

语篇模型有许多分支模型，它们都认为语境效应来源于高于词水平的语篇表征的影响，是句子或语篇语境中所建立起来的整体意义表征影响了词汇识别的速度。但是这些分支模型在解释语境效应作用点的问题上却分歧很大。根据它们的分歧点，语篇模型又大致分为两类：

第一，整合模型（integration model）。整合模型认为，语境效应来源于句子或语篇表征对目标词的整合，语境效应的作用点是在词汇通达以后。

整合模型的代表人物为 Foss 等。Hess 和 Foss 利用跨通道的技术考察全局语篇语境与局部句子语境的效应。他们的语篇语境是一段有主体意义的情景描述,句子语境为语篇语境的最后一个句子。语篇语境与句子语境又分为联系和不联系两种。结果发现,当语篇语境联系时,不管句子语境联系与否,均产生了语篇语境效应;当语篇语境不联系时,即使句子语境联系也未产生句子语境效应。他们认为,语境效应不是来自局部的句子或局部的词的合并启动,而是来自于高水平语篇表征的建立,是语篇意义表征连贯性的需要决定了语境效应的产生。

第二,自上而下的激活模型(top-down activation model)。自上而下的激活模型的代表人物为 Aublek 等。此模型认为,语境效应归因于从句子或语篇表征到心理词典的自上而下的激活。心理词典中的一个结点可以和许多有关的结点相联结,这些结点不仅仅是简单的联想关系,而且还有主题性的结点关系,这些主题性的结点自上而下激活相关的词语。

受联结主义思想影响,Sharkey 提出这一模型的一个变式——词汇距离模型。在词汇距离模型中,词条不是作为一个单个的结点来表征的,而是通过诸如正字法、句法、语义、情景等有关的微特征来表征的。每个词是一组微特征的激活模式。在词语境条件下,若启动词与目标词有共同微特征,在词典空间中相互转换的时间减少,网络需要较少的时间就能收敛到一个稳定的状态。这一模型认为,语篇语境效应不能用词的联结启动来解释,但是语篇语境效应与词语境效应产生的机制是相同的。先前的语篇语境激活了情景微特征,这样,当目标词与语境有共同的情景微特征时,网络需要较少的时间就能收敛到一个稳定的状态。Sharkey 研究发现,当语篇的意义与目标词有关时,即使句中没有与目标词高度联系的词,仍会产生语篇语境效应。他认为是语篇语境中建立起来的情景微特征自上而下地限制了词汇网络中哪些项目被激活。因此,当后来出现的目标词与语境有共同的情景微特征时,目标词的识别就会加快。

3)特征产生模型

Schwanenflugel 等认为,特征产生机制是语境效应的来源。在句子语境中,被试对将出现词的特征进行限定。当句子语境的限制性强时,被试会概括出将出现词的较多的特征,从而缩小可能被激活词的范围。当激活的词恰好是目标词时,较大的促进作用将会发生。当句子语境的限制性弱时,被试只能归纳出较少的目标词的特征,可能被激活的词的范围较大,因而目标词得到的促进作用较少。当语篇语境与句子语境的限制性一致时,被试概括出的将要出现的词的特征与当句子单独出现时概括出的词的特征是一样的,因而激活范围较少,对目标词的促进作用大;当语篇语境与局部句子语境的限制冲突时,被试会修正从句子语境中概括出的将要出现的词的特征,这样对词的促进作用较小。他们认为,语境产生的特征限定将决定语义网络中哪些词被激活。因此语境的作用点是在词汇通达前。

4)混合模型

混合模型(hybrid model)认为,语境效应的来源既有语篇语境的,也有局部语境的。这两种语境存在着不同的操作机制。

Schustack认为,在正常阅读中,局部语境和语篇语境以不同的方式影响着阅读。局部语境通过局部的、自动激活扩散的方式影响着词的识别速度,而语篇语境通过将词迅速地整合进语篇表征加速了词的识别。Morris研究发现,当句中的启动词与目标词不变,但整个句子的意义表征发生变化时,只有与句子的意义表征有联系的目标词,才会受到促进作用。他还发现,当动词出现在有语义联系的名词前面比出现在语义联系较少(中性)的名词前面,其加工的速度要快。因此,Morris认为,句子加工过程中,既有整体的句子语境作用,也有局部的词语境的作用,它们都是通过激活的方式影响了目标词的词汇通达。

二、阅读理论介绍

1. 自下而上解码理论

"自下而上"解码理论认为读者按字、词、句、段、篇逐级解码就可获取意义,因为意义附身于文,这种看法可追溯至20世纪60年代。受行为主义心理学影响,阅读被看成是读者对印刷符号的刺激作出反应,即辨认字母和单词直至对更大的语言单位(如短语、句子等)加以识别。高夫(P. B. Gough)是这种理论的主要代表,他将阅读过程分解为低级水平到高级水平的四个阶段:形象表征、字母辨认、词认知、句子中词的加工。即阅读开始于眼睛的注视,这时读物的印刷符号会在视网膜上形成形象表征,并进行字母辨认,然后由字母组成的词到达心理词典,读者获得意义,最后词在句中加工。词在句中是从左到右地、系列地被认知的。许多研究者认为,单纯解码阅读模式不能反映实际阅读过程,因为它低估了读者在阅读中的积极作用,它不能说明读者如何利用已有的语言知识对读物预期,也不能解释已有的语言知识在阅读过程中的作用。

2. 冗余（redundancy）和交流理论

Smith 于 1971 年首次提出"冗余"理论。他认为，字母、单词、句子和语篇等各层次中都存在冗余现象；阅读中的"视觉、听觉、句法和语义"是四个信息来源，它们在某些方面是重复的，为减少对视觉信息的需求，阅读者可充分利用其他三个信息来源。因此，读者如果能利用各方面的信息来源（世界知识等），就可以减少对阅读篇章可见信息的需求。

Goodman（1967）提出阅读是"心理语言学的猜测游戏"。他认为，阅读过程就是一个预测、选择、检验、证实等一系列认知活动，有效的阅读并不依赖于对所有语言成分的精确辨认，而在于能否用输入信息中尽可能少的线索作出准确判断。读者在阅读时可利用三种线索提示：文字－语音系统、句法系统和语义系统。在阅读中还会运用一系列的认知策略。阅读是读者与文章（或作者）的交流过程，在阅读中，作者根据文字不断提供的信息，联系自己既存的语言知识和背景知识，世界知识，对读物依次作出反应。他说："成功的阅读是一个创造过程，读者和阅读材料相互交流创造意义。"

3. 相互作用理论（图式理论模式）

鲁姆哈特（Rumelhart）的相互作用理论认为，阅读过程中既有自下而上的加工，又有自上而下的加工。阅读中需要视觉信息，进行视觉加工，这是自下而上的过程。在视觉加工的同时以及视觉加工以后，需要非视觉信息进行认知加工，这是自上而下的过程。1977 年他提出了一个两种加工相互作用的模式。在这个模式中，由眼睛注视获得的词形输入首先被登记到"视觉信息储存器"，然后"特征提取装置"从储存器中提取关键性特征并将之送到"模式综合器"中，在模式综合器中除了视觉信息以外还有各种非视觉信息，包括"正字法知识"、"构词法知识"。"句法知识"、"语义知识"，经过这些知识自上而下的加工，对输入的信息作出最可能的解释。

鲁姆哈特把图式称为认知的建筑块料（或"组块"），是所有信息加工所依靠的基本要素。图式理论基于这样一个原则：任何语篇本身都不具有意义，意义在读者的脑海里。意义的构建取决于读者对已存在大脑里的图式知识的启动。读者的丰富图式可以弥补其低层次的语词解码能力的不足，相反，若读者缺乏相应的图式则可通过对语词解码来获取意义以丰富其图式。在阅读理解过程中，由下而上和由上而下的运作在各层次同时发生

（Rumelhart，1977）。输入信息作为实例证实图式结构中的相关概念或填补图式的空白，当输入资料提供的信息和读者的图式知识或根据图式知识所作的预测吻合时，自上而下的概念驱动可促进两者的同化；而当输入信息与预测不吻合时，自下而上的运作过程帮助读者对此作出敏锐的反应。自上而下过程还有助于读者利用已知的概念，消除歧义，从输入信息中选择合理的解释。

20 年来，阅读理论的研究重点集中于对图式理论的研究。图式是认知心理学中的一个术语，对于图式结构，Carrell 认为包括两方面的内容：引导理解文字内容的内容结构和引导理解文字中修辞组织的形式结构。他认为，缺乏图式知识的启动是第二语言阅读者的主要阅读困难。

4. 除阅读材料传递信息以外，非可见信息起着非常重要的作用

1979 年，Coady 以心理语言学理论为基础提出第二语言阅读设想：第二语言阅读者的背景知识和概念能力及其运作技巧相互作用，产生对读物的理解。第二语言阅读的自上而下模式强调，读者是阅读的积极参加者，他们利用现存的经验和背景知识对读物预测、经检验对预测作出反应，或肯定或反驳。在该过程中，读者的语言知识、第二语言的熟练程度、有关读物的背景知识、读物的修辞组织结构方面的知识都起着重要的作用。

第四章 思 维

第一节 概念的形成

前面提到，概念间的关系除了以语义记忆模型来描述之外，还可以用逻辑模型来描述。在以概念为结构单元的语义记忆模型中，概念已经按一定的逻辑关系组织起来了，如范畴和成员、概念和命题的关系，但我们认为这仅是其中非常简单的一种，概念间还可以按照某种规则进行运算。我们将其单独列出，并以概念的逻辑模型来命名之，这种模型描述的是概念间的逻辑运算关系。

另外，我们知道，知觉的形成过程可以以假设考验过程来作出解释。经过研究，人们发现，概念形成的过程也是个假设考验过程：利用现在获得的和已储存的信息主动提出一些可能假设，即设想概念可能是什么。假设还可能形成库，它是认知的单元，是概念形成过程中的内部表征。这个认识所具有的特点及优势是，富有策略性的假设考验表现出人的主动性和智慧性。

在哲学和普通心理学中，我们对思维的普遍认识是，其是人脑对事物本质及其内在规律的反映。抽象思维包含概念、判断和推理。我们都说高级的心理现象是建立在低级的心理现象基础上的，即思维是建立在知觉的基础上，两者有着密切的联系。现在有了知觉和概念形成的某种内在一致性（假设考验过程）。所以，哲学层面上的抽象论述在认知心理学中已经变得非常具体，并且获得了直接支持。其实，还有概念的结构（后面我们将要学习）也在一定程度上说明了知觉和思维的联系，如概念结构的原型说和知觉当中的原型匹配学说。

前面我们已经学习了概念结构，本节中，我们要介绍的内容是概念形成。概念形成和概念结构联系紧密，两者都是当前认知心理学的重要研究内容。概念形成亦称概念学习，是指个体掌握概念的过程。概念形成是心理学一个重要的研究领域，20世纪50年代，Bruner等关于人工概念的研究曾经促进了认知心理学的兴起。随着认知心理学的出现，概念形成的研究也发生着明显的变化，其中重要的一点是认知心理学明确提出了概念结构问题，它表明，人类不仅关心自己的知识是如何产生或获得的，而且关心知识在自己的大脑中是怎样存在的。

一、概念的类型

Bruner 根据概念的关键属性与概念的定义之间的关系，区分了三种类型的概念，每种概念类型都涉及不同的组合属性的方式。①合取概念：根据同时呈现两个或两个以上的属性来下定义的概念。②析取概念：根据同时呈现两种或两种以上的属性，或只呈现一种相关属性来下定义的概念。③关系概念：根据各种属性之间特定的关系来下定义的概念。

二、概念形成的研究

概念是经由什么样的历程学到的？一类事物的重要属性或特征又是如何认定的？对于这些问题，行为主义和认知学派的观点是不同的，下面对有关理论进行述评。

（一）行为主义的联想理论

行为主义把 Thorndike 和 Skinner 的效果率的解释扩展到概念学习上来。行为主义心理学家认为，概念是经过刺激（S）与反应（R）的联结式学习的历程学到的。在联结式学习中，个体对刺激的正确反应得到增强或酬赏，产生后效强化作用，以后再经过类化和辨别的历程，就逐渐形成了概念。为了解概念形成的一些条件及影响概念形成的因素，心理学者曾试图用实验方法研究人工概念形成的过程。这类研究于 1920 年为 C. L. Hull 创始，他是用联想理论解释概念形成的新行为主义主要代表者。他认为，概念形成就是把某种反应（即概念反应）与一组具有一种或多种要素的刺激联结在一起。实验中他采用"配对法"，把具有相同偏旁的汉字和无意义音节进行配对，然后成对呈现（例如，凡带有"氵"旁的字出现后，都配之以"oo"音节）给被试。12 个不同偏旁的字和相应的 12 个无意义音节组成一个单元，有许多个这样的单元。在被试学会第一个单元的配对以后，再依次呈现其他单元，记录他能立刻猜出偏旁和音节联系的情况。当被试能自动把偏旁和音节联系的时候，意味着他已能排除无关因素（如字形的变化），建立本质因素（即不变的偏旁）与音节的联系。也可以说，形成了概念。这样一来，就可以通过改变字形（如偏旁的隐匿程度、字形的雷同情况）呈现的条件等，探究形成人工概念的条件和过程。

(二) 认知心理学理论

认知心理学家对概念形成持有和行为主义不同的看法，他们认为概念形成是认知的学习过程。认知学派关于概念形成的观点大致可分为两种：一是通过假设检验来形成概念；二是由典型例证学习概念。

1. 假设验证理论

20世纪50年代Bruner等研究发现，当被试在从事概念学习的时候，他们不只进行假说的验证，也会采取某些策略，以求加快概念的发现。被试使用最多的是整体策略。整体策略是指被试的第一个假设就包括第一个刺激所涵盖的各种可能属性，然后随后来的刺激逐步修正，若收到的肯定刺激符合原先的假设就不予更正，否则就根据原假设和新刺激间的共同点来修正假设。Bruner运用实验法考察概念获得的过程，其提出的假设检验理论被皮亚杰誉为"思维心理学中的一场革命"。1975年，Levine采取没有反馈的空白实验法进行实验，进一步发展了Bruner的理论。Levine发现，能够最佳地加工信息的被试一般都采用"整体性聚焦策略"。整体性聚焦策略不仅要求被试具有最佳的信息加工能力，而且要有很好的记忆，不论假设已被验证是对还是错，只有记住它们，才能发挥整体性聚焦的功能。这个实验发现记忆在概念形成中起重要作用，与Bruner的实验结果不一样。

2. 典型例证理论

前述假设检验说的实验对象通常是几何图形构成的人工概念，这些人工概念简单清楚，而自然概念（如邻居等）却往往模糊不清。从这个观点出发，以几何图形为实验材料所发现的概念形成的历程缺少"生态效度"，其结果很难推广到自然概念形成的历程上来。认知心理学家Rosch认为自然概念的学习通常采用典型例证来学习。Rosch认为，每一个自然概念都有一些比较典型的例证比其他例证更能代表该概念，而最具代表性的例证就是其原型。比如，麻雀比企鹅更能代表鸟类，苹果比番茄更能代表水果……Rosch在实验中发现人们对典型例证的反应比对非典型例证的反应快。比如，回答"企鹅是鸟吗？"比回答"鸽子是鸟吗？"所用的时间要更长。因此，人们对自然概念的学习，可能开始只是对原型或典型例证的认知，再以其特征为基础，逐步认知较不典型的例证。Rosch还进行了匹配实验研究，结果表明，当人们听到一个范畴名称时，他们的脑海里出现的是该概念的原型,而不是该概念的所有特征表。例如,当我们想到"邻居"这个概念时,往往首先会想到自己遇到的几位印象较深的邻居的形象。Rosch 认为,概念是被其典型例证来表示的,而不是以某些抽象的规则或一系列相关特征来表示的。尽管自然概念的学习很多时候可能采用典型例证学习,但 Martin 和 Caramazza 的研究发现被试有时也采用假设检验进行学习。

(三)对概念形成理论的简评

假设验证理论和典型例证理论都比较强调回馈的作用,但二者对于"反馈如何促进概念学习"的解释是不同的。行为主义理论认为,在学习历程中,S-R 联结的建立即是确保对刺激有反应,而我们之所以学会一个反应,乃是因为立即被强化或酬赏的结果。所以,反馈的作用在于实现了对正确反应的强化或酬赏,因此,S-R 联结形成导致概念形成。在这个过程中,学习者是消极被动的。关于这点,认知心理学的看法与行为主义迥然不同。假设验证理论认为回馈是用来验证假设的对错,而学习者在学习过程中是积极主动地检验假设,只有在产生错误之后才发生学习(失败 – 修正),否则保留假设(成功 – 继续)。该理论提出了一个崭新的观点,即"概念形成是一个运用策略检验假设的过程",它强调了学习者的主动性和智慧性。从心理学家所做的实验来看,动物和年龄小的幼儿,其概念学习方式似乎属于行为主义的 S-R 联结方式,但是,这种理论几乎没有涉及被试头脑里所发生的事情,它无法解释被试为什么会积极尝试各种正确或错误的解决办法。随着年龄的增长,儿童对于概念的形成越来越符合认知理论所描述的方式。Bruner 等做的实验,促使对概念形成的认识进一步加深,被认为是经典性的概念形成研究实验,它开拓并启发了现代心理学对概念的许多研究。但是,人工概念形成的研究有重大的缺点,即带有极大的人为性质,因而受到了生态学理论的挑战,即它缺乏生态效度。以 Rosch 为首的一些认知心理学家认为对自然概念的学习人们通常采用典型例证来学习,即通过对该概念典型例证的认知,扩展到对非典型例证的认知,最终形成概念。该理论把概念解释为一些以往遇到过的、存在于记忆中的该概念的范例,它将感性形象与概念相联系,这有合理的成分。但它和行为主义的联想理论一样,都没有指出概念应抽象出事物最根本的关键属性。因为实验表明,被试在形成概念时,确实有一个抽象出与已知的各种具体事例不同的表征的过程。

三、假设考验说

1. 基本观点

人在概念形成过程中,需要利用现在获得的和已储存的信息来主动提出一些可能的假设,即设想所要掌握的概念可能是什么。在概念形成的过程中,这些假设将不断地接受检验,并按失败-更换、成功-继续的方式发展,最后形成某个概念。因此,概念形成的过程就是对多个假设进行考验的过程。

2. 实验验证

假设考验说的验证实验为 Bruner 等进行的人工概念实验,实验结果还表明,在概念形成的过程中,假设的提出与考验还体现出一定的策略。

Bruner 等的人工概念形成实验所用材料如图 4-1 所示。材料共有 81 张,分为四个维量(形状、颜色、数目和边框),每个维量又有三个属性或值。即形状:十字、圆形、方形;颜色:红、绿、黑;数目:1、2、3;边框:1、2、3。

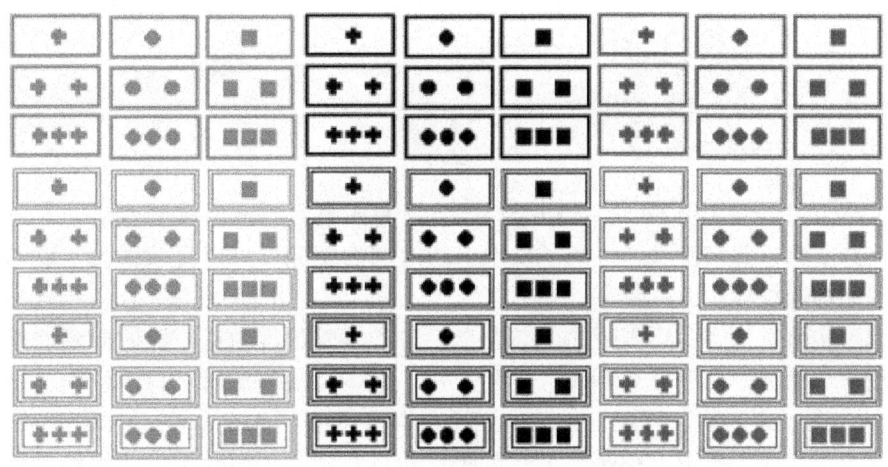

图 4-1　Bruner 等应用的人工概念实验材料

实验时,主试告知被试:该实验有一个特定的概念,这个概念是由某一属性或某些属性组成的,要求被试通过实验过程来发现这个概念。然后主试首先取出一张肯定的实例卡片给被试看，并明确告知被试这是肯定实例。然后，被试根据自己的想法每次从以上材料中选取一张属于这个概念的其他肯定实例卡片。每选取一张主试便给予一个反馈，指出被试选对或选错，如此不断进行，直至被试发现该概念。

3. 策略应用

实验发现，概念形成过程中的假设考验有四种。
（1）同时性扫描：对所有的假设进行扫描验证；
（2）继时性扫描：一次只扫描验证一个假设，假设考验失败后再更换假设；
（3）保守性聚焦：以包含概念的事例的全部属性为焦点进行假设考验；
（4）博弈性聚集：以博弈的方式来改变关于属性的假设，以形成概念。

4. 概念形成过程的特点

概念形成过程的特点如下：
（1）主体学习的方式是以全或无的方式进行的；
（2）记忆的作用：在假设考验的过程中，过去的记忆不发挥作用，存在替代性取样现象。

四、假设检验说的发展

1. 空白试验法

空白试验法是 Levine（1966，1975）对人概念形成实验的改进，通过这些实验，假设检验说得到了发展。通过空白实验，可以直接度量被试的假设和假设检验的行为。

实验材料如图4-2所示，空白实验法的实验过程为：给被试成对地呈现两个刺激，如字母X和T，这两个字母在大小、颜色（黑白）、位置（左右）三个维量上都有区别，共有四个维量、八个属性值。在一对刺激中，两者都在四个维量上有区别，但每次实验只安排一个属性为有关属性。也就是说，在一对刺激中，一个刺激为肯定实例，另一个则为否定实例，只有一个属性可以将两者区分开来，并把这一点告诉被试。

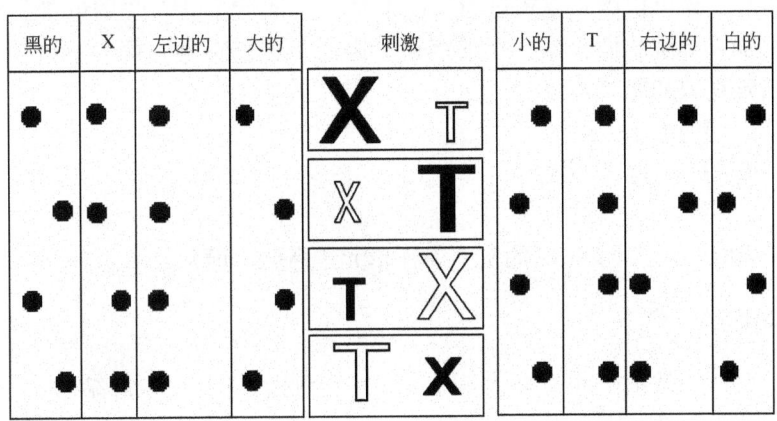

图 4-2　Levine 的空白试验的刺激及对应的八种假设的反应模式

2. 假设库大小

空白实验法实验发现，一个被否定的假设在以后实验中得到再次应用的概率很低，这意味着随着实验的进行，被试的假设库也将变小，其他可应用的假设的数目也越来越少。最后将会只剩下一个假设，即为概念所包含的属性。

3. 策略类型

Levine 等认为，人们在假设检验的过程中通常应用三种策略。

（1）假设检验（hypothesis checking）：与 Bruner 的继时性扫描相似。

（2）维量检验（dimension checking）：一次检验一个维量，由于一个维量有两个值，所以一次考验两个假设。

（3）总体聚焦（whole focusing）：同时检验所有假设，将被否定的假设与潜在正确的假设区分开来。

第二节　命题的记忆和加工

命题由概念按照一定的逻辑关系组成，能表达一定的思想或意义。关于命题的记忆模型，可以"人的联想记忆（human association memory, HAM）模型"来描述（当然还有其他描述模型）。命题存在的形式可以是简单的，也可以是非常复杂的。对其的加工，可以是一种阅读、一种理解、一种推理，还可以图式方式进行。我们认为，实质上，对命题的加工是指对命题加以理解从而获得一定的结论。因此，可以将其理解为一种记忆现象、语言现象和思维现象。

一、HAM 模型

HAM 认为，语义记忆的基本表征单元是命题，而不是概念。

1. 命题与联想

一个命题是由一小集联想构成的，每个联想将两个概念结合在一起。联想有四种类型：①上下文 - 事实联想；②地点 - 时间联想；③主语 - 谓语联想；④关系 - 宾语联想。四种联想的适当组合，便构成一个命题树。概念本身不是按其本身的特性或概念的语义距离，而是按命题结构组织起来的，具有网络的性质，形成命题树（图4-3）。因此，长时记忆也就像一个庞大的命题树网络。

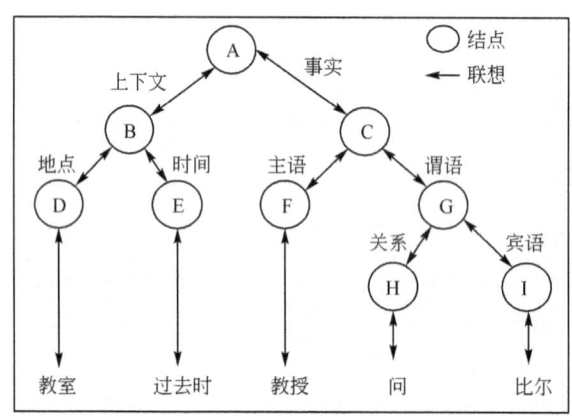

图 4-3　HAM 模型的命题树
（"教授在教室里问过了比尔"）

2. 阶段操作过程

HAM 模型认为，当需要从长时记忆中提取信息来回答一个问题或理解一个句子时，其操作过程可分为四个阶段：

（1）输入句子；

（2）对输入的句子进行分析，构成一个命题树；

（3）从长时记忆中的每个相应结点出发来搜索，以找到一个与输入的命题树相匹配的命题树；

（4）将搜索到的命题树与输入的命题树成功地匹配。

HAM 模型的最大优点是既可以表征语义记忆，也可以表征情景记忆；既可以加工言语信息，也可以加工非言语信息；既可以解释练习效应，也能成功地实现计算机模拟。但它不能解释熟悉效应等现象，其匹配过程是按阶段进行的思想也受到置疑。

二、命题的加工

命题的加工方式之一是图式。所谓图式，是指对过去的反应或经历进行积极组织，输入刺激对结构化图式的构建有作用。这里的图式概念与皮亚杰的不一样。在皮亚杰看来，心灵是结构化的、被组织的，以一种逐步复杂化和整合的方式发展。最简单的水平是图式（scheme），它是某种活动（生理或心理）的心理表征，能作用于客体。对于新生儿，吮吸、抓握等都是图式，它们是新生儿认识世界的方式——与世界相互作用。在发展中，这些图式以一种有序的方式变得更加一体化和协调化以至最后产生了成年人心灵。

第三节 推理心理的研究

一、推理简介

认知心理学中，属于思维范畴的内容有推理、问题解决和概念研究。推理是从已知的或假设的事实中引出结论的思维过程。认知心理学中对推理的研究角度是，关心推理的实际过程与逻辑规范之间的关系，查明推理是否偏离逻辑规范及其原因，主要是从信息表征和内部操作的角度来研究人的推理过程。

从形式上看，推理包含了演绎推理、归纳推理、概率推理和类比推理。演绎推理是指通过一般原则得到特定结论的逻辑方法。归纳推理是指由特定结论上升至一般原则的逻辑方法。归纳推理心理效应指的是归纳论断中各种因素对个体作出归纳结论时把握性（力度）大小的影响。根据影响因素的不同，心理效应主要可分为类别效应、属性效应和交互效应三种。类比推理是人的抽象逻辑思维的一种主要形式,从形式逻辑的角度来看,类比推理就是根据两个(或两类)对象在某些属性上相同或相似,而且已知其中的一个(或一类)对象还具有其他特定属性,从而推出另一个(或另一类)对象也具有该特定属性。它的逻辑形式可以表示为:对象 A 具有属性 a、b、c、d;对象 B 具有属性 a、b、c;所以对象 B 也具有属性 d。心理学家进而提出,类比推理是在理解成对事物间关系的相似性的基础上作出关于事物、事件或概念的结论的推理。由此可见,不论是形式逻辑还是心理学,都强调类比推理的客观依据是客观事物的相似性。相似性是客观世界的一种普遍性,因此类比推理不仅用于同类事物之间,也可以用于不同类的或不同发展阶段的事物之间。人们在生活中常碰到许多不确定的信息,即具有概率性质的信息,在这种不确定信息的基础上作出的推理就是概率推理从依托的载体来看,推理包含图形推理(如瑞文推理)和文字推理(如阅读推理、著名的四卡片问题)等。

从具体内容来看,推理包含时间推理、空间推理和运动推理。时间推理是人们对事件的时序、时距和时点进行推论的心理过程。时间推理是日常生活中的重要组成部分。对时间推理的研究主要有两种范式,即习俗周期性时间推理和时间关系推理。空间推理是指空间想象力以及对空间图形进行位置变换、旋转等空间操作的能力。运动推理是人们在进行操作或某项活动时对动作的变化、调整和控制等的预测能力。

二、推理研究简史

西方心理学对人类推理的研究已有近百年的历史。自认知心理学兴起后,对推理心理学的研究已愈来愈成为热点研究领域之一。当代著名的认知心理学家 R. J. Sternberg 曾指出心理学对推理过程感兴趣的问题主要包括:①人类在进行推理活动时对推理信息是怎样进行表征的?②推理的心理活动过程是怎样的?主要经历了哪些阶段?③推理过程主要受哪些因素的影响?④存在什么样的信息加工规律?心理学家们围绕这些问题进行了大量研究,并提出了众多的理论模型,由于解释的侧重点不一样,不同的理论模型之间就形成了争论。总的来说,当代西方推理心理学研究中理论上争论的热点问题主要是以下两个:①关于"理性推理-非理性推理"之争及与此相关的"逻辑推理-非逻辑推理"之争;推理心理学研究中出现的第一个理论模型是由 Woodworth 等于 1935 年提出的"气氛效应理论"。由于该理论把推理者的推理错误归结为是由前提气氛所造成的,似乎与形式逻辑规则没什么关系，因此，后来的评论家把这种理论称为非逻辑加工理论。1959年，两位Chapman提出了与气氛效应理论观点不同的换位理论，认为推理者的推理错误主要是由于推理者对前提中的各项位置进行换位时所造成的不正确的编码所致。由于该理论强调人们推理的心理加工中的逻辑性质，故后来的评论家们把这种理论称为逻辑推理理论。②关于"表象表征－语义表征"之争。

三、演绎推理中的假言推理和三段论研究

演绎推理本身是看不见、摸不着的内部心理活动过程，只能通过与此有关的外部行为来推断其活动规律。就目前的研究看，对演绎推理进行的心理学研究的范围主要包括以下两大方面：①三段论推理的研究；②复合推理的研究。在心理学研究中，三段论推理包括范畴三段论推理和线性三段论推理两种类型。复合推理研究则包括对条件推理、四卡片选择作业和THOG问题等方面的研究。

（一）假言推理

假言推理也是演绎推理的最简单的一种形式。哲学家、逻辑学家和心理学家都从不同的角度对其作了广泛研究。就心理学而言，它的研究范式是，首先呈现给个体"如果p（前件——antecedent），那么q（后件——consequent）"的条件规则，接着给出四种不同的小前提：p、q、not-p、not-q，要求个体对所能得出的结论进行推断。逻辑上，如果给出条件p，那么应得出结论q；给出条件not-q，那么应得出结论not-p，它们都是有效的推理形式，分别称为肯定前件式和否定后件式。如果给出条件not-p，得出结论not-q；如果给出条件q，得出结论p，这两种推理形式在逻辑上是无效的，分别称为否定前件式和肯定后件式。但Wason等的一系列研究却表明，人们的推理似乎并不符合形式逻辑规则，而是遵循着一种"朴素的生活逻辑"。概率信息对假言推理的认知过程有着显著的影响，在一定程度上可以用它来解释和预测个体在推理中的行为以及若干选择偏向反应。假言推理中的五种概率效应，分别为前后件概率效应、条件概率效应、连接概率效应、因果概率效应以及额外前提条件的抑制效应。

（二）三段论

三段论（syllogism）是演绎推理的一个重要形式。它通常由两个前提

和一个结论组成，例如，

前提1：所有 A 是 B
前提2：所有 B 是 C
结论：所有 A 是 C

那么，人们是如何从两个前提产生该结论的呢？认知心理学家提出以下理论进行说明。

1. 气氛效应理论

Woodworth 等认为，前提的性质所造成的气氛引导人们得出一定的结论。这样，两个肯定的前提容易使人产生肯定的结论，两个否定的前提容易使人产生否定的结论。

2. 换位理论

Chapman 等认为，在三段论推理中，人们往往将一个全称肯定前提解释为逆转亦真，对一个全称否定前提也是如此。正因为如此，人们常常不能正确地把握前提的意义或不能把握前提的多重意义。

3. 心理模型理论

Johnson-Laird 提出心理模型理论，认为三段论的第一步是构成一个将两个前提中的信息结合起来的心理模型。第二步通过搜索与该结论不相容的其他替代的心理模型来评价该结论的真实性，如果搜索不到，即没有足以破坏该结论的对前提的其他解释，那么这个结论就是真实的。在心理模型中，建构一个什么样的心理模型是三段论推理的关键。

（三）线性三段论

线性三段论又称关系推理、三项系列问题（three-term series problem）。在这种推理中，所给予的两个前提说明了三个逻辑项之间的可传递的关系。例如，A＞B、B＞C，由此可得出的结论为 A＞C。这种关系怎样在大脑中被表征呢？认知心理学家们提出了多种假设。

1. 操作模型和空间表象模型

Hunter 提出的操作模型认为，两个前提中的信息形成一个统一的内部表征，其中三个逻辑项是依据一种"自然的"顺序来排列的。

Hunttenlocher 提出的空间表象模型吸收了操作模型的基本思想，认为两个前提的信息形成统一的表征以及其中各逻辑项按一定顺序排列，这种表征是以空间表象的形式存在的。因此，任何一个特定的三项系列问题的难度都依赖于两个因素，即每个前提中的逻辑项的顺序和前提的顺序。

Clark 提出语言模型，认为三项系列问题的表征既不是统一的，也不是表象性质的，而是由命题构成的，其信息加工遵循三个原则，前提与问题的一致性影响问题解决的速度。

2. 语言－表象混合模型

Sternberg 提出，线性三段论过程既包含语言过程，也包含表象过程。人们首先对前提中的语言信息进行加工，然后将前提信息再编码为一个空间序列即空间表象，接着在阅读问题和准备回答问题时再进一步进行语言加工。

四、时间推理的研究

1. 时间认知

时间是物质存在的一种基本形式，任何物质的运动过程都以或前或后的相继性和或长或短的持续性表现出来。个体对客观事件的持续性和顺序性的认识，包括个体对事件的时间的长短、先后、快慢等变化的认识，被称为时间认知。时间是客观存在的，但人类却没有特定的时间感受器，个体对时间的知觉是在多种感受器的参与下，通过对事件始末的时点及有关的时间参照系进行加工间接地认知时间的。时间具有不可逆转的一维性，人们不但不能反复感知一段延续时间，甚至不能同时知觉其起点与终点，对时间的研究成为心理学家最关注的一个问题。在时间认知研究领域，研究者注意围绕时间信息的三个基本属性，即时序、时距和时点进行探讨。

2. 时间推理研究

通过时间推理，人们可以间接地认知过去或者未来的时间。弄清一系列事件的时间的先后顺序，对于许多实践工作来说，是具有关键性意义的。因此，研究人的时间推理、弄清楚人对时间信息的推理的心理过程有着重大意义。

认知心理学关于推理的研究大都着重于三段论的演绎推理，并取得了相当数量的成果。现有的研究结果表明，人的三段论推理或演绎推理的实际进程，往往是偏离逻辑规范的。但是，心理学对人的时间推理的过程的研究成果则是相当少的。19世纪末，Calton、Guilford、Oswald等就对时间推理进行了早期的研究。20世纪后半期，Warner、Kaplan以及Seymour等又对时间推理作了进一步的研究。20世纪中期一些学者认为，大多数时间推理领域的研究，还必须在"时间-空间-速度"这种传统的实验范式的框架内进行。

Friedman（1983）开创了对月份的顺序推理研究的新范式，他最先提出的表象-词表模型是富有价值的成果。Friedman把对月份顺序的推理加工的表征称为词表系统，认为人们在对月份顺序任务推理时是运用了词表系统的，并具有下列三个特点：①当个体用词表系统对月份顺序进行推理时，如果同时进行其他言语活动就会产生选择性干扰；②个体对月份的正向顺序的判断比对逆向顺序的判断要快，即具有方向效应；③个体对月份的加工时间随着激活要素数目的增加而线性地增加，即具有距离效应。另外，运用表象系统对月份信息的编码是对月份信息的直接编码，类似于对空间位置信息的编码，没有方向效应和距离效应。此外，运用表象加工解决月份任务会与同时进行的空间知觉操作发生选择性干扰。Friedman还认为，利用了上述两种表征系统的双加工模型能完善地解释被试在解决月份顺序的所有任务中的操作特征。

针对中文的月份是用数字式表达的，同英语的月份表达之间存在着根本性的差别这一点，黄巍（1993）对中国被试的月份顺序进行的推理研究表明，中国成人在判断月份时间顺序任务时是根据时间数字表征系统进行数字运算加工的，没有距离效应和方向效应，并表现出以下特性：①顺序性；②大小可比性；③可直接进行数的四则运算；④周期性。黄巍还指出，中国成人对月份时间顺序推理的最典型的操作特征是越界效应。

Jiang和Fang（1995）发现，在对月份和日期进行推理的时候，中国成人倾向于使用数值加工和表象，而中国儿童则倾向于使用词表系统。这显示出从词表系统到数值系统和表象系统的发展过程。Kelly等（1999）使用传统的跨语言和跨文化范式对中国和美国被试的月份及日期推理进行了研究，发现中国被试使用算术策略来解决月份和日期的问题，而美国被试则使用词表策略来解决相同的问题。Huang（1999）研究了中国被试对节气顺序的推理，结果表明存在着方向效应和距离效应。这说明中国被试在加工节气顺序时是依靠词表表征来进行推理的。李伯约和黄希庭（2000）考察了中国成人对以词汇的以及数字的方式所表示的周期性时间现象的认知加工方式，对中国成人推理词表表征的和数字表征的周期性时间现象进行了探讨。其研究结果表明，被试对以词表表征的周期性时间现象产生了非常显著的方向效应，并且不产生越界效应。另外，被试对通过顺序计数的方式加工数字表征的周期性时间现象产生了非常显著的方向效应，并且也不产生越界效应。这说明数字表征是产生越界效应的必要条件，数值运算的加工方式是产生越界效应的关键因素。

综上所述，时间推理是基于内部的心理表征来进行的，对时间信息进行推理，实质上就是对时间信息的心理表征进行加工。时间的心理表征是外部世界中的物理时间在人的心理上的反应，是大脑对时间信息的储存、加工和表达的方式。不同的表征系统对时间推理的效应不同，如词表表征产生方向效应和距离效应，数字表征产生越界效应。这是因为加工方式不同，对于词表表征和数值表征，就分别有计数和运算两种方式。但是，即使对相同的表征，也可有不同的加工方式。上述这些研究都是从信息表征和内部操作的角度来进行的，最能体现当前认知心理研究的特色。另外，对"A先于B，B先于C"判断哪个最先或哪个最后，依据认知心理学观点，这种时间推理可被视为线性三段论推理的扩展。因此，它也是一种关系推理。对于这种时间推理，应构建所给予的前提来说明各个逻辑项之间的可传递的关系。

然而在许多研究者看来，时间的认知类似于其他单维有序现象的认知。例如，Huttenlocher认为，时间认知的模型可以用于对商品价格的认知（二者都是单维现象）。甚至只要把轴线对应于时间，就可用表征空间联系的模型来表征时间的联系。Allen发现，至少在英语中，许多种类的时间联系都可以进行空间表征。因此，有关时间推理的研究可以借鉴Huttenlocher关于关系推理的研究，以及Johnson-Laird、Byrne和Johnson-Laird的空间推理的研究，还可借鉴以人工智能构建出来的时间模型的各种算法。

前提中各个项的关系可以有不同的表达式，各个逻辑项的顺序也就可有所不同，如"A先于B"，或"B后于A"，又如"A先于B，B先于C"，或"C后于B，B后于A"。任何一个特定线性系列问题的难度都取决于两个因素，即每个前提中逻辑项的顺序和前提的顺序。例如，"A大于B，B大于C"就比"A大于B，C小于B"易于加工。这已得到了反应时和正确率的实验结果的支持。要正确地得出结论，就必须对前提中各项的线性关系进行适当的表征。时间联系是不大可能产生单一的静态的视觉表象的，这是时间认知不同于空间认知的地方，并且表象的操作对这种推理没有显著的效应。

Clark（1969）就空间认知提出了一个语言模型，也可较好地用于时间认知。该模型认为，线性序列问题的表征是由命题构成的。一个前提的两个逻辑项分别由命题来表征，如前提"A 大于 B"即可转换为两个内部表征："A 是大的"和"B 是小的"，而每个表征分别有不同的权重，可据之进行比较。语言模型还认为，前提同问题的一致性影响问题的解决。例如，对"A 大于 B，B 大于 C"这样的前提，与之一致的问题是"谁最大"，与之不一致的问题是"谁最小"，对前者的回答要快得多。语言模型还认为，一个无标记的形容词（如"大"）比一个有标记的形容词（如"小"）更易于加工。

Johnson-Laird（1983）的心理模型能够表征非视觉的情境。一个模型对应于一个具有共同结构的可能情况的集合。因此，这种模型表征情境的结构而非前提的逻辑形式。被试可以构建两类模型来对时间关系进行推理。在第一类模型中，时间序列可以动态地展开，其顺序同事件的顺序是一致的，但速度可有所不同。这类模型是使用时间本身来表征时间。第二类模型则静态地表征事件的序列。因此，演绎推理通过构建基于前提的各种模型的集合，推导出结论，并保证其不为假。

Miller 和 Paredes 认为，所采用的符号表征影响着对线性信息的加工。Hoosain 认为，语言的符号表征提供了如何获取这些表征以及如何加工与之有关的信息的定向，因此特定语言的特性会对认知加工过程有影响。Schaeken 等提出的假说认为，个体是在运用了自己的语言知识和一般知识的基础上来构建有关时间序列的心理模型的。而 Jarrige（1992）认为，如对以书面形式所给出的信息进行推理，其表征意味着更高水平的抽象，解决时间问题的难度就更大。

五、命题检验

命题检验也是一种重要的推理形式，它将证据和命题的真伪联系起来，它关心的是哪些证据能够说明命题的真伪，以及如何收集这些证据。前文所说的假设考验就是一种命题检验。

（一）证真和证伪

Wason 所做的实验（1972）为证伪推理的最有名的实验。实验设计为：给被试呈现四张卡片（图4-4），告诉被试如果卡片的一面是数字，另一面则为字母；反之亦然。然后向被试提出一个命题："如果卡片的一面为元音字母，另一面则为偶数"，要求被试翻最少的卡片来证明这个命题的真假。

实验表明，人们在命题检验中常偏离逻辑的要求，表现出强烈的寻求肯定的倾向，很少作出否定的尝试。

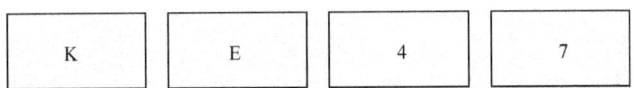

图4-4 四卡片问题

（二）选择作业困难的理论解释

首先是材料性质影响。据研究，如果换成以下材料，可能问题解决起来显得比较容易。"几年前对第一类和第二类邮件邮局有两种费率。第一类费率中，被加盖邮戳的信的费率是29美分，未加盖邮戳的则是25美分。设想你是一个邮局职员，信件在传送带上移动同时检查信件，并设想你被收费是按照规则"，"如果信件被加盖邮戳，就一定有一张29美分的邮票"。在下列信件中（图4-5），你将翻动哪一封信件来证实规则。当然，还有个人经验、命题规则理解错误和匹配偏向等会影响作业成绩。

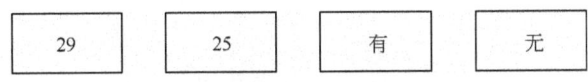

图4-5 邮戳及费率

六、概率推理

在生活中，人们通常要在不确定的情况下作出决策，这种推理便是概率推理。心理学家感兴趣的是：进行概率推理可以按概率统计学的原理和方法进行，但一般人没有学习过这门学科也能进行正确的概率推理，那么人们在不确定的情况下又是怎么进行推理呢？

1. 贝叶斯公式

$$P(H_1/D) = \frac{P(H_1)\ P(D/H_1)}{P(H_1)\ P(D/H_1) + P(H_2)\ P(D/H_2)}$$

该公式内涵为在事件已经完成之后，某个假设正确的概率依赖于：①在事件出现之前，该假设正确的概率；②如假设是正确的，事件可望出现的概率；③如任何其他假设是正确的，事件可望出现的概率。在一般情况下,人们的推理基本上也按该公式进行,只是略显保守。

2. 启发式策略

近年来的研究表明,人加工概率信息与贝叶斯公式很少有关甚至无关。研究表明,人们在进行概率推理时,往往不顾事件的基准概率信息,而是采用一些启发式策略,如代表性启发法、可得性启发法和调整启发法等。

请在五秒内计算以下两题的运算结果:

(1) $8 \times 7 \times 6 \times 5 \times 4 \times 3 \times 2 \times 1 = ?$

(2) $1 \times 2 \times 3 \times 4 \times 5 \times 6 \times 7 \times 8 = ?$

许多人认为第一题应为2250,第二题应为512。你知道为什么吗?

代表性启发策略:人们倾向于根据样本是否代表(或类似)总体来判断其出现的概率,愈有代表性的,被判断为比较少代表性的愈常出现。可得性启发策略:人们倾向于根据一个客体或事件在知觉或记忆中的可得性程度来评估其相对频率,容易知觉到或回想起的被判定为更常出现。调整启发策略:以最初的信息为参照来调整对事件的估计,最初的信息往往会产生锚定效应(anchoring effect)。

第四节 问题解决

一、问题的心理学描述

认知心理学家们认为,所有的问题都包含有三个基本的成分(图4-6)。

(1) 给定:问题的起始状态;

(2) 目标:问题要求的答案或目标状态;

(3) 障碍:给定与目标之间的隔阂物,通过思维可以寻找解决的方法。

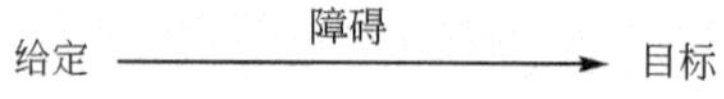

给定 —— 障碍 ——> 目标

图4-6 给定、障碍、目标的关系

现实生活中的问题是多种多样的。根据Greeno的看法,一般可以分为三种类型。

(1) 归纳结构问题:如123 834 656?

(2) 转换问题:给予一个最初的状态,而问题解决者必须发现一系列到达目标状态的操作,如河内塔问题(图 4-7)。

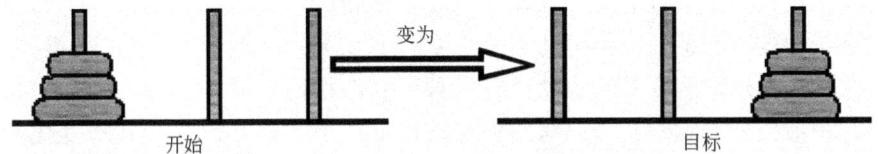

图 4-7　河内塔

(3) 排列问题:给予所需要的成分,问题解决者必须以一定的方式排列它们,以达到规定的目标状态,如字母的数码替代问题(图 4-8)。

图 4-8　密码算题

二、问题解决的特征

问题解决的特征有:①目的指向性。冥想不属于问题解决,因为其缺乏明确的目的。②操作序列。心理活动的序列,包括外在的动作操作和内在的心理操作过程。③认知操作。必须要有思维认知成分的参与。

三、问题空间与问题解决

问题空间是问题解决者对一个问题所达到的全部认识状态。问题解决就是应用各种算子来改变问题的起始状态,使之转变为目标状态。问题解决是对问题空间进行搜索,以找到一条从问题的起始状态到达目标状态的通路。就是要找到一定的算子序列,这个过程需要策略的引导。问题空间与问题解决可以用两种方法表示。

1. 问题行为图

问题行为图是 Newell 和 Simon(1972)提出来的一种对问题解决时的

口语报告进行分析的方法。问题行为图可以使研究者直观地看出被试在问题解决过程中所进行的各种操作序列。问题行为图由两部分组成：①知识状态，即被试在某一具体时刻所知的关于该思维作业的全部信息；②操作，即被试每次用来改变其知识状态的手段。在制图时，用方框来表示知识状态，用箭头来表示改变知识状态的操作，箭头的方向指出知识状态变化的路线，画时要依次排列，遵循从左到右、从上到下的原则。如果在问题解决过程中出现知识状态的重复，则返回该状态的原始位置。这样，将一次问题解决作业的言语报告内容用许多方框和箭头表示，就构成了问题行为图，研究者可以通过问题行为图，详细地了解被试所进行的内部操作过程。

2. 树形图（搜索图）

树形图包含一切可能的操作及全部状态，因此，它包括正确的和错误的、简单的和复杂的搜索途径。

四、问题解决的阶段

认知心理学认为，问题解决可以分为四个阶段。

1. 问题表征

问题解决者将任务范围或作业领域转化为问题空间，实现对问题的表征和理解。问题空间就是人对问题的内部表征，它包含三种状态，即初始状态、中间状态和目标状态。初始状态是指问题被认识时，问题解决者所处的情境；目标状态就是问题解决者所要寻求的最终结果。问题解决的任务就在于要找出一种能把初始状态转变为目标状态的操作（或称算子）序列。中间状态就是指在实现从初始状态向目标状态的转变过程中，由操作引起的种种状态。在问题解决中，状态一词常常是指认知状态。中间状态的数量多少，取决于问题情境的复杂程度和操作系列是否合理。

一个适宜的表征应该满足三个条件：①表征与问题的真实结构相对应；②表征中的各个问题成分被适当地结合在一起；③表征结合了问题解决者的其他知识。

问题表征对问题解决的影响：①如果问题得不到适宜的表征，那么问题就难于解决或无法解决；②问题表征依赖于人的知识经验，也受到注意、记忆和思维等心理过程的制约。

2. 选择算子

算子就是问题解决者把一种问题状态转变为另一种问题状态的认知活动。有些算子可随问题空间的形成而获得，有些则需要进行选择。当问题空间较小时，正确的算子易于选择；而当问题空间较大时，如象棋或围棋，则难于选择正确的算子，需应用一定的问题解决策略来进行。所谓问题解决策略，就是人们在解决问题过程中所运用的方案、计划或办法，它决定着问题解决的具体步骤。选择操作和确定的问题解决策略密不可分，问题解决总是由一定策略来引导搜索的，因此可以将选择操作阶段同时看做是确定问题解决策略阶段。

问题解决策略主要有两类：算法式策略和启发式策略。算法式策略是解决问题时为搜寻到达目的状态的道路而采取的一种策略。问题解决者产生一棵完整的"搜寻树"，它像一棵倒立的树，有一"树干"和许多由"树干"延伸出去的"树枝"。"树干"表示问题的初始状态，而延伸出去的"树枝"则表示由初始状态出发能够搜寻到的所有状态。"树枝"逐层延伸，直至搜寻到目的状态为止。因此，如采用算法式策略，只要问题答案存在，就一定能够找到它，并能据以发现最短的路径。但这是一种过于麻烦的方式，费时费力。所谓启发式策略，就是凭借个体已有的知识经验，采取较少的操作来解决问题的方法。启发法不能保证问题一定得到解决，有冒险性，但却常常能有效地解决问题。虽然有关信息和知识的启发可能是不真实的，但它毕竟省时省力、简便易行，所以成为人们常用的问题解决策略。

问题解决的启发策略多种多样，其中应用最为广泛的有手段－目的分析策略（正向工作法）和目标递归策略（逆向工作法）等。

所谓手段－目的分析策略，就是从问题的当前状态与目标状态的差距出发，首先将需要达到的问题的总目标分成若干子目标，然后以问题的当前状态为起点，通过采取一定的手段或方法来逐步实现该系列的子目标，以最终达到总目标。该策略的核心是要发现问题的当前状态与目标状态的差别，并应用算子来缩小这种差别。例如，一个人身在杭州，要去重庆开会，在他的目标与现有状态之间存在一个地理差距，如何消除这个差距呢？他可以选择各种手段：乘火车、乘轮船、乘飞机等。如果他选择乘火车，那么他又必须要实现一系列子目标：去售票处订票、骑车去售票处、到车棚取车、把车打足气……最后，乘上火车到达重庆。可以说，手段－目的的分析是一种有明确方向、通过设置子目标来逐步缩小起始状态和目标状态之间差距的策略。

所谓目标递归策略，就是从问题的目标状态出发，按照子目标组成的逻辑顺序逐级向初始状态递归。例如，在下象棋时，棋手常常事先设想要达到的某个有利的棋势，然后在思想上移动棋子逐步退回到当前状态。当然，在实际走步时，仍是从当前状态出发，按照正向的方式进行。我们可以把目标递归策略看做是一种逆推的方法，即从目标出发向反方面推导。

一般而言，如果从起始状态到达目标状态的途径有多种，那么手段－目的分析策略能够较好地解决问题；如果从起始状态到达目标状态只有少数几条途径，则宜应用目标递归策略。

3. 应用算子

问题解决者实际运用算子来改变问题的起始状态或当前的状态，使之逐步接近并到达目标状态。这个阶段也叫执行策略阶段。一般地，简单的问题只需少量操作，选定的策略就能顺利实施；而复杂的问题则需一系列操作才能完成，有时甚至选定的策略也无法实施。

4. 评价当前状态

问题解决者对算子和策略是否适宜、当前状态是否接近目标状态、问题是否已经得到解决等作出评价，如当前状态被评价为目标状态，则问题得到解决，否则需进一步选择算子和改变策略，甚至需要重新表征问题空间。当然，这几个阶段并不是固定不变的，也可能从后一阶段返回到前一阶段。

五、问题解决的计算机模拟

问题解决的计算机模拟就是依据一定的心理学理论编写计算机程序来模拟人类解决问题的行为和内部认知过程，使计算机以类似于人的方式来解决问题并达到类似的结果。

（一）《逻辑理论家》和《通用问题解决者》

1.《逻辑理论家》

1956 年由 Newell、Shaw 和 Simon 编写的计算机程序，是人类历史上第一个模拟人类解决问题的计算机程序，它可以模拟人证明符号逻辑定理的思维活动。

2.《通用问题解决者》

1958 年开始，Newell、Shaw 和 Simon 继续研制模拟人类解决问题的另一计算机程序，简称 GPS，其内部知识是以产生式来表征的。一个产生式由条件和行动两部分组成。

（二）计算机模拟的贡献与存在的问题

计算机模拟对心理学研究是有贡献作用的：①计算机模拟不仅对人工智能的发展有着直接的重要价值，而且证实了一些心理学理论，促进了心理学对人的问题解决的研究，提高了对某些环节的认识。②计算机模拟推动了知识库和策略的研究。③计算机模拟引出了产生式概念，将问题解决中的一些认知活动加以形式化。但计算机模拟也存在问题：①如何评价计算机完成任务的方式与人的方式是相似的？②人与计算机在问题解决中的思维方式差别在哪？③情感等因素对二者在问题解决中的作用如何体现？这些问题非常值得我们去探索。

第五节　创造性思维

一、什么是创造性思维

创造性思维是思维的一种，对其的理解，应该把握以下几点：

（1）创造性思维往往与创造活动相联系。人们总是在产生了某种创造性活动的动机和欲望，或者在某种创造性活动进行过程中，才可能发生创造性思维。

（2）创造性思维的突出特征是它的独创性。这种独创性特征表现为：思维的独立性和流畅性；思维的发散性；思维结果的新颖性。

（3）创造性思维寓于抽象思维和形象思维之中，是逻辑思维与非逻辑思维的辩证统一，是发散思维和辐合思维的辩证统一。

创造性思维的主要形式有顿悟、类比迁移、假设检验、创造想象等。目前，有关创造性思维的脑过程的设想是，左脑参与常规性的思维，而右脑则参与创造性的思维，其证据主要来自脑损伤病人以及视野分离技术。但上述方法由于过于粗略而无法使探索变得深入和具体。脑成像技术可以将研究的焦点转移至更加精确的脑结构上。例如，有研究表明，海马在人做梦的时候会活动，而经验观察亦表明，梦境与创造性思维有关，这样，就有可能意味着海马的活动与创造性思维有关。利用脑成像技术研究和比较了对于梦境的回忆与对于现实生活情景的回忆的大脑区域，一个主要的发现是，相对于现实生活情景的回忆，梦境的回忆会激活海马与左侧额叶。考虑到该实验结果是在小心地控制了那些已知有可能导致海马活动的无关的变量——特别是记忆时程的长短、记忆内容的空间特征以及记忆细节的丰富性等——的情况下获得的，因此我们认为海马在回忆梦境中的活动可能与梦境中那些奇异的想象有关系。

目前我们已经知道，海马的功能至少与其中的两个特征有关：一是它在任务相关性联系的形成过程中起反应；二是它是支持长时记忆的关键的脑结构。但有研究者发现创造性思维可能与额区有关。Solso 首次对一名正在进行创作的专业肖像画家 Humphrey Ocean 进行脑成像实验，并且将其与另一名没有绘画经验的普通人进行了对比。实验发现，画家的右脑额区（RFC）的活动比新手的强，这说明专业画家在创作过程中比普通人更多地进行更高级的思维活动，而不是如后者那样集中于对具体脸部特征的分析和表现，画家的创作超越了基本的视觉感知。

二、顿悟

顿悟一直以来都是心理学家感兴趣的研究课题，自从苛勒提出问题解决的"顿悟说"以来，学者们已对其进行了大量的实验研究，获得了许多有启发性的发现。从心理过程上看，顿悟是一个瞬间实现的、问题解决的"新旧交替"过程，它包含两个方面：一是新的有效的问题解决思路如何实现；二是旧的无效的思路如何被抛弃（即打破思维定式）。

1. 顿悟认知过程的现象学描述

格式塔的代表人物 Kohler（1925）以黑猩猩为实验对象，对动物解决问题的能力进行了一系列的研究，提出了问题解决的"顿悟说"。他认为，问题解决并不像行为主义心理学家认为的那样是一个"尝试错误"的过程，而是将整个情境改组成一种新结构的过程，表现为对整个问题情境的顿悟。顿悟主要是指通过观察对情境的全局或对达到目标途径的提示有所了解，从而在主体内部确立起相应的目标和手段之间的关系完形的过程。格式塔心理学家们认为，顿悟包含着一种特殊的加工过程，不同于常规的、线性信息加工思维。遗憾的是，格式塔心理学家们并没有提供这些机制的可信事实，同样也没有说明顿悟到底是什么。有学者认为这种特殊的加工过程主要在以下几种情况下出现：①思维的无意识跳跃；②心理加工被极大地加快；③认知加工过程产生某种类型的短路。

Simon（1995）认为顿悟是通过理解和洞察来了解情景的能力或行为，它具有以下特征：①顿悟前常有一段时间的失败，并伴随有挫折感；②在顿悟中，突然出现的或者是问题解决方案，或者是解决方案即将出现的意识；③顿悟通常与一种新的问题表征方式有关；④有时，顿悟前有一段"潜伏期"，在这期间不会有意识注意到该问题。

国内一些学者认为顿悟是在初始尝试失败以后，通过摆脱原有的思维定式，对事物形成正确判断的过程。也有学者认为顿悟是以与众不同的方式突然地理解了一个问题，或理解了一条有助于该问题解决的策略。苏联学者（Galprin, Kotik, 1983）认为产生顿悟的条件主要是：克服定势，敞开通向答案的大门；排除熟悉的概念，对通常轻视的细节加以注意。

2. 顿悟问题解决的表征转变与进程监控理论

近来有关顿悟的实证研究，主要是从信息加工的角度来探讨顿悟的认知过程。但遗憾的是，到目前为止，有关顿悟认知机制的认识心理学家们仍然没有达成一致。总体上来看，当前主要存在两种对立的观点：①以Simon和Kaplan为代表的表征转变（representation change）理论；②以Ormerod和Chronicle为代表的进程监控（progress monitoring）理论。

Simon 和 Kaplan 认为，顿悟问题涉及问题表征的转变，顿悟与问题表征以及问题空间都有着密切的联系。人在解决问题的时候，往往根据题目来形成相应表征，并在相应的问题空间中进行搜索。如果在问题空间中长时间找不到问题的解决办法，就应该寻找新的问题表征方式，而潜在的可能的新表征方式是很多的，这就需要在元知识空间中搜索一个恰当的表征，以使问题得以解决。Knoblich（1999）认为在表征转变的过程中有两个认知过程起着重要作用：①解除抑制（constraint relaxation），主要指克服已有知识经验、思维方式等的限制；②组块分解（chunk decomposition），主要指把刺激组块分解成更小的单元，以便于发现新的关系和联结，形成新的表征。按照格式塔学派及其表征转变理论的观点，九点问题之所以困难是因为个体在刚开始的尝试中，总是束缚于这九个点所构成的方形，形成错误的问题表征，若能进入元水平问题空间（突破形状的限制），形成正确的问题表征，那么就能较早发现九点问题的正确解法。

Ormerod 和 Chronicle 的信息加工观点，则与 Simon 等截然相反，他们试图用手段－目的分析法来阐释顿悟的认知过程。他们认为影响顿悟问题解决的因素主要有各种抑制因素和思维定式以及个体试图寻找其他解决方法的驱动力。个体会依据将要达到的问题目标状态，确定某种内在标准来监控每一个局部行为（手段）的有效性，一旦个体认识（预期或是实际尝试）到没有符合标准的行为时，就会产生一种内在的动力，促使他去解除抑制，寻找其他的解题方法。他们认为个体在解决九点问题时，主要使用两种认知策略：直线最优策略（maximization heuristics），即让每一条直线划掉尽可能多的点，实际上也就是使用局部最优法（爬山法）；进程监控策略（progress monitoring heuristics），个体会在问题解决的过程中，预期所采用的一系列步骤是否有助于达成最终的目标状态，同时根据预设标准来衡量预期步骤的有效性。一旦所能预期到的步骤总是与预设标准相违背的时候，个体就会产生解除抑制的冲动，寻找新的解题途径（从错误问题空间进入正确的问题空间）。因此该观点认为九点问题解决的关键，还是在于是否使用了正确的启发式策略，通过正确使用认知策略和元认知策略，个体可以有效地解决顿悟问题。

3. 顿悟的认知神经机制

虽然有关顿悟的认知神经机制的研究还比较少，但是从创造性思维的脑神经机制研究中同样可以使我们获得不少有关顿悟认知神经机制的信息。总体而言，目前这些研究主要集中在两半球功能、皮质激活和前额叶功能三个方面。如 Katz 等比较了高创造性与低创造性的建筑师、科学家和数学家的纸笔测验成绩，发现右半球激活的左向眼动倾向与创造性成绩之间有正相关。Dimond 和 Beaumont 研究发现，在左视野呈现的单词比在右视野呈现的单词能引起更多奇异的单词联想。最近，罗劲等进行了顿悟的认知神经机制研究，他们精选了若干能引起顿悟的谜语故事作为实验材料，实验中先让被试思考，然后给出正确答案，给出答案的同时记录 ERP 和脑磁图，最后对结果进行分析，发现顿悟过程激活了包括额叶、颞叶、扣带前回以及海马在内的广泛脑区，初步推断扣带前回是打破思维定式的关键脑区。他们假设，顿悟过程是由作为早期预警系统的 ACC 所发动的，并由负责新异有效联系（任务相关联系）形成的海马、负责思维定式转换和语言加工的 LVPFC 以及负责思考的背景或参照框架切换的视觉空间信息加工网络协同完成的。

顿悟有可能延伸到概念形成甚至宗教心理学的领域。例如，目前认知心理学的概念形成的研究认为，通过逐步抽取出不同个案的一般特征，最终形成概念。而顿悟理论则假设概念形成是一个突发过程，人们透过个案，在瞬间窥见事物的某种本质联系，并逐步将这种领悟推广于其他事物：这个过程强调概念形成的突发性，且顿悟在其中起关键作用。

大脑在"顿悟"过程中的工作机制是否与用常规办法解题时不同，在科学上一直不甚清楚。一些科学家甚至认为，二者在认知机制上完全一样，差别主要在于人们的主观感受的强烈程度上。美国西北大学和德雷克塞尔大学科学家的一项最新研究以比较有说服力的证据表明，"顿悟"其实和大脑不同寻常的工作方式有关。科学家们在4月号网络学术刊物《公共科学图书馆生物学》上介绍，他们让18名研究对象玩一种字谜游戏，内容是找出一个单词，使它能与列出的其他3个不同英文单词搭配，分别重新组合成3个有意义的新词。每名研究对象在解题过程中都需要报告他们经历过的"顿悟"时刻。利用功能磁共振成像和脑电图技术对研究对象大脑活动和脑电波的监测显示，"顿悟"的出现与大脑右半球颞叶中的前上颞回区域有密切关系。当研究对象"顿悟"出答案时，该区域活动明显增强，并在"顿悟"前0.3秒左右突然产生出高频脑电波。通过常规方式获得答案的研究对象则没有这些情况出现。

科学家们由此得出结论认为，"顿悟"的产生有赖于大脑神经中枢独特的活动机制，该机制为大脑"顿悟"时的独特认知过程提供了支持。他们推断，前上颞回区域能促进大脑将看似不相关的信息进行集成，使人们在其中找到早先没有发现的联系，从而"顿悟"出答案。又有新研究发现，大脑独特的计算和神经中枢机制导致了灵感降临的那些"突破性时刻"。

三、灵感

柯·柯·普拉图诺夫在他的著作《趣味心理学》中指出："灵感是一个人在创造性工作进程中的能力的高涨；它以心理的明晰性为其特征，同时是一连串思想，以及迅速与高度有成效的思维相联系的。"灵感心理实质上是人的潜意识活动产生的思维成果。

许多研究表明，灵感具有的特征是：①突发性的创造活动，即一个人在创造性工作过程中"能力的高涨"。这种"能力的高涨"来无踪去无影，不能确切预期，难以人为寻觅，它的降临是突如其来的。②导致思想飞跃，一旦发生，就会像突然加了催化剂一样，使感性材料迅速升华为理性认识。③"与高度有成效的思维相联系"。这里所谓的"有成效"就是某种创造性的思维成果，就是某种创造性的发现。④亢奋性，即柏拉图所说的"失去平常理智而陷入迷狂"。此时作家往往精力充沛，高度兴奋，才思敏捷，浮想联翩，这表明：迷狂状态是一种来自无意识的冲动，它可能是正常的，也可能是不正常的，关键在于它的表现形式以及它所处的社会文化背景。

灵感的具体表现：第一，潜在知识的升华与物华。也就是说灵感思维的触发信息来自积淀在大脑皮层意识阈限下的潜存知识。第二，潜在智能的显现。也就是指人脑中平时未发挥作用的那部分潜在的智能在某种危急状态或某种诱因诱导下凸现出来，这种潜在智能构成了创造性成果产生的动因。第三，创造性的梦幻活动。有目的的梦幻活动在头脑中建立起新的"记忆"，那些和创造活动有关的积极记忆可以激活创造思维，从而产生新的思维成果。第四，生理结构的信息处理活动促使大脑形成下意识的逻辑思维，大脑神经网络系统中的逻辑演绎会使人产生灵感顿悟活动。由此可见灵感是一种特殊的思维活动形式，也是人类高级心理活动。它的表现状态十分复杂。

灵感的出现时机是，紧张思维后精神处于放松、悠闲状态。"昨夜西风凋碧树。独上高楼，望尽天涯路。衣带渐宽终不悔，为伊消得人憔悴。众里寻他千百度，蓦然回首，那人却在，灯火阑珊处。"不过，灵感也是要在一定机遇下才能产生的。

四、直觉思维

（一）直觉思维及其特点

"直觉"是以获得的知识和积累的经验为依据，未经充分的逻辑推理过程而进行的一种思维活动。作为一种特殊的高层次创造思维，直觉思维有其自身特点。了解直觉思维的特点，是了解其本质的一个重要方面。其特点主要有：

（1）突发性。直觉思维常在人们对问题苦苦思索、百思不得其解的过程中突如其来地对问题的理解和顿悟。其出现是没有任何预先征兆，之后也难以言传。

（2）简约性。直觉思维具有高度的浓缩性。一方面，能迅速从整体上分析问题，以敏锐的判断力对问题的本质作探索性研究，这就大大压缩了逻辑推理过程；另一方面，在潜意识中进行，以自动化和跳跃的形式，直接接近答案。

（3）模糊性。直觉思维的模糊性体现在：其一，直觉推理产生的过程是高度浓缩化和简约化的，常常在对结果恍然大悟之后对其来龙去脉说不清、道不明；其二，直觉推理所依据的知识经验是自己整合内化后经验的结晶，并不一定都是公认的公式、定理，常常有"只可意会、不可言传"的特点；其三，直觉思维不在逻辑长链上一步一步推导，而是大胆地运用猜测和想象对对象作探索、试探，至于其结果是否正确，还需要通过逻辑思维来验证。

(4) 情景性。直觉思维是一种心物感应活动，是在特定的情景下主体与外界事物瞬间产生的一种沟通与共鸣。由于直觉思维的构建过程是潜意识地对各种信息的整合过程，当主体处于较为舒适、轻松的人文环境中时，暂时摆脱了显意识的逻辑思维和收敛思维的束缚，而潜意识得以彰显，直觉思维常被一些看似偶然的因素一触即发。此外，当个体处于和谐融洽的氛围中时，其动机、情感、意志等非认知因素也能够发挥到极致，这有利于直觉思维的激活和高水平发挥。因此，从某种意义上说，适宜的人文环境是直觉思维产生的催化剂。

(5) 个体性。不同个体具有不同的经历、知识背景和个性，直觉思维因不同的个体而具有不同的特点。比如，在产生时间和思维结果上存在显著不同。

(二) 直觉思维形成的心理机制

如前所述，直觉思维具有突发性、简约性、模糊性、情景性、个体性等特点，作为创造力的表现形式之一，其活动过程是纷繁复杂的，但它并非是深不可测、不可捉摸甚至是可遇而不可求的。根据英国心理学家 G. Wallas 提出的创造过程"四阶段论"——准备阶段、酝酿阶段、明朗阶段和验证阶段，可以提出如下几个阶段。

(1) 准备阶段。直觉思维具有突发性和简约性的特点，但它并不是空穴来风，或是主体一时心血来潮的产物，而是主体高度内省、浓缩和简约化的思维活动产物，是其认知活动质的飞跃。质的飞跃离不开量的积累，这个量的积累即是对相关学科知识经验的积累。Bruner 曾在其《教育过程》中提到："直觉思维总是以熟悉的知识领域及其结构为根据，使思维者可能实现跃进、越级和采取捷径。"因此，系统学习必要的相关知识和掌握丰富的经验是产生直觉思维的一个准备阶段，是其量的积累过程。一般说来，相关经验越丰富，知识系统结构性越强，则越容易产生高质量的直觉思维。

(2) 酝酿阶段。直觉思维的产生不仅要有广博的知识、丰富的经验和机智敏锐的洞察能力，还需要对某一问题的忘我投入和悉心研究。当主体对某一问题长时关注、昼思夜想，以至于进入一种如痴如醉的探求阶段时，潜意识就会处于活跃状态，能自动调动相关知识、经验，对各种信息进行整合、构建。通过显意识的积极思考和潜意识的自动酝酿，相关的知识经验越来越逼近问题的突破口，大脑就会处于一种激发待命状态，形成"一触即发"之势。例如，大多数人对物体下落这种通常现象熟视无睹，而牛顿能在苹果落地这一现象中深受启发，创立著名的"万有引力定理"。如果说我们与他有什么差别，差别就在于他对这一问题思考过，甚至是苦思冥想过，所以看似偶然的事物触动了他的直觉顿悟。

（3）突发阶段。由于在潜意识中的酝酿，大脑处于激发待命的状态，问题的突破口与相关知识只有一纸之隔。当外界信息的刺激和诱发对大脑形成适宜的扰动时，存储于大脑中的信息就被大量提取出来，迅速形成了对问题的解决思路或产生一种新的见解，体现了直觉思维的偶然性和突发性。正如钱学森所言："直觉是一种没有意识对信息进行加工的活动，它在潜意识中酝酿问题，而后与显意识突然沟通，于是一下子得到问题的答案，而对具体过程是没有意识的。"

但是，值得注意的是，直觉思维具有瞬时性，它只能提供解决问题的一条线索或一个机会，并不等于问题的完全解决，更不等于问题的正确解决。数学家彭加勒曾说："逻辑是证明的工具，直觉是发现的工具。"直觉思维具有经验性和模糊性，并不绝对可靠，还需要通过事实和逻辑来证明。因此，在直觉思维产生后，还要善于抓住机遇，通过显意识进行整合、精加工。阿基米德的直觉顿悟不是浮力定律，而是以此为契机，通过逻辑分析、事实验证、不懈探究后才得到浮力定律的。

五、发散思维

创造性思维的基本成分之一，又叫辐射思维、求异思维，是由美国心理学家 J. P. 吉尔福特作为与创造性有密切关系的重要思考方法而提出的。这种思维活动是人们在思维过程中，不受任何框框的限制，充分发挥探索性和想象力，从标新立异出发，突破已知领域，无一定方向和范围，从一点向四面八方想开去。然后，再把材料、知识、观念重新组合，以便从已知的领域，去探索未知的境界，从而找出更多、更新的可能答案、设想或解决办法。例如，"你能想出厨刀有多少用途？""马铃薯与胡萝卜究竟有多少方面相似？"通过对这类问题的回答，可以得到回答的数量、灵活程度和新异的成分。从这里可以看出，当问题存在着多种答案的可能性时，才能产生发散思维，它在创造性思维活动中具有重要作用。

发散思维是创造性思维的主导成分，它有三个主要特征：①流畅性。指发散的量，对刺激能很流畅地作出反应的能力。②变通性。指发散的灵活性，随机应变的能力。③独创性。指发散的新奇成分，对刺激能作出不寻常的反应的能力。评定发散思维能力的测验称为发散思维测验。当前流行使用的创造性思维测验和创造力测验，基本上都属于发散思维测验。最有影响并能使用的有南加利福尼亚大学发散思维测验、托兰斯创造思维测验、芝加哥大学创造力测验等。

六、灵感和直觉的关系

如果深入思考的话，可能会觉得上述这几个因素之间也可能是密切联系的。因此，有人就大胆提出，灵感和直觉之间存在协同作用。

创新思维是系统的突变，要实现这一突变必须使相关的信息流集聚，甚至要汇聚成激光式的信息流才能使创新思维重新迸发出来。"协同"在脑神经系统的层次上主要表现在对思维能量的控制；"协同"在思维层次上就是组织性；"协同"在心理系统层次上，表现为对心理的控制。心理系统大于思维系统。根据协同理论，系统的稳定性总是受到两类变量的影响：一类变量叫快变量；另一类变量叫慢变量。快变量衰减得快，对系统从稳定到非稳定的过渡影响不大，慢变量衰减得慢，并且表现为临界无阻，所以在系统从稳定态到非稳定态的过渡中起了决定作用。协同论所描述的系统突变的方式在思维过程中有明显表现。

第五章 注 意

日常经验告诉我们，注意一个线索或对象时，必须以牺牲另一个线索或对象为代价。在正常情况下，这些受到注意的线索会被传送下去得到进一步加工，而非注意信息则不被传送。在普通心理学中，注意是对一定对象的指向和集中；注意是一种特殊的心理现象，是伴随心理活动的心理状态，如我们在进行模式识别的时候，注意过程毫无疑问地存在着，但它是如何起作用的呢？普通心理学并没有给我们什么解释。注意具有三大功能：①选择功能；②维持功能；③调节和监督功能。目前认知心理学中主要是在注意的选择性上进行研究。

第一节 注 意 模 型

一、过滤器模型

在 Broadbent 看来，像通信系统一样，可以将整个神经系统看成是信息传播速度有限的单一通道。出于经济考虑，在容量有限的神经系统之前，需要一个选择性的过滤器或者开关，这种开关保护系统避免超载，只准许少量的被选择的信息通过过滤器，所有其他信息则受到阻挡。因此，注意的工作是以"全"或"无"的方式进行的。此外，在选择性过滤器之后，有必要假设一个缓冲器，这种缓冲器是一个暂时的记忆存储器，未被选择的信息能够在其中短暂保留。过滤器理论属于早期选择模型，该模型后来被 Welford 称为单通道模型。

在验证该理论的正确性时，人们常采用的是双耳分听实验技术。实验方法是，通过耳麦给被试两耳同时放音，但每只耳朵所接受的刺激信息是不一样的，如图 5-1 所示。通过实验考察被试反应信息与双耳接受信息的关系，从而了解被试注意的特点。

左耳　　　　　右耳
6　　　　　　4
2　　　　　　9
7　　　　　　3

图 5-1　左、右耳接受的刺激

实验结果发现，被试在这样的实验中通常采用两种应对策略：①以耳朵为单位分别再现左、右耳所听到的信息，再现正确率为 65%。②以双耳同时接收信息的顺序成对地再现信息，如 6，4；2，9，…正确率为 20%。据此，实验者认为，当被试注意到一只耳朵的信息时，另一只耳朵的信息被过滤掉。通过追随（程序）实验人们也发现了过滤器模型的合理处。实验设计是，通过耳麦给被试两耳同时放音，在放音的过程中要求被试复述事先规定的某只耳朵听到的声音。利用这种复述技术使被试只注意一只耳朵（该耳朵叫追随耳）的信息，而另一只耳朵就叫非追随耳。实验结果发现，对于追随耳的信息，被试能够很好地复述；而对于非追随耳的信息，被试的回忆效果很差。由此可见，追随实验也支持注意的过滤器模型。

二、衰减模型

Treisman 认为过滤器不是按"全"或"无"的方式来工作的（图 5-2），而是允许双通道上的信息通过，只不过非追随耳上的信息被减弱而已，

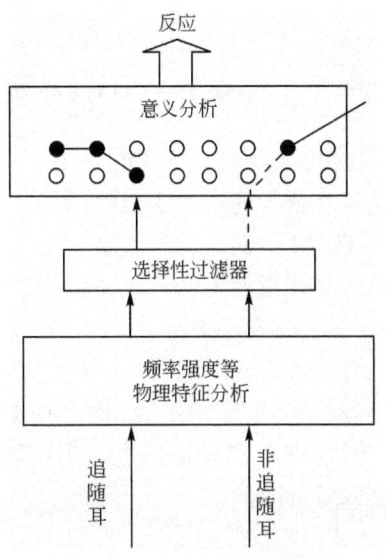

图 5-2　Treisman 衰减模型

但仍可得到高级加工。在 Broadbent 模型中（图 5-3），如果注意指向一个信道，那么另一个信道就关闭。Treisman 研究中最值得注意的是，在她的实验中要求被试注意一只耳朵的信息，而同时语言学意义则从一只耳朵转换到另一只耳朵。例如，信息"There is a house under stand the word"在右耳呈现，同时在左耳呈现"Knowledge of on a hill"。我们倾向于追随意义，而不是注意来自一只耳朵的信息，即使要求被试报告来自一只耳朵的信息。因此，被试报告听到了"There is a house on a hill"。而衰减模型通过引用阈限的概念强调初级分析的通道选择和信号衰减作用。

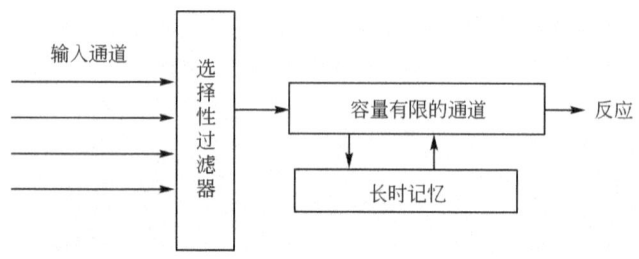

图 5-3　Broadbent 过滤器模型

通过耳麦给被试两耳同时放音，每只耳朵所接受的刺激信息是不一样的，如图 5-4 所示。通过实验考察被试反应信息与双耳接受信息的关系，从而了解被试注意的特点。

左耳：OB2TIVE
右耳：6JEC9

左耳：DEAR5JANE
右耳：3AUNT4

图 5-4　左、右耳接受的刺激

实验结果发现，被试在这样的实验中会根据材料的特点重现刺激信息，如 6、2、9，DEARAUNTJANE。对于这种实验结果，存在两种看法：①过滤器通道可以快速转移；②注意的工作机制不是单通道模型和以"全"或"无"的方式进行工作，过滤器模型不正确。

两个模型的共同点有（图 5-5）：①均认为通道容量和高级分析水平的容量有限，必须依靠过滤器的调节作用。②两个模型中的过滤器均在初级分析和高级分析之间。只能选择部分信息进入高级知觉分析水平，使之得到识别，注意选择都是知觉性质的。

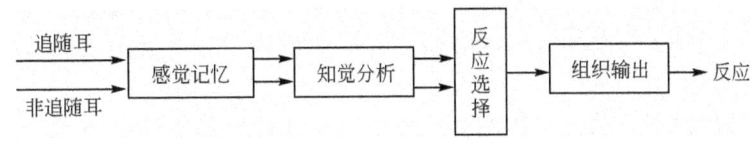

图 5-5　两种模型的共同点

三、注意的反应选择模型

Deutsch（1963）提出注意的反应选择模型，其实验基础依然是追随实验。反应选择模型认为，注意并不在于选择知觉刺激，而在于选择对刺激的反应。该理论认为，感觉器官感受到的所有刺激都会进入高级分析过程。中枢则根据一定的法则进行加工，对重要的信息才作出反应，而不重要的信息可能很快被新的内容冲掉。注意识别一切输入，但反应（输出）则根据重要性。注意不在于选择知觉刺激，而在于选择对刺激的反应。

三种模型的比较：

（1）对追随实验的假设各不相同。①过滤器模型。追随耳能听见靶子词并作出反应，而非追随耳听不见靶子词不能作出反应。②衰减模型。追随耳和非追随耳均可听见靶子词并作出反应，但追随耳一方的反应次数多于非追随耳一方。③反应选择模型。追随耳和非追随耳均可听见靶子词并作出反应，由于双耳都有同样的反应形式，双耳的反应次数将相近。

（2）过滤器的位置不同（图 5-6）。

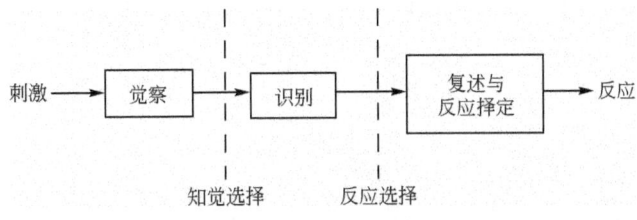

图 5-6　知觉选择模型与反应选择模型比较分析

第一，注意的知觉选择模型与注意的反应选择模型的根本不同在于两者都认为注意发生的位置不同。知觉选择模型认为注意发生在觉察阶段与识别阶段之间，反应选择模型则认为注意发生在识别阶段与复述阶段之间。

第二，两种对立理论的提出引起了很大争论，一直延续至今，并促进了相关实验的发展。

第三,目前,较多的心理学家倾向于注意的知觉选择模型,他们认为反应选择模型太不经济了,因为高级分析过程必须对所有刺激信息进行加工,再作出反应,如果这样,大脑加工的负担显然太重。

第四,已有实验似乎表明,注意的知觉选择模型能较好地说明集中性注意,而注意的反应选择模型更能说明分配性注意。

四、注意的资源分配理论(中枢能量及其分配)

Kahneman(1973)从心理资源分配的角度解释注意而提出的一种理论(图5-7),其基本内容是:该模型认为,注意是人能用于执行任务的数量有限的能量或资源。人在活动中可以得到的资源和唤醒是连接在一起的,其唤醒水平受情绪、药物、肌肉紧张等因素的影响,所产生的能量通过一个分配方案被分配到不同的可能活动之中,最后形成各种反应。

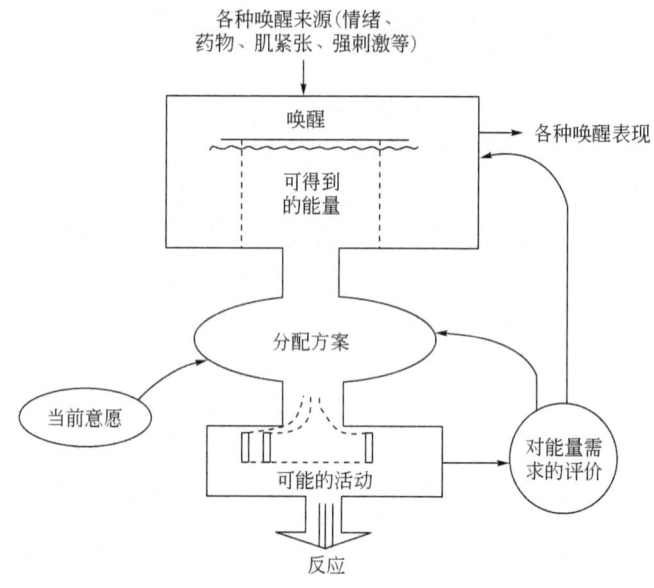

图 5-7　Kahneman 的能量分配模型

(1)唤醒所产生的能量除了受各种唤醒来源因素的影响外,还受主体对能量需要的评价以及当前意愿的影响。

(2)决定注意的关键是唤醒资源的分配方案。

(3)资源限制过程。主体作业受到所分配的资源的限制,一旦得到较多的资源，作业便能顺利地进行。

（4）材料限制过程。作业受任务的低劣质量或记忆信息的限制，即使分配到较多的资源也难以顺利完成。

Bashinski（1980）运用Poster（1980）的概率提示范式发现注意的空间提示影响早期知觉加工过程的质量，而Shaw（1984）、Maller（1987）、Downing（1988）、Hawkins（1990）及Luck等（1994）的研究都证实，在感觉水平上存在注意资源分配的现象，提示会增加在提示位置上的输入信号的激活觉察器的能量，增加权重、感觉得分、感觉强度、感觉信贷，从而影响知觉检测效率的盈亏。有研究证实，在知觉加工的初始阶段，具有不同视觉特性的客体特征之间的权重值是不同的，且这种"不同"的性质是早期知觉过程中刺激因素与注意加工资源分配之间相互作用的结果。

五、特征整合理论

特征整合理论是由Jreisman和Gelado在1980年提出来的。该理论认为，事物由客体和特征构成。一个客体通常可以由多个维量构成，特征便是这些维量的特定的值，而客体则是多维量特征的结合。在认知过程中，人对特征的加工是自动进行的，以平行加工的方式进行，而对客体的辨认则需要集中性注意的参与，以系列加工的方式进行特征从早期阶段的平行加工到后期的整合是通过空间注意模型实现的。该模型包括一个位置主地图和一套彼此独立的特征地图，位置主地图用于登记客体所在的位置，但不通达该位置所在的特征。

特征地图中主要包含两种信息：一是"标志旗"，用于标记某特征是否在视野中的某处；二是关于当前特征空间排列的一些内隐信息。每个特征地图内的觉察器与主地图中的单元相联系。为了把"什么"和"哪里"结合起来，注意窗口在位置主地图内移动，从特征地图中选择任何与当前注意位置相联系的特征，同时暂时把所有其他客体的特征排除在知觉水平之外。这样被注意的特征就成为当前激活的客体表征，它们之间的结构关系也得以分析，从而避免了结合错误。建立统一的客体表征之后，就可以与所储存的模板进行匹配并得以识别，相关的行为也随之完成。可见，视觉特征结合通过对空间位置的注意实现，对同一位置的注意能使该位置的视觉成分被结合起来。

该理论得到了错觉性结合、顶叶损伤和脑功能成像研究的支持。所谓错觉性结合是指被试在报告所呈现的特征时把呈现的特征错误地结合在一起。例如，如果呈现一个红色的 X 和蓝色的 O 时，被试有时会很自信地报告看到了红色的 O 或蓝色的 X。因为在短暂的快速呈现条件下，被试不能把注意指向客体特征的共同位置，因而不能把这些特征捆绑起来。Treisman 所进行的类似的实验可以用特征整合理论得到较好的解释。捆绑的特征整合论也得到了猴脑单细胞记录、PET 和透颅骨磁刺激仪（TMS）研究的支持。

随着研究的深入，人们意识到传统的特征整合论还存在以下不足：①传统的特征结合都通过有意识的报告测量，没有采用无意识的内隐指标；②根据即时报告的结果考察，没根据记忆报告的结果进行考察；③所涉及的信息只是刺激的特征和位置，没有涉及行为和知觉事件之间的结合。

第二节 注意的加工过程

在认知心理学中，将注意看做是一种信息加工过程是非常自然的事情。现在研究发现，注意的加工过程可以分为两种：①控制性加工。控制性加工是一种需要注意的加工，受人有意识的控制。其容量有限，可灵活地用于变化着的环境。②自动加工。自动加工是一种不受人所控制的加工，无须应用注意，没有容量限制，一旦形成难以改变。

这两个概念在实际运用中运用得甚广。有人从自动化加工和控制性加工这两个视角研究了名人效应的心理加工机制。实验运用加工分离程序，探讨了不同年龄阶段的受众对名人广告的信息加工模式。结果发现：①名人效应是一个普遍存在的现象，与用一般消费者做代言人相比，青少年、成年人（大学生）以及老年人对名人广告均明显存在更多的自动化加工，且加工水平没有年龄差异。但是，老年人的控制性加工明显低于其他两组。②在非注意条件下，代言人的专业化程度明显地影响了大学生组的控制性加工，但与各组被试的自动化加工关系都不大。

第三节 注意的类型

注意是一个容量有限的加工系统，大多数关于注意的研究集中在空间注意的研究上，从时间维度上来研究注意的相对较少。1987 年 Broadbent 首次发现了被试对单词流中前一个目标词的准确辨认使得他们很难辨认出在该词后约 500 毫秒内呈现的另一个单词，这表明注意加工在时间维度上的有限性，这种现象被称为注意瞬脱。

Duncan 则将注意区分为基于空间的注意和基于客体的注意（space-based & object-based approach）。前者假设在同一时刻能注意到的空间区域大小是有限的，后者则假设在同一时刻能分配到注意资源的客体数目是有限的。一个问题便由此提出：基于空间和基于客体的注意是仅仅为概念上的区分，还是反映了两种本质不同的注意？

又有人将注意分为集中性注意和选择性注意。在认知心理学和神经生物学中，选择性注意是很热门的研究领域。随着主动视觉的兴起，选择性注意在计算机视觉中所起的作用逐渐被人们所重视。很多心理学实验证明选择性注意的基本单元是"物体"，而目前文献中出现的选择性注意的计算模型大多都是基于"空间"的。有人建立一种有效的从底到顶的基于感知物体的选择性注意模型，这不仅更符合心理学研究的结果，而且更有利于视觉的后期处理。

从产生通道来看，选择性注意可以被分为视觉选择性注意和听觉选择性注意，这里我们主要介绍视觉选择性注意。视觉系统在特定时刻的输入信息远远多于它所能加工的，因而必须对输入信息进行筛选，这就是视觉选择性注意的作用。

一、视觉选择性注意

视觉注意有三个成分：①把视觉注意施加到一个目标上；②把注意从一个目标上解除；③把注意转移到新的目标上。对于视觉选择性注意，研究者进行过大量的研究。Stroop 效应是一种广泛使用的视觉选择任务。该效应是指，当词的印刷颜色与词的意义相冲突，而任务是命名印刷颜色时，被试的反应要慢。Stroop（1935）最早证明了这种效应。他发现，人们命名 100 个冲突词的墨水颜色，平均要花 110 秒的时间；相比之下，命名 100 个实心彩色正方形的墨水颜色，平均只需 63 秒，二者之间 47 秒的差异代表 Stroop 干扰量或 Stroop 效应量。同年轻人相比，老年人有较大的 Stroop 干扰效应。Stroop 干扰量已经被用做估计抑制系统效能的一种指标，干扰量越大，抑制效能越低。

（一）基于空间的选择性注意（location-based selective attention）

传统的注意理论认为注意选择的是空间区域，空间位置在选择信息上具有特殊作用，空间注意模型在过去几十年里主导了注意的研究，"探照灯"模型假设认为，如果把注意限制在一定的视野区域里，那么该区域里的信息会被优先加工或激活。许多研究试图确定探照灯的特性，如大小、形状、边界、转移速度等。后来的研究对探照灯模型进行了修正，提出了一些新的模型，如放大镜（zoom lens）模型、渐变理论（gradient theory）。放大镜模型认为注意的空间区域大小是可变的，并且加工效率随着区域增大而减小。渐变理论认为注意集中于某个中心位置，分配在中心位置周围的注意资源随着距离中心变远而逐渐减少。尽管这些模型在某些方面会有不同，但它们都有一个共同的假设：注意的选择最终是以空间位置为基础的。实验中主要是以空间提示线索的改变来实现。

（二）基于客体的选择性注意（object-based selective attention）

许多研究发现客体能够限制注意对刺激的空间分配，因此，注意选择的是相互竞争的客体表征，注意选择是基于客体的而不是传统上认为的连续空间区域。分散注意范式和空间线索范式的实验结果支持这种观点。

Duncan 发现两个作业涉及同一个客体时成绩要好于涉及两个客体，Duncan 将这个结果称为"同客体效应"（same-object effect），作为基于客体选择的证据，因为叠加的客体位于相同的空间区域，所以基于空间选择的理论难以解释这个结果。Lavie 和 Driver 表明当两个靶子元素呈现在同一个客体上时，比在不同客体上识别得更快更准确，即使在两个靶子位于不同客体时空间距离比位于同一个客体小时，也得到了同样的结果。许多结果表明当注意引导向客体局部时，注意会扩展到整个客体，体现出同客体优势。

（三）客体选择性注意和空间的关系

一些研究者对前述基于客体的解释提出了异议，认为基于空间的理论实际上也是可以解释这些结果的，并提出了空间特殊性假设和客体纯粹性假设。客体注意的本质是空间注意的一种特殊表现形式，一种客体导向的空间注意，注意选择客体是通过空间位置选择的，即空间位置在注意选择中是一种起普遍作用的特殊因素，这是空间特殊性假设。另一些研究则认为客体注意是独立于客体所占有的位置，注意选择一个客体是基于其他特征而不是空间位置，它与空间选择是两种本质不同的选择性注意，即空间位置并不是一种特殊因素，只在空间注意中起作用，客体注意独立于空间位置，这是客体纯粹性假设。

1. 空间调节的客体注意（空间特殊性假设）

这种观点认为所谓的客体选择性注意实质上是一种特殊的空间注意。

Kim 和 Cave 的视觉搜索实验中，探测刺激出现在前期靶子位置或具有靶子某个特征的干扰项位置上时反应会得到促进，探测刺激出现在无靶子特征的干扰项位置上时反应会更慢。这说明空间注意是由靶子特征驱动的，即使在非常简单的特征搜索中也有空间注意，这个实验结果被解释为"特征驱动的位置选择"：注意分配到具有靶子特征的空间位置上。因此，"客体导向的位置选择"的观点赋予了空间以独特性。Barrett 等也发现，指向客体的内源注意会受到空间信息的影响。近年来有研究发现，注意的客体效应受到集中和分散注意的影响，客体效应通常是在分散注意主导的条件下产生的，在集中注意主导的条件下则效应减弱，显示出客体效应受到空间注意的调节。

2. 纯粹的客体注意

有研究认为客体选择性注意是独立于空间位置的，即在适当的条件下注意可以选择纯粹的客体表征而不受空间位置的影响。Vecera 和 Farah 采用 Duncan 的实验范式研究发现，报告属于不同客体的两种特征的反应与两个客体的相对位置无关，例如，与它们是否位于相同位置或相互分离无关。而且，在特征报告任务中，注意在两个重叠客体之间的转移不受客体的空间分离影响。这些发现表明基于客体的选择可能独立于基于空间的选择而起作用。Law 和 Abrams 在类似的空间线索范式里也发现，这种客体效应不受指向刺激局部的内源性或外源性的空间线索注意的影响。

二、结语

总体上，研究表明选择有时是基于空间的，有时是基于客体的。最近有研究考察了空间注意和客体注意的相互影响，发现客体注意会影响空间注意，也有研究发现空间注意会影响客体注意。Kim 和 Cave 在论证客体选择的本质时，提出了一种可能，在视觉加工中，似乎存在着两种不同的选择机制，它们在不同的加工水平上共同起作用：一种选择空间位置表征，另一种选择空间不变的客体表征，它们互相作用，共同决定了视觉加工中注意的效应。而 Vecera 从神经心理学的角度提出了客体和空间分离的通道信息模型，认为存在两种不同的选择通道，并且两种选择所需的通道信息也不同，这进一步支持了客体和空间选择的不同机制。因此，任务相关性看来并不决定哪一种选择机制会被应用。因为不管靶子出现在线索化位置还是非线索位置，不管靶子出现在线索化客体上还是非线索客体上，空间效应和客体效应都可能出现。

第四节　注意和知觉现象的结合研究——行为范式中的特征捆绑机制

认知心理学中，对注意的研究开始结合知觉活动来进行了。在行为范式中，捆绑机制有特征整合理论、捆绑的形式模型和捆绑的双阶段理论三种理论模型。前面我们介绍了特征整合理论，下面我们将介绍另外两种理论。

其实，特征捆绑在一定程度上是与个人的注意分配联系在一起的，当一个人的注意分配能力强时，他的捆绑结果正确率就会高。可见传统的特征整合论仍在不断修正和深化，以便于解释更高级、更复杂心理过程中的信息捆绑问题。

（一）特征捆绑的形式模型

Ashby、Prinzmetal 和 Ivry 等提出特征捆绑的形式模型。提出原因如下：①错觉性结合研究是特征整合论最重要的认知行为证据来源。但是越来越多的研究发现，Treisman 等对错觉性结合实验的数据分析存在问题，其研究中很多联结反应的错误实际上是由于猜测造成的而不是由于错误的特征捆绑造成的。②在解释相近的项目比相距较远的项目更容易产生错觉性结合这一事实上，特征整合论存在困难。

该理论认为，之所以发生错觉性结合是因为个体对视觉特征的知觉产生了位置错误。也就是说，特征捆绑错误是由于对特征位置知觉的错误造成的。该模型采用多项式模型来排除其中猜测效果的影响，用数学参数（正确特征捆绑的概率以及特征正确识别的概率）精确地估计了真实错觉性结合发生的概率。

（二）捆绑的双阶段理论

针对传统的特征整合论和形式模型只考虑注意阶段捆绑，而忽视前注意阶段捆绑的不足，Humphreys、Cinel 和 Wolfe 等提出了捆绑的双阶段理论。

该理论认为，特征捆绑分为前注意捆绑和注意捆绑两个阶段。在第一阶段，客体的组成部分（即整体特征）先得到捆绑，从而使客体有一个整体形象。如在视知觉中，当我们看到一个香蕉时，先把它的形状等整体特征捆绑成一个客体轮廓。该阶段的捆绑是前注意的，可能在腹侧视觉系统内发生，包含根据刺激属性对整体成分的自下而上的组织过程，同时也包括根据已储存的有关客体的表征进行自上而下的激活。在第二阶段，对客体的细节特征进行捆绑，再结合第一阶段的捆绑，便形成客体的具体完整的形象。如在视知觉中，把客体香蕉的整体形状与它的颜色（黄色或是青色等）等表面特征的捆绑就属于此阶段的捆绑。该阶段的捆绑需要注意的参与，顶叶起关键作用。

Humphreys 等以双侧顶叶损伤病人 GK 为被试，经系列实验发现，客体的形状各成分之间的错觉性结合，跟形状与颜色等表面特征之间的错觉性结合有不同的特点。前者受到刺激属性的组合方式（如相互嵌套、形状相似性等）的影响，表现出促进性的刺激组合效应；而后者不受刺激组合方式的影响，即无刺激组合效应。该结果说明，两种形式的特征结合（或捆绑的机制）是不同的。由于特征组合方式对错觉性结合的影响是前注意性的，因此，形状各成分之间的捆绑应该是前注意捆绑。而 GK 与正常被试的对比表明，GK 在形状与颜色之间的错觉性结合率明显高于正常被试。这说明注意在该阶段起重要作用。Humphreys 等还发现，当刺激呈现于大脑的同侧半球时，刺激组合效应大于呈现于两侧半球时的情况；而形状与颜色的错觉性结合率却不受刺激呈现于大脑同侧还是两侧的影响。该结果表明，在出现刺激组合效应的加工阶段，神经细胞对刺激所进入的那个半球具有较高的敏感性；而在形状与颜色的捆绑阶段，神经细胞可对双侧输入的信息进行反应。由此可推论，形状各成分之间的捆绑发生于较早的阶段，而形状与颜色等表面特征的捆绑发生于较晚的阶段。上述结果用特征整合论很难解释，而用捆绑的双阶段理论却能得到合理的解释。该理论对捆绑的机制作出了更细致的区分，并融合了两种不同层次的捆绑现象，对建立系统的捆绑理论具有重要意义。

第六章 数字和音乐的认知

当听到伟大的数学天才、音乐天才或大师的名字时，我们会为之倾倒和沉迷，因为他们所取得的巨大成就促使人类历史和社会的发展产生急剧飞跃，这些都在我们的心目中留下了深刻的印象，深深地震撼了我们。对于心理学家来说，这些天才的成长经历、性格、兴趣甚至大脑结构和功能都是非常值得研究的，觉得那里面必定有许多鲜为人知的秘密。2001年3月，科学家发现数学天才使用的脑部位与常人不同，甚至在脑结构上也有很大差异。如加拿大的维特森（Sandra Witelson）发现，爱因斯坦大脑的顶叶下端形态不同寻常，比常人大15%左右。早在爱因斯坦还在世的1951年，美国波士顿的麻州综合医院的医生们就做试验，要看看这位天才的脑子到底与常人有什么不同。鉴于当时实验设备所限，爱因斯坦只能接受当时最先进的EEG测试。结果发现，当他思考科学问题的时候，仪器指针就开始剧烈地上下震荡。研究人员正在欣赏这位天才大脑的活动情形时，指针突然停了下来。原来，爱因斯坦开小差了，他当时在想是不是把雨伞忘在家里了。

音乐是社会文化的重要组成部分。考古发现43 000年以前人类就能演奏骨笛，而现代人用于音乐的消费超过了其他方面。我们可以发现，各种音乐形式都具备基本的共同点，婴儿也具备了与成人相当的感受音乐的模式和能力，即使普通人也具有自动处理某些音乐成分的能力，这些都提示欣赏音乐可能是人类长期演化形成的行为。通过研究音乐认识大脑音乐功能的神经结构，有助于对其他问题的理解：①音乐是一种复杂的声音刺激，对音乐的处理可能需要动员听皮层的各种功能组分，这有助于对听皮层功能结构的认识；②人脑对音乐的处理涉及认知、记忆、情绪等各方面，故音乐的脑功能也是理解脑高级功能的窗口；③后天音乐训练对音乐家的大脑在结构和功能上的塑造为研究神经可塑性提供了独特模型；④基因和环境因素对音乐家成长的影响是研究基因和环境影响特殊认知能力形成过程的范例；⑤音乐的表现与运动有关，可以通过音乐演奏家来研究人类复杂运动序列的组织和学习机制；⑥音乐训练也可以影响其他认知功能，例如，可以提高词语记忆。对音乐影响记忆和学习能力的神经基础的深入探讨有助于人类认识和开发脑的潜力。可见，音乐研究对人类认识自己的大脑具有重大意义。

第一节 数字认知加工

一、数字加工效应

数字认知加工在人们日常生活和从事科学实践活动中是不可缺少的，也是人类智力活动的重要表现。但是，数字在人脑中的表征特点一直是人们关心而又不清楚的问题。而且，数字认知加工过程会受到哪些因素的影响，其半球加工机制又是什么？对于这些问题的研究具有极其重要的理论和现实意义。

具体的数字认知加工任务有许多种，如数字运算和数字比较等。已有研究发现，数字比较任务中，反应时随着数字距离的增加而减少，这种现象被称为数字距离效应。这种效应表明，一定程度上人们自动地将数字的符号形式转化为基于语义的数量类比表征。因此，对数字比较任务的研究必然牵涉到数字表征和加工的理论，相关理论有许多，如语言模型、压缩数字基线模型、基于十位原则的抽象内在表征模型等。其中，Dehaene 所提出的数字加工及功能结构的三码模型是目前最有影响的一个模型。

有研究表明，人类对数字的表征和加工是在一条从左侧（半球）至右侧（半球）的数字基线上完成的，这就是心理数字线。基于脑成像研究，人们发现后上顶叶皮层与数字加工有密切关系，在数字比较、数字估计等任务中都有相应激活，而该区域一直以来被认为是空间注意激活的主要区域。因此，有人提出数字表征需要空间注意的参与，Fisher 等和刘超等的研究结论都支持这个观点。但到目前为止，直接的证据为数不多。

二、数字加工的认知模型及数字与脑

1. McCloskey 的抽象编码模型及其修正模型

McCloskey 的抽象编码模型（abstract-code model）由 McCloskey 等在 20 世纪 90 年代初提出。该模型基于数字加工、计算和中心语义系统。数字加工的成分指理解和输出阿拉伯数字形式和单词形式的认知机制。计算系统的成分包括算术运算符号的理解、算术知识的提取和算术运算程序的执行。每一步数字和算术加工都必须激活中心语义系统表征，这个系统可以表征出数字数量。该模型的关键是通过一个单一形式的语义编码来加工数量，实现三个系统的联系。

Cipolotti 与 Butterworth 提出 McCloskey 模型的修正版本，将非语义的代码转换加工合并到原始模型中去，主要的修正是增加了参与数字加工但不参与数字语义表征的三个非语义路径。

2. Dehaene 与 Cohen 的三码模型

三码模型（triple-code model）由 Dehaene 与 Cohen 于 1995 年提出。该模型认为，数字加工基于三种编码，即听觉口语编码、视觉数字形式和近似的数量表征的模块化数字系统。第一种编码专门负责口语的输入和输出、计数以及记忆中的加法和乘法知识的提取。加法和乘法问题是储存在记忆中的口语信息，而视觉的阿拉伯数字形式则参与了阿拉伯数字的操作，近似的数量表征描述了一个数字的量，并在比较和求近似值时起到作用。此模型的修正版本提出了有关在左半球和右半球的数字加工的功能和解剖结构的明确论断，认为数字的视觉形式对应于两半球的枕颞区中部的联结式激活，近似数量表征是由两半球的顶枕颞联合区所加工的。

三码模型基于以下三点基本假设：①数字信息以三种形式进行加工。一是近似于数量的表征，此时数字以数字线上的激活分布来代表；二是口语方式，数字以单词串来表达（如 thirty-seven）；三是视觉的阿拉伯数字形式的表征，数字以一串数字来表达（如 37）。②信息可以直接由一种形式的编码转换成另一种形式，如可以将一个阿拉伯数字转换成相对应的数字单词（如从 3 到 three），而不需要经过数量 3 的语义表达阶段。正是该假设使三码模型不同于其他的数字加工模块性模型，而更符合词语加工的多路径模型。③假设每一个数字加工任务都基于一套固定的输入和输出编码。例如，假设数字比较是依靠数字在数字线上的数量编码来进行的，乘法表是储存在记忆中的由单词串表达的数字之间的语言联系；减法主要依靠数量表达储存到记忆中去，而不是依靠机械语言学习。多位数运算则使用视觉的阿拉伯数字编码和空间展开的数字排列表达来进行。

三码模型包括三个功能解剖回路，即：两半球的下枕颞区，负责视觉识别加工；左半球外侧裂区，负责数的语言表征；两半球顶下区负责类比的数量表征，能对数字进行比较、估计和近似运算。此处被认为是最关键的数加工部位，属于前语言的数加工系统，因为动物和婴儿已具有这种能力。虽然已有研究多数都支持该理论,但因其多以对病人的分析为依据,所以尚不能说明正常人加工数字的脑功能基础。而且,左右半球上的同质组织存在差异性,如右半球是负责连续数量的表征。有研究也提示,右半球受损时数字大小比较更易受到影响。与此相反,也有研究提示,左右半球上的数量表征有非常相似的特征。国内较早的一个研究发现,单个阿拉伯数字未表现出单侧视野优势。Ratinckx 等(2001)研究发现,阿拉伯数字加工存在左视野优势,数词加工为右视野优势,因此不支持数量表征的单侧化。有关数量表征的半球机制研究为数极少,且结果存在不一致。

Gerstmann 报道了同时发生失写症、计算不能、手指失认症以及左右侧认识不能的顶叶损害病例,这种四联体的损害称为古茨曼综合征(Gerstmann's syndrome,脑顶枕叶症候群)。引起古茨曼综合征计算不能的损害一般位于顶内沟中心,即紧邻角回的背后(BA 39)。损害有时会十分的严重。病人可能连诸如 $2+2$、$3-1$ 或是 3×9 这样的简单运算都不会计算。一些特征表明这种缺陷是发生在一个相当抽象的加工水平。首先,病人可能完全能够理解并说出各种形式的数字。其次,无论是以听觉还是以视觉呈现,也不论口头回答还是书面回答,甚至仅仅只是判断一下所给出的结果是否正确,他们都表现出了同样的计算障碍。因此,计算并不能归因于病人不能识别数字或是说出运算结果。在胼胝体损伤的病人中,数字比较任务在两侧半球都是可以完成的。如果存在着双侧性的数量表达,为什么古茨曼综合征的病人只有一侧下顶叶区的损伤就足以损害其数量操作呢?损伤实验的数据表明,尽管右半球包含着数量的表达(右侧下顶叶皮质在计算过程中被强烈地激活),但对于具有正常优势半球的被试,单独左侧损伤就能引起古茨曼综合征的计算不能症状。

三码模型可以解释这一表面上矛盾的结果。依据模型,只有左半球具有语言编码及其所依靠的计算能力。对于一侧左下顶叶区损伤的病例,其右半球顶叶区的数量表达系统是完整的,但其与左半球的语言系统的联系从功能上被切断了。因此,这样的病人虽然大部分保留了比较数字以及从事纯粹数量操作的能力,但不能够运用这种数量知识来指导数学常识的提取和数字输出,因此他们在简单算术运算方面有令人惊异的损害。这个模型也可以解释为什么右半球胼胝体损伤的病人不能大声地读数字或是用它们来进行计算。但最终解释计算不能病例中左半球的特殊作用还需要更为深入的研究。

3. 心算加工的认知神经科学研究

近几年（1999~2005年）有关心算加工的脑活动机制研究发现，类似九九乘法表这样的算术知识提取（如 3×5）主要与左脑顶内沟有关，但当心算变得更复杂时（如 26×38），左脑额叶下部出现明显激活，这表明心算与语言和工作记忆关系密切。另外，也存在不依赖于语言的即表现为视觉表象活动的心算，右脑的一些脑区在其中起了作用。简言之，所有与心算有关的脑区都涉及大脑前额皮层和颞顶枕联合皮层的综合作用，并总体表现为左脑优势，但对于具有特殊心算能力的人来说，其心算还与右脑前额叶和颞叶内侧脑区的活动有关。

三、数学能力

何谓数学能力，许多研究者有其各自的看法。如有人认为，数学能力是具有一定结构的，包括数学观察、运算能力和空间想象能力、记忆能力及思维能力。20世纪50年代，克鲁捷茨基在其著作《中小学生数学能力心理学》中指出，数学能力结构是：①把数学材料形式化；②概括数学材料，发现共同点；③运用数学符号进行运算；④连贯而有节奏地逻辑推理；⑤缩短推理结构，进行简洁推理；⑥逆向思维能力；⑦思维的灵活性；⑧数学记忆；⑨空间概念。而有人认为，数学能力是具有不同水平的。刘忠东认为数学能力可以区分为两种水平：学习数学的能力和创造数学的能力；也有研究者认为数学能力是可以测试和培养的。德国海德堡大学制定的《小学生数学基本能力测试量表》从数学基本运算能力和视觉空间能力两个方面，对被试儿童的数学智力结构进行了全面细致的了解和分析，以便于评定儿童数学能力某一领域的水平，尽早发现数学计算障碍儿童，并针对问题进行个体化指导和培养。该量表可作为测查小学生数学基本能力的有效工具。李丽和吴汉荣（2004）在《德国海德堡大学小学生数学基本能力测试量表》的基础上制定了《中国小学生数学基本能力测试量表》。测试任务有抄写数字、加减乘除法、续写数字、填空、比较大小、目测长度、图形计数、方块计数、数字连接。

四、数字和语言的关系

数量认知是心理学研究人类数学能力的焦点与核心部分之一。人的数量能力的最初来源是什么？存在两种相反的观点：①由语言决定。乔姆斯基（Chomsky）认为，人类的数学思维本质上是从人类语言中抽象来的；沃夫（Whorf）还提出了思维强势假设。②独立于语言的专门能力。Gelman和 Gallistal 等提出，人类对数的认识是与语言相互独立的。近年来在传统认知心理学研究的基础上，心理学家从跨文化比较、神经心理学个案、动物心理学、脑成像等方面积累了大量的新发现，产生了新认识。到目前为止的许多研究发现，人具有与其他动物共享的生物学意义的初始数量能力，在这个基础上通过使用符号化语言，人类发展出独特的高于其他物种的数量能力。

大量的婴儿、脑损伤病人及动物的数量能力研究提供证据，认为人与其他动物共享一些基本的非词语的数量能力，即不仅能区分物体的物理属性，如大小、长度、时间、颜色、移动、声音，还能按物体的某种属性作个体分离，对个体的多少作出反应。这种最基本的数量能力具有进化来的生物学特征，是物种生存所需要的。比如，狮子通过吼声判断来犯性质和内容由语言决定的狮群的多寡，敌众我寡，采取躲避行动；敌寡我众，便采取反击行动。Geary 称这种非词语数量能力为生物学意义的初始数学能力（biologically primary mathematical abilities）。它反映的是认知系统具有的内隐属性。这一认识成为数量能力研究的新基点。Feigenson 和 Dehaene 等以最近几年的一批研究发现为依据，提出生物初始数学能力包含两个数量表征的核心系统——大数量的近似表征系统和小数量的精确表征系统，即双系统假设。第一个数量表征核心系统是大数量的近似表征，在无须语言参与的条件下，它对较大数量的集合加以区分和近似比较大小。第二个核心系统是小数量个数的精确表征，它在小数量范围内（3 及 3 以内）逐个区分个体并对个数作出反应，也无须涉及语言。

Geary 认为，人类通过语言和文化可以整合多种生物初始数学能力，进一步发展出生物次级数学能力（biologically secondary mathematical abilities）。生物次级数学能力是社会文化对内隐的初始数学能力的意识和对这种内隐能力的外显形式化。它通常表达为数学概念和计算方法等数学知识，需要传授学习才能获得，因而不是每个社会文化都能发展出相同的数学，所以，生物次级数学能力与语言和文化有关。较大数量的精确辨认和计算能力是可以脱离语言而存在的。有许多熟悉的算术运算过程和结果是以语言形式表达的，比如，乘法九九表储存在头脑里，形成算术知识的词语记忆。近年来的研究表明，由于要提取记忆中的算术事实，因此算术运算会不同程度地以语言形式进行操作。语言在儿童算术能力发展过程中起显著作用。

脑神经证据也说明语言与数量认知是密切关联的。

人类社群的数学语言和数学思维的发展是互为因果的。Geary 认为不是每个文化都会发展出相同的数学语言和相同的数学思维。中国商殷时代（公元前 1400 年）就独立发展出十进制和位值制，用类似现今阿拉伯数字的记法来表示数，有记录千、万的数字。然而世界上一些与世隔绝的原始部落至今仍用身体的部位来表示数，停留在前语言的具体数量阶段。虽然现代社会由于频繁的交往而使得数量的概念和知识能够被全世界共享，但是，许多痕迹仍然可以说明数量能力具有文化和语言的独特性。习俗时间的语言表示和心理表征各国都不一样。中文无论阴历还是阳历都以数字来排序，即使对外来的星期记法，也用数字排列（星期天除外）。这或许反映了中国文化对数字的敏锐和偏爱。英文与中文不同，它用罗马诸神和罗马大帝的名字来命名十二个月，用星体的名字命名一周七日。这种文化和语言的不同带来了习俗时间表征的不同（中国人头脑中的习俗时间表征是基数数列，而英美人是名称排列），而这也造成了两者计算习俗时间的方法不同。数量能力的语言文化独特性说明了人类的数量能力是在文明的创造与发展中积累起来的，因此，个体的生物次级数学能力与语言的运用和发展息息相关。

数字加工反映我们运用符号化的数概念进行量的运算。数字符号化系统就是一种语言。问题是如何将非词语的数量能力与语言使用联系起来，将各个方面协调为一个整体的模型。近年来出现的较受关注的数字加工模型有三个，其中两个模型（McCloskey 等的抽象编码模型，Dehaene 和 Cohen 的三码模型）在前面已经介绍过了，第三个模型是复合编码模型（encoding-complex model）。该模型是 Campbell 提出，并吸取三码模型的一些要素。她认为实际的数字加工过程会激起一个联系丰富的网络，各种编码相互作用，包括相互干扰（如 $9 \times 6 = 36$）。该模型根据算术和词语表示之间的密切关系，采纳以语言形式存储算术事实的观点。该模型包含视觉编码、数量编码、词语编码转换，其中心是数量编码。复合编码模型比三联编码模型更强调各种算术知识和技能的相互影响，强调词语的记忆编码和语言对算术事实的提取作用。

可以看到，已有研究存在一个隐含的争论：生物的初始数学能力除了包含两个已知的数量系统——近似表征系统和精确表征系统外，是否还存在其他不依赖语言的理解数量的系统？这些未知系统如何帮助获得大于 3 的精确自然数概念？在前语言条件下，还有哪些认知机制支持数量的理解？这些都有待进一步的研究。

第二节 音乐能力

一、音乐能力的定义

Gordon 认为音乐能力包含性向和成就。性向是个体先天存在的能力，成就是经过学习和训练后所获得的知识及能力。狭义上，音乐能力是指人在音乐活动中所表现出来的有关音乐艺术的才智和能力，如音乐听觉的灵敏性、音乐记忆的敏捷性、对节奏和旋律反应的准确、灵活性等。而从最一般的意义来说，音乐能力是指人们在从事演唱演奏、音乐欣赏、创作等音乐实践活动中所表现出来的本领以及音乐感、节奏感和听觉表象等个性心理特征，是各种能力的综合。这意味着，对音乐能力的认识还要从这个人所具有的职业或其他特征出发，如幼师生的音乐能力包含演唱能力、弹奏能力、自弹自唱能力、幼儿歌曲编唱能力、幼儿节目编排能力、音乐审美能力等。而音乐家的则不同。

音乐才能强调音感认识、音程的能力、对音质、音色的感觉、喜爱音乐的程度、音乐记忆、创造力或一般智力程度。可以看出，音乐才能更突出创造性，这是音乐才能和音乐能力之间的主要差别。

儿童音乐才能的发生规律，历来是音乐教育家研究和探索的一个重要课题，很多成果已得到公认。如日本著名音乐教育家铃木镇一经长期研究、试验，总结出儿童音乐才能的发育规律：婴儿降生后对音响就能产生反应；在 5 个月左右就能开始对音乐的音响表现出某种程度的反应和记忆力；大约在 7 个月就可能会模仿简单的节奏；9 个月时会辨别不同的旋律；16 个月可以学唱部分旋律；2 岁时就会学唱较完整的旋律。又如松尔曼对儿童出世后的行为和心理发育情况进行研究，将儿童音乐才能细分为如下几个发育期：1 岁时，对声音刺激极为敏感，即使是噪声；2~3 岁时，开始模仿旋律唱自己喜欢的歌曲；4 岁时就会哼出自创的旋律；5~6 岁时，对乐器产生兴趣，对音乐逐渐出现定向注意力。

二、音乐能力测验

如果音乐能力包括音乐基本感觉辨别力、音乐关系理解能力、音乐鉴赏能力和音乐的演奏或运动能力等四个方面，那么大多音乐能力测验都是依据此而编制的。常用的量表有《西肖尔音乐才能测验》等。《西肖尔音乐才能测验》从5个方面25种特殊能力出发来测量与辨别具有音乐才能的儿童，这5个方面为音乐的感觉和知觉、音乐的动作、音乐的记忆与想象能力、音乐的智力和音乐的情感等。该测验的项目都录在唱片里，每种能力都用一组难度由浅到深的题目去测量，以便更准确地分辨被试的音乐才能。另有人认为音乐能力包含性向和成就，Colwell认为音乐性向测验是对人的潜能及天资方面进行测试，提供学习过程中的训练方向以便将学习能力发挥出来。成就测验是对或长或短时间的学习成果的评量。

音乐到底能否激起情感体验、视觉景象及哲理性、戏剧性等非听觉性的对象？即听觉的感受何以能够使人产生非听觉性体验？音乐音响的两个根本属性——非语义性与非视觉性是导致这些争论的核心原因。有研究以联觉关系为突破口，证明了与音乐听觉相关的六种联觉（即与音高、音强、时间、时间变化率、紧张度、新异性体验相关的联觉）对应关系规律。并以联觉对应关系规律为基础，分析了联想活动介入对音乐表现的影响及"感情性对象"、"视觉性对象"及"哲理性、戏剧性对象"在音乐中的表现，也指出了"情"在其中的作用。

第三节　音乐：神奇的力量

可能很容易猜测到，音乐与数学、语言之间存在密切的联系。实际上，已经有许多研究证实了音乐与数学之间的密切关系，但在音乐与语言方面的研究还不算很多，甚至有些观点还很不一致。

一、音乐的功效

1993年，加利福尼亚欧文分校的戈登·肖教授的研究发现，大学生在听完莫扎特的《双钢琴奏鸣曲》后马上作空间推理测验，他们的空间推理能力发生了明显的提高，这种现象被称为"莫扎特效应"。这使人们意识到在脑潜力开发中欣赏音乐等传统上的"休闲"活动可能具有一定的价值。

科学家发现，当人们听到欧洲18世纪的巴洛克音乐时，心跳、脑电波、脉搏等会逐渐与音乐的节奏同步，从而变得缓慢和协调，血压也会相应下降。这时，整个人会有一种轻松舒畅的感受。同时，实验证据也表明，如果经常聆听巴洛克音乐，还对人的身心健康有很大帮助，特别是对一些非心因性疾病，如高血压、心脏病、失眠、糖尿病等，有非常好的预防和缓解作用。

戈登教授又对小学生进行了类似的实验。让一组小学生在进行钢琴训练后，玩一个有关比例和分数的数学电子游戏；另一组小学生则在英语训练后再玩游戏。结果发现，进行钢琴训练后的小学生的游戏成绩比进行英语训练的高出15%。现在，研究者们发现，音乐不仅对小学生分数、百分比运算能力、空间－时间推理能力有一定的促进作用，而且对阅读理解、言语记忆等心理能力也有重要的影响。

一些科学家认为，音乐欣赏包含了空间知觉和空间推理能力，这是数学能力的重要组成部分。音乐欣赏能够强化人脑中潜在的神经结构，从而提高相应的数学能力——就像肌肉训练能够强化人的运动能力一样。另一些科学家认为，音乐可能更多地和我们的右脑活动相关，如果有意识地加强音乐训练，就能够相应地促进右脑的活动，从而提高工作效率。

医生们常发现，患有帕金森氏综合征的患者行动和反应都很缓慢，但是在听音乐，甚至在脑中想着音乐时，可能会奇迹般地恢复一些功能，而音乐一停止又会变得寸步难行。这表明，对失去了意愿和行动之间联系的病人而言，音乐可能使中断的"链条"重新连接起来。

二、音乐和情感

音乐是情感的语言，对大部分人而言，分辨音乐的情绪成分是很自然的事，不必刻意去做。2001年，加拿大科学家发现人脑上存在专门解读人声音的部位，这种辨认能力能将人声音所包含的复杂情感解析出来。成人可以在1/4秒的时间内分辨出情绪，婴儿与成人一样具有分辨愉快、悲伤、愤怒、恐惧音乐的能力。

失乐症病人提示了音乐情绪成分有特殊的脑区。Peretz报道了一个特殊的失乐症病例，她的脑损伤涉及右侧的绝大部分颞上回（包括全部的Heschl回和颞平面的前部）和左侧的颞上回近颞极的最前和上侧（保留了完整的Heschl回和颞平面）以及部分额叶（包括大部分前中央额回、下额回以及小部分的外侧眶额回和中额回）。她能分辨音乐片段的情绪级别，但是不能在许多含有不协音的片段中找出经典曲目中的正常音乐片段。神经心理学检查显示，她失去了音乐认知能力但还保存着对音乐情绪成分的感知能力。该病例提示对音乐情绪成分的感知可能存在特殊神经回路。EEG和双耳分听实验提示了音乐情绪成分的右侧优势。产生愉快情绪的音乐显示了左侧额叶的激活，而恐惧和悲伤的音乐显示右侧额叶的激活。在判断音乐正负情绪成分的任务中，左耳（右半球）起主导作用。PET 实验发现，当被试对不和谐音作情绪判断时，激活区主要在右侧，而且发现了激活程度与情绪强度相关的部位，这些部位包括海马旁回和额叶区。同样的研究者在另一个 PET 实验中选择能引起被试产生愉快的战栗反应的音乐作为刺激，发现了包括腹侧纹状体、中脑、杏仁核、眶额皮层和腹侧内侧前额皮层（MPFC）的激活，其中 MPFC 是两个 PET 实验中共同激活的部位，提示了 MPFC 可能在音乐情绪成分处理过程中起作用。

三、音乐与脑

音乐一般是艺术和哲学领域的话题，但是随着认知神经科学，尤其是脑成像技术的发展，人类的音乐能力与脑的关系日渐引起了神经科学家的关注，并已积累了许多材料。

（一）失乐症

所谓失乐症是指病人由于某种原因失去了理解音乐或感知音乐基本成分的能力。它可分为先天性失乐症和获得性失乐症两种。历史上，这类疾病为人们认识音乐与大脑的关系提供了重要线索，尤其是因为治疗顽固性癫痫切除了部分脑组织的失乐症病人，以其定位准确而受重视。

1. 音乐功能一侧优势

通过观察发现，右颞叶受损引起音乐表达和音乐感受能力缺失失乐症，使人们推测音乐功能定位于右半脑。但是，也有左侧脑受损引起失乐症的报道。例如，法国作曲家 Maurice Ravel 就是音乐史上著名的失乐症病例。他在 1933 年患上了逐渐加重的脑病，开始时出现失读症、失写症，不能协调运动，到后来，虽然还保存着音乐思想，但他逐渐丧失了作曲能力，在他后期的作品中，乐曲旋律变得单调。Ravel 病症的主要特点是，失语症和失乐症在病程上的分离以及音乐感觉和音乐表达能力的分离。有证据表明，他的脑病主要涉及左侧。对于音乐家音乐感知一侧优势的认识始于双耳分听实验。单耳刺激的研究发现，音乐家感知旋律有左侧优势，而非音乐家，存在右侧优势。左右耳在很大程度上是对侧支配的，双耳分听实验就是通过两耳对不同声音刺激敏感度的差异来判断大脑一侧优势。早期的双耳分听实验揭示了左侧脑在音乐时间序列、节奏辨别等方面的作用，右侧脑则在音高、旋律和声感知方面起主导作用。这个结果为其后的实验所证实。

2. 音乐功能在两侧大脑皮层的分工

早期，旋律感知被分成一个音高系统（包括一个旋律总体印象亚系统和一个音程结构亚系统）和另一个涉及时间变化的节奏与节拍系统。右半球负责旋律总体印象，左半球负责音程结构和节奏，但该功能需要一个完整右半球的支持，而节拍则并无一侧化分工。对脑血管意外破裂所致单侧大脑损伤病人的神经心理学检查提示，存在着不同音乐成分的处理机制和半球间相互依赖。右侧颞叶在音高辨认任务起主要作用，而当被试需要作时间判断时（比如，要求对音的同步性或持续时间作出辨别），左侧颞叶起主要作用。而且，当右侧颞叶的损伤涉及右 Heschl 回时，音高辨别缺陷就显得特别明显，这提示了右 Heschl 回在音高辨认任务中的突出作用。但是这类脑损伤病人的损伤定位往往不够精确。在临床上控制难治性癫痫的一个有效方法是给病人做左或右半侧颞叶切除（临床上为防 Wernicke 区受损一般不做左侧颞叶的切除）后的病人身上所做的实验证实了以前的发现，并发现 STG 特别是其后部负责旋律理解。只有在切除了右 STG 的后部后，旋律感受才受到干扰。切除了两侧颞上回 STG 的前部，仅使节拍辨别受干扰，但节奏感不受影响，结果支持节奏和节拍的双分离。据此，有些研究者得出结论：在左侧颞叶损伤不伴有失乐症的失语音乐家，其右侧半球出现了代偿。而且，训练有素的音乐家在必要时可能是使用双侧颞叶的，对于那些失乐症的音乐家，其病患一定涉及双侧脑。

（二）正常人音乐功能的研究

失乐症病例向人们提示了大脑可能存在着音乐处理的独特脑区，这引起了人们强烈的兴趣，也使人们把注意集中于正常人音乐感知的心理组织的皮层结构上。最初的正常人音乐研究瞄准特殊音乐天分者的神经基础，但是所获甚少。双耳分听实验（dichotic test）是较早的研究方法，还有如下一些研究手段。

1. EEG 和 ERP 研究

将一段完整旋律中某一音符的音高进行改变后，研究改变前后的两段旋律的 ERP 发现，音乐感知过程中存在整体的和局部的认知成分。脑电图记录到在听音乐时不同脑区同时出现同类型的激活，主要表现为高频的 γ 带同步化波，它可能反映了时间的编码和联结。对于音乐家而言，长时音乐记忆所涉内容更多，音乐能引起更强的注意或者对音乐模型的更强的预期能力。事件相关电位的研究指出，在给被试呈现乐音时，相冲突的和声产生了 ERAN（early right anterior negative），它代表被试对非预期刺激的反应。对于较复杂的音乐结构，音乐家产生了幅度较大的 ERAN。有证据指出，音乐家发展了一种感觉相关的记忆能力，能在注意之前感知到声音模型的时间结构的变化。

2. 脑成像研究

目前认为，对于正常人的音乐功能，两侧听皮层都参与音乐的感知过程，右侧脑主要负责音高的感知和保存（工作记忆），左侧脑负责韵律等音乐时间成分的辨识。右侧听皮层在音调处理中相对突出的作用已经被越来越多的脑成像数据所证实。这些实验中包含了各种认知任务，例如，在一段旋律或乐曲中的某个音高的判断、哼唱时音高的维持、音乐想象、在一段短曲中辨别音高及其持续时间、音高的复现、在双听实验中判断音色、检测一段乐曲中的异常音高。实际上，从脑功能成像数据来看，一个看起来最简单的音乐任务都涉及颞叶和额叶的许多脑区。这些脑区可能参与了音乐的感知、注意、记忆、情绪反应等过程中的一个或几个。有研究认为，Peretz 提出的音乐基本组件构想中的音高编码模块可能主要存在于前额皮层的内侧端，该部位也是音乐情绪成分较一致的反应区。

有人利用脑磁仪（MEG）记录并研究了被试听一段音乐时的脑神经反应，考察真实音乐的知觉过程。被试首先听一段不熟悉的音乐以及其中一小段主题（10 秒），而后反复听该段主题 20 遍，记录脑磁信号。对音乐的节奏进行分析编码，而后考察这些动态信息变化与被试脑神经信号的相关，结果发现，运动区（双侧的前运动区、次级运动区以及躯体运动区）的活动与音乐的节奏信息密切相关，且时间上表现出即时性。额叶皮层区域也对音乐有反应，但时间上相对滞后，反映了额叶皮层负责整合信息的特点。通过失乐症病例观察到的右 Heschl 回在音高辨认任务中的突出作用也被脑磁图（MEG）实验所证明。

3. 对音乐家的研究

在最近的几十年，通过神经心理技术和成像技术，脑处理音乐方面的知识极大地增加了，但认识还不够完整。因为，一方面，一段不朽传世乐曲的结构、旋律和节律的复杂性、音色的混合等，相对于音乐基本成分或者能在实验室环境中进行分析的简单演奏技巧的脑处理过程而言毕竟显得太复杂了；另一方面，神经研究的方法学并不能设计出富有情绪性和艺术性的实验任务。每个正常人几乎都是运用语言的专家，但是音乐才能却是要专门训练出来的。运用磁共振形态测量方法比较音乐家与非音乐家的脑结构特点时发现：①对于具备绝对辨调能力（absolute pitch，AP）的音乐家而言，其左侧颞平面体积明显比右侧的大。对这一现象的可能解释是，把某一特殊的功能局限于单侧，由于减少了跨半球的信息传播时间，因此可以获得更高的效益。②音乐家的胼胝体前半部增大，提示半球间的交流增加。③男性音乐家的小脑平均体积比正常对照组大。

PET 和 fMRI 方法证实，具有 AP 能力的音乐家在听音乐时显示左侧颞平面的激活，同时还出现了明显的左后背外侧额叶的激活。对脑结构的研究已发现，AP 音乐家的左侧颞平面体积明显增大，另外，存在颞区上的听觉联合皮层与后背外侧额叶之间有直接的纤维联系。这些结果与左后背外侧额叶的功能激活增大相一致。相对辨调能力（relative pitch，RP）音乐家在作音程检测时，其右侧额叶底部的激活区比 AP 音乐家的大，这可能提示相对于 RP 音乐家，由于 AP 音乐家具有自动命名音调的能力，因此他在执行音程检测任务时，不需要针对音调的工作记忆的参与。经颅多普勒声谱显示，音乐家和非音乐家具有不同的音乐理解机制。在听一段以和声为主的音乐时，非音乐家右半球的脑血流速度加快（女性更明显），但在听以节律为主的音乐片段时则不会出现。对于音乐家来说，两种音乐刺激都引起左侧的脑血流加快。当被试把刺激当成背景音乐来听时（听的时候不去分析音乐成分），音乐家和非音乐家都显示右侧脑血流加快，可见音乐家只有在注意地听音乐时，才造成左侧激活。

4. 音乐家是神经可塑性研究的范例

用 MEG 方法证实，音乐家在听钢琴曲时有更大的听皮层激活，并且激活区大小与音乐家开始学习音乐的年龄有关。这种学习效应与乐器的种类有关，当乐器演奏家听本人所从事的乐器的声音时，所产生的激活脑区比听其他乐器的声音时要大。例如，让小提琴演奏家和鼓演奏家分别听小提琴乐曲和鼓乐，他们的激活脑区比非音乐家对照组大，而当让小提琴演奏家听鼓乐和让鼓演奏家听小提琴乐曲时，他们的激活脑区比他们听本人所从事的乐器的声音时减小。另外，小提琴手的四个用于拨弦的手指代表区较大，并且其大小在一定程度上也与其开始学习的年龄相关。其他训练有素的演奏家管理手指运动的皮层区域也较大。但是，也有训练过头的例子。据统计，在 100 个音乐家中大概有 1 例患有肌张力障碍症，这可能反映了人类音乐训练的生物极限。音乐家的大脑确实在形态和功能上具有不同于非音乐家的特征,而且这种特征的显著性与他开始学习音乐的年龄相关。基因和后天的学习如何相互影响一直是悬而未决的问题。有研究指出,在胎儿第 29~31 周时两侧颞平面的不对称性即存在。在双胞胎的研究中,相对异卵双生的双胞胎而言,同卵双生的双胞胎对错误音的检出情况更为一致。这些都提示了先天因素的存在。

第七章 元认知及其应用

第一节 元认知基本理论

一、"元"概念

"元"概念产生于对内省法的自我证明悖论的哲学思索。1956年，哲学家 Alfred Tarski 为解决这一悖论引进了"meta"即"元"的概念。他认为，元即关于……的（"metawhatever" refers to "whatever about whatever"）。他针对客体水平提出了元水平的概念。客体水平是关于客体本身的表述，而元水平则是关于客体水平表述的表述。存在于客体水平和元水平之间的这种区别，使我们可以将一个过程作为两个或两个以上同时进行的过程来分析。其中，较低层次的过程都可成为较高层次过程的对象。因此，内省可看做是认知主体对客体水平上的意识，而且，关于内省法的自我证明悖论得到了解决。

Tarski 提出一个模型来描述"元"概念（图7-1）。这个模型描述了元水平与客体水平的等级组织以及假想的信息流。模型有三个特征：①监测，即信息从客体水平向元水平流动，它使元水平得知客体水平所处的状态；②控制，即信息从元水平向客体水平流动，它使客体水平得知下一步该做什么；③元水平具有某种模型，这一模型包括目标以及达到目标的方式。在元认知模型中，元水平通过信息的往返交流（亦即反复的监测和控制）作用于客体水平之间达到认知目标。

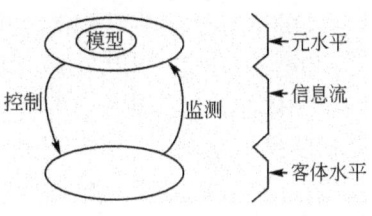

图 7-1　元认知模型简图

二、元认知的概念（或结构）

1. Flavell 的观点

元认知（meta-cognition）概念是由美国儿童心理学家 J. H. Flavell

(1979)提出来的。在众多的元认知定义中,他所作的定义最具有代表性。他将元认知表述为"个人关于自己的认知过程及结果或其他相关事情的知识",以及"为完成某一具体目标或任务,依据认知对象对认知过程进行主动的监测以及连续的调节和协调"。后来,他对元认知作了更简练的概括:"反映或调节认知活动的任一方面的知识或认知活动",即关于认知的认知。可见,元认知包含两方面的内容:一是有关认知的知识;二是对认知的调节。

元认知知识是指个体所存储的既与认知主体有关又与各种任务、目标、活动及经验有关的知识片断。Flavell 认为元认知知识主要有三类:①个体元认知知识,即个体关于自己及他人作为认知加工者在认知方面的某些特征的知识;②任务元认知知识,即关于认知任务已提供的信息的性质、任务的要求及目的的知识;③策略元认知知识,即关于策略(认知策略和元认知策略)及其有效运用的知识。同时 Flavell 特别强调这三类知识的交互作用,他认为,不同个体会依据特定的认知任务对策略作出优劣判断。由此可见,元认知是一个知识实体,包含静态的认知能力、动态的认知活动等知识。

元认知体验和调节表明,元认知也是一个过程,即对当前认知活动的意识、调节过程,同时也伴随并从属于智力活动的有意识的认知体验或情感体验。Flavell 认为,有很多元认知体验是关于在某一认知活动中已取得的进展或将取得的进展的信息。

Flavell 认为,在认知活动中,元认知知识和元认知体验和调节是相互作用的。一方面,元认知体验和调节能导致元认知知识的增加、删除或修改,个体在认知活动中会发现目标、策略、元认知体验和任务之间的关系,然后将这些发现同化至现有的元认知知识系统中;另一方面,元认知知识可以帮助个体理解元认知体验和调节的意义以及元认知体验对于认知行为的暗示。两者的关系还体现在:有时它们是部分重叠的,有些元认知体验可看做是进入意识的元认知知识片断。

2. Brown 的观点

元认知包含两大成分:关于认知的知识和对认知的调节。关于认知的知识是个体关于自己的认知资源及学习者与学习情境之相容性的知识,即个体关于自己的认知能力、认知策略等方面的知识,以及在何种问题情境下应该运用何种认知策略、如何最佳地发挥自己能力的知识。对认知的调节指一个主动的学习者在力图解决问题的过程中所使用的调节机制,包括计划、检查、监测、检验等。

这两部分具有不同的性质。关于认知的知识是稳定的、可意识到的、可表述的，它随着个体年龄的增长而发展。对认知的调节不太稳定，通常是无意识地进行的，故不易表述，它更多地依赖于任务和情境，而不依赖于年龄。

3. 其他观点

美国心理学家斯登伯格曾提出过一个新的信息加工智力模型，他认为元认知在整个信息加工中是最主要、最高级、最核心的决定性成分。据加涅分析，元认知包含了"元认知知识"和"元认知策略"。"元认知策略"是指面临要解决的问题时，能选择和调节相关的智慧技能的运用，并使针对任务的认知策略发挥作用。因此，这种支配其他策略运用的"元认知策略"又被称为"执行性的"或"高级"策略。"元认知知识"是指个体能意识到自己运用的元认知策略并能描述它们。

国内董奇等的"思维结构理论"指出，人类思维由目标系统、材料系统、操作系统、产品系统和监控系统五大成分组成，其中监控系统（即元认知）处于支配地位，它具有整体监控和协调作用。它在认知活动中起到了制定计划、作出决策、调控整个认知过程的作用，并向操作系统下达命令、决策，甚至连获得、保持、迁移等成分也由它来直接或间接地控制实现。

研究表明，元认知知识和元认知调控是元认知的两个既相互独立又相互联系的重要成分，它们共同实现着对认知活动的监控和调节。而且，元认知也是知识的一种形式，它所反映的是认知个体自身的认知活动和情感体验，是一种不同于一般认知的独立结构，它的作用对象是人脑的信息加工系统——认知系统。

4. 元认知和认知的区别

Slife 和 Swanson 等的实验表明元认知与认知存在无区别。Slife 等研究认知水平相当的被试在元认知能力上是否存在差异。被试有两组：LD 儿童和正常儿童，两组儿童的 IQ 分数无显著差异，且在 10 道数学题及数学成就测验的得分上是匹配的。结果表明，在进行问题解决时，两组被试在两项元认知指标上存在显著差异：①LD 儿童关于自己的解题技能的知识较不准确；②LD 儿童在监测自己的解题成绩时较不准确，倾向于高估。认知水平相当的被试在元认知方面却有不同的表现，可见，元认知与认知是可以分离的。Swanson 依据元认知能力的高低和一般能力倾向的高低，将被试分为四组：高元认知－高能力倾向组、高元认知－低能力倾向组、低元认知－高能力倾向组和低元认知－低能力倾向组。对四组被试解决问题的成绩进行比较后发现：①无论一般能力倾向的高低，高元认知组的解题成绩都优于低元认知组；②高元认知－低能力倾向组的成绩优于低元认知－高能力倾向组。即元认知可以弥补一般能力倾向的不足，它是作为与一般能力倾向相独立的一种因素起作用的。这两个实验均证明元认知是不同于一般认知的一种独立的结构。

元认知和认知的区别主要表现在以下几个方面：

(1)内容和目的。认知活动的内容是对认知对象进行某种智力操作，如数字相除得到商和余数，这是认知活动的内容和目的。元认知活动的内容则是对认知活动进行调节和监控，目的是实现顺利有效的认知活动，如为确认运算结果是否正确，重复进行一次运算。

（2）作用方式。认知活动可以直接使认知主体取得认知活动的进展；而元认知只能通过对认知活动的调控，间接地使主体的认知活动有所进展。

因此，从本质上来讲，元认知是不同于认知的另一种现象，它是对"认知"的认知，而非"认知"本身。但同时，我们也应看到元认知与认知活动在功能上是紧密相连的，元认知被认为是认知活动的核心，不可截然分开，在认知活动中起着重要作用，两者的共同作用促使个体实现认知目标。

三、元认知的评定方法

元认知的实证研究必然涉及元认知的评定。目前，元认知的评定方法主要有自我报告法、出声思考法、对自发的个人言语的观察、作业评定法等。

自我报告法是评定元认知最常用的方法，即提供某一任务，让被试报告他们在完成任务时的元认知活动。一种程序是让儿童完成任务，然后进行事后报告；另一种则不进行实际操作，而要求儿童设想自己在操作时的可能情况，并作出报告。提问的方式也有两种：开放性问题和选择性问题。关于计分方法，选择性问题计分比较简单，而开放性问题计分较复杂，有两种可行的方式：定性分析，如评价报告的流畅性如何；量化计分，如计算被试所报告的不同策略的数量或它占所有可能的策略的总和的百分比。量化计分也可以辅以定性分析，如以等级来标定被试报告的抽象性、普遍性、分化性等。在使用自我报告法时,很难将被试的元认知能力和自我反省能力、言语表达能力区分开来,而后两者是很关键的混淆变量。

出声思考法要求被试在进行任务操作时,用语言表达自己所思所想,以推断元认知水平。如 Henshaw 在一项研究中,先将被试出声思考的内容按下列项目归类:回顾已有信息、策略单元、解决方案单元、促进性中介、妨碍性中介、沉默;然后对被试的六类言语进行 Markovian 链分析,观察被试在整个任务过程中思考方式的一贯性,以此推断被试的元认知水平。

通过观察被试在解决问题过程中自然发生的、不是为了与他人进行交流的自言自语,也可以评定元认知。具体程序与出声思考法相似。

作业评定法即直接依据被试的作业来评定元认知。要求被试解决某一问题,或对同伴进行指导;通过观察、分析被试的解题过程或对同伴的指导,来推断被试的元认知能力。

以上列举的是几种主要的元认知评定方法,它们各有利弊。在进行研究时,最好能综合使用两种甚至两种以上的方法,取长补短,以获取更全面、更准确的资料。

上述评定方法之间的一致性问题受到人们的关注。Karen 等于 1990 年对生成策略、词列发生、散句的组织、回避作业的难度这四种评定手段进行了相关分析、方差分析和因素分析。结果表明,尽管每种评定手段对于它所评定的内容来说是有效的,但不同的手段评定的是不同的内容,即评定之间是不一致的。这使得一般的元认知结构难以被评定,且不同研究的结论之间也难以进行交流。

第二节　元认知训练

元认知在学习任务之前和实际的学习活动期间能激活、维持注意及情绪的状态。而在具体的学习活动期间,又能监控整个学习过程,维持或修改学习策略或技能。在学习活动结束后,能总结性地评价学习效果,包括对学习策略、技能使用效果的评价。总之,元认知在整个学习活动中起着整体控制和协调的作用,我们可以看如下一个研究报告。

一、元认知与应用题解题

应用题教学一直是小学数学教学的重点和难点,也是训练数学思维、提高数学能力的有效途径。但以往应用题的教学改革较多地强调通过教给学生解题的具体方法和思维策略来提高学生的解题能力，其训练与学科教学内容结合较为薄弱，且较多地忽视了引导学生对自己思维活动过程的认知，即认知监控或元认知的训练。因此，其训练并无持久的效果，迁移性较差。近年来，元认知训练被广泛运用于学科教学实际，成为提高教学质量的有效手段。研究发现，问题的解决需要综合运用一般认知策略和元认知策略，具有认知监控功能的元认知训练能使人更有意识地调节其认知加工过程，使学习者更自觉地使用所学到的知识和策略，从而有效提高解决问题的能力。小学生解答应用题的实质就是解决问题，其核心和关键就是表征课题和解析数量关系，它需要一定的思维策略，而思维策略的有效运用依赖于学生对自己解题过程的认知，即不仅把注意力指向问题本身，而且指向自己的认知加工过程，这样才能更好地监视、评价、调节、修正自己的认知活动。为此，有研究者将元认知训练与解题思维策略的教学有机结合起来，既注重解题思维策略教学，又注重元认知训练，以提高应用题教学的效果，促进学生数学能力的提高。研究中结合常规课堂教学情境，通过构建思维策略与元认知训练相结合的应用题教学模式，设计了思维策略的元认知外显训练、元认知内隐训练和一般思维策略训练三种训练模式，以探索课堂教学中应用题认知策略教学和元认知训练的有效方法。

思维策略与元认知训练相结合的应用题教学模式提高了学生对解题过程的觉知能力和元认知监控能力，增强了应用题教学的有效性。研究发现，有指导的提问训练（给学生一个供元认知训练用的提问单，要求学生两人一组相互提问并作出回答）能够引发学生的计划、监控和评价等元认知加工过程，使其对自己的解题活动形成习惯性的更加清晰的意识，从而有效地提高学生解决问题的能力。

个案调查发现，经过元认知训练的学生，在解题的各个环节上都注意监控解题过程，不断评估自己的解题计划和实施步骤，发生更多的调节行为。如关于"你觉得这些策略在解答应用题中有效吗？在其他学科学习中你使用过这些策略吗？"的调查发现，元认知训练组有90.15%的学生回答"有效"，82.14%的学生回答"使用较多"，而一般思维训练组只有76.72%的学生回答"有效"，58.36%的学生回答"使用较多"。

思维策略的元认知训练丰富了学生的元认知体验，增强了学生自我激励的内在学习动机和对学习情绪的自我调节能力，提高了运用策略的主动倾向。对于元认知训练组的学生，无论是外显训练还是内隐训练，教学中都强调要注重对是否运用策略解决问题及效果的评估，即不仅要让学生思考"我是如何解决问题的？"以增长元认知的意识，而且教师还要告诉学生

"运用这些策略能够提高你的成绩",对学生进行策略价值的反馈。正是这些教学措施和行为,增强了元认知意识,从而使解题思维策略的记忆和元认知活动共同激发起学生使用策略的行为倾向。如经过元认知训练的学生对解题、动脑筋更感兴趣,他们更能体会到解题思维过程的成功的愉快,对难题和失败具有更大的承受力,减少紧张和担心,表现为元认知体验丰富而深刻,主动学习和运用策略的心理倾向明显增强。训练后的调查发现:元认知训练组的学生对"在解题过程中,你经常主动使用这些策略吗?"的肯定回答占87.69%,而一般思维训练组的学生只有74.56%;对"在解题过程中,你经常感受或体会到思考问题或成功解题的愉快吗?"的肯定回答,元认知训练组占85.42%,而一般思维训练组只有70.12%。此外,元认知训练还要注重性别差异,加强针对性。本研究发现,不同性别的学生对元认知外显和内隐训练方式具有不同的偏好,外显训练对男生的作用更明显,即男生更适合接受外显训练方式的教学;而女生在内隐训练中的成绩显著优于外显训练。其原因可能是由于男生在学习过程中的自觉性和对学习材料的意识性不够,他们对事物的感受性和敏感性不够高,因此在学习活动中更需要借助于教师所提供的外部的、明显的要求,表现出外显训练的作用更明显。女生尤其是小学五年级的女生,她们在性格上往往比较沉静、细致,学习的自觉性、专心程度以及对学习材料的关注和意识性往往比男生高,同时,其直觉感受能力和对事物的敏感能力也往往比男生发展得更早、表现得更好,因此内隐训练对她们更有效。

总之,结合小学数学应用题教学的具体内容,以元认知外显训练、元认知内隐训练和一般思维策略训练三种方式对某小学五年级292名学生进行了为期7周共计40学时的应用题解题思维训练,结果发现:总体上,思维策略的元认知外显训练和内隐训练比一般思维策略训练对小学生的解应用题能力具有更明显的促进作用;而元认知外显训练和内隐训练之间没有显著差异;不同性别学生对思维策略的不同训练方式表现出不同的适应性;外显训练更有利于男生应用题解题能力的提高,内隐训练更有利于女生应用题解题能力的提高。应用题教学必须改变单纯注重解题技巧和一般策略的训练倾向,提倡元认知与思维策略相结合的训练模式,使教学既引导学生关注自己的认知过程,又增强对策略使用的自信和积极情感体验,从而实现认知和情感目标的双向发展,提高应用题教学的效率。

在应用题解题活动中,解题思维策略是重要的,它能帮助学生把新信息与已知信息整合起来,找到解决问题的方法。元认知则针对解应用题的认知活动过程,对解题思维策略的选择、转换、执行等具有导向、监控和调节作用。因此，元认知训练使学生对策略的加工达到了意识和自控水平，使学生既注意加工的客观信息，更注意加工过程本身，从而扩大了解题活动中认知注意的范围，有助于其对应用题条件、问题及其关系的全面把握和深刻理解。

研究发现，在应用题教学中，进行解题思维策略的元认知训练，对于学生应用题解题能力具有明显的促进作用，其效果明显优于一般思维策略训练。该结论与国内外关于元认知训练的已有研究结果一致，即思维策略训练同元认知训练结合起来，能更有效地提高学生的解题能力。应用题解题活动的有效展开需要元认知的监控调节的研究发现，元认知能力高的学生其解决问题的成绩明显优于元认知能力低的学生，表现为解决问题的效率更高，解题时所需的步骤更少。在应用题解题过程中，元认知活动能调动学生的自我意识，帮助学生选择有效的解题策略，主动积极地对解题认知活动进行自我反馈，监控解题认知活动的实施过程，并不断获取和分析反馈信息，发现认知过程中存在的问题，及时调节、评价各种解题认知策略的可行性和有效性，从而减少解题活动的盲目性和冲动性，提高学生应用题解题能力。

二、治疗情绪障碍的元认知疗法

各种心理疾病大多都会出现情绪障碍，治疗方法很多，如精神分析疗法、认知－行为疗法、人际关系疗法等。其中，认知－行为疗法着重点是在改善行为应对能力、矫正不良的认知偏见方面。该疗法认为，消极信念导致情绪障碍，因此，治疗应该关注信念的内容，并通过有意识的言语操作和行为操作，改变个体的认知系统，从而实现情绪调整。但是，这种传统观点并未深入解释个体产生这些消极信念的内部机制，也未详细说明个体将这些言语和行为操作转化为实际认知改变的内部信息加工过程。由于元认知对认知活动的自我调节作用，当代的认知－行为治疗师将元认知引入情绪障碍的治疗之中，提出了一种创新性的元认知疗法（metacognitive therapy）。

（一）情绪障碍的本质

元认知疗法认为，个体情绪产生时，其元认知不仅直接决定了情绪加工模式的类型，而且在整个情绪加工过程中发挥着重要的调节和引导作用，并导致个体原有的消极元认知信念不断得到强化。如果改变了个体的情绪加工模式，原有的消极元认知信念就能够得到重组以适应现实的变化，从而达到治疗情绪障碍的目的。因此，情绪障碍产生的实质是个体原有的消极元认知信念不断得到强化的结果。

1. 情绪加工模式

我们认为，元认知有加工深浅的不同，因此，情绪加工有不同模式。在浅元认知加工水平下，个体的认知就是对现实的精确表征，未经评价（即是客体模式）；在深元认知水平下，个体的认知并不一定就是对现实的直接表征，个体可以对它们进行评价（即元认知模式），即情绪加工模式包括了客体模式和元认知模式，两种模式是同时共存、互相影响的。表7-1列出了这两种加工模式的不同特点。

表7-1　客体模式和元认知模式的特点比较

特点	客体模式	元认知模式
元认知	想法表征现实（想法是客观的）	想法不表征现实（想法是主观的）
目标	改变现实	改变思维方式
策略	按照想法行动，采取改变现实的行为	评价想法，采取元认知控制行为
结果	强化原有的元认知信念	重组元认知信念，形成新的加工计划

从表7-1中可以看出，两种加工模式的元认知深浅不同，决定了情绪加工时所确定的目标、策略及其加工结果也表现出差异。

2. 情绪加工过程

研究者们提出了一系列元认知模型，来解释情绪障碍的情绪加工过程，其中，自我调节执行功能（self-regulatory executive function，S-REF）模型就是一种代表性观点。而且，在自我调节执行功能（S-REF）模型的基础上，针对不同类型的情绪障碍，研究者们已经提出并验证了多种具体的元认知模型，如广泛性焦虑障碍的元认知模型、创伤后应激障碍的元认知模型等。

自我调节执行功能（S-REF）模型认为，情绪加工过程中，主要存在三种不同水平的加工：自动化进行的刺激驱动的低级加工网络（stimulus-driven lower-level processing network）、实时控制性加工（on-line controlled processing）和自我信念（self-belief）。其中，自我信念储存于长时记忆之中，是一种与自我有关的社会性的元认知知识，主要是一些一般性的加工计划，用来引导临场控制性加工，对各种内外部信息进行有意识的评价和控制。显然，情绪障碍个体进行情绪加工时，储存在长时记忆中的消极信念执行元认知功能，并发挥着重要作用，而且，个体原有的消极元认知信念会不断得到强化。在情绪加工过程中，这三种加工水平之间相互作用。

此外，情绪障碍个体的情绪加工是运行客体加工模式，其原有的消极元认知信念不断得到强化，从而导致情绪加工反复运行，无法停止。例如，焦虑障碍个体知觉到威胁时，受其消极元认知信念的影响，认为这种威胁是客观存在的，因此，选择回避的应对策略。但是，回避恐怖情景会妨碍个体接触那些证明恐怖不成立的信息，因而仍感到恐怖，影响生理状态等反应，同时也进一步强化了个体消极的元认知信念。这样一来，元认知将会反复运行，个体原有的消极元认知信念将不断得到强化，消极情绪将不断循环。

（二）元认知疗法的治疗目标

治疗情绪障碍的元认知疗法不仅有效地解释了情绪障碍个体进行情绪加工的本质，而且具有广泛的临床应用价值。鉴于元认知在情绪加工过程中的重要调节和引导作用，该疗法有其独特的治疗目标，就是使情绪障碍个体由先前的客体加工模式转化为元认知加工模式，从而实现信念重组。

临床研究发现，情绪障碍与一种认知注意综合征（cognitive attentional syndrome，CAS）有关。主要表现为以自我为中心的注意、持续反复的思维方式（如担忧或反复思考）、威胁监测等注意策略、不能改变错误信念的应对行为等症状。由情绪加工模式的特点可知，只有元认知加工模式才有利于情绪障碍个体改变原有的消极元认知信念。只有改变了个体消极的元认知信念，才有可能矫正这个功能失调的认知模式。

（三）元认知疗法的治疗技术

情绪障碍的治疗实践中有许多新颖的元认知治疗技术，如元认知引导（metacognitive guidance）、自由联想（free association）、注意训练技术（attention training technique，ATT）等。其中，注意训练技术颇有疗效。这种技术实际上就是一种听觉检测练习：治疗师要求个体集中注意6~8种没有威胁性的外界声音刺激（如治疗师的说话声、敲击声等），约持续15分钟：8分钟的选择注意、5分钟的注意转移和2分钟的分配注意。在练习过程中，个体可能会产生一些消极想法或情绪，要求个体只把它们当做噪声，不必关注，把注意力再次集中到声音刺激上即可。这种元认知治疗技术的目的主要在于促进个体灵活控制注意,从而形成元认知监控。其中,"分离意识"(detached mindfulness,DM)是关键性的。在这种意识状态中,要求个体只把想法当做与现实分离的客体事件(并非事实),无须对它们进行控制、抑制、评价或作出其他行为反应。也就是说,元认知疗法中的分离意识不是一种自我意识,也不是一种应对策略,只是一种用来改变元认知信念的状态。

此外,在元认知治疗实践中,还有一些改进了的治疗技术,如担忧延迟技术(worry postponement technique)。其主要创新之处在于:在规定的15分钟(或30分钟)担忧时程内,治疗师并不需要分析个体担忧的内容,而是对个体的元认知进行干预,与个体一起分析与担忧有关的元认知信念。例如,治疗师向个体询问"当你感到焦虑或抑郁时,你是否会产生一些关于心理状态的想法?这些想法是什么?"而不是询问"你担忧的是什么?"

因此,这种元认知疗法主要侧重于训练个体的元认知对情绪加工的执行控制,通过各种元认知治疗技术分析和改变适应不良的元认知信念,给情绪障碍的心理干预提供了崭新的发展方向。

综上所述,治疗情绪障碍的元认知疗法认为,元认知在个体情绪加工过程中处于核心地位,在元认知治疗中,应该关注个体的情绪加工模式,并采用各种元认知治疗技术将个体的客体加工模式转换为元认知加工模式。

第二篇 认知心理的生态学研究

第八章 认知心理的神经基础及临床研究

认知心理的神经基础或机制的研究是现代认知心理学全新、主导的发展方向，概括而言，其可以归结为关于意识的神经基础问题。Daniel Dennett 在《意识的解释》一书中说："人类的意识大概是最后的未解之奥秘了。"意识领域中的许多问题需要进一步探索。比如，意识的物质基础问题。以前有各种各样的观点，如心理起源于心脏。但是，现在我们都知道，心理的物质基础是脑，心理是脑的机能。又如物质枝干上如何产生精神的果实，大脑如何具有意识，阐明认知活动的脑机制科学被称为认知神经科学，它兴起于 20 世纪 90 年代，是认知科学和神经科学相结合的新生儿。它主要研究人类大脑如何调用各个层次上的组件，包括分子、细胞、脑组织区和全脑去实现自己的认知活动。认知科学理论的发展对该命题的迫切要求和神经科学的巨大成果，使科学家着手研究认知神经科学命题成为可能。

第一节 意识的研究

现代对意识的认识主要有：意识是一种觉知，注意等心理活动实质上也是一种觉知，因此，注意和其他心理活动一样是一种意识活动，是处于意识状态中的。意识状态还包括如下几种：清醒梦境、催眠、冥想、深睡时的梦境等。意识性视觉包括了注意机制和短时记忆机制。研究发现，一种有意识的知觉需 60~70 毫秒。意识性视觉包括了注视，即是一种注意机制。脑在某个瞬间只能注意某些现象，同时忽略其他现象，才能形成关于这个事物的印象。德国学者曾报道，在猫的视皮层内，神经元之间存在相关放电，这种电活动具有节律性，频率为 35~75 赫兹，一般被称为 40 赫兹节律或 γ 振荡。他们认为，这种节律性同步发放可能是意识的相关体，它可能将同一视像的不同皮层区域的活动综合在一起。

一、意识研究的重点是揭示意识的神经机制

灵魂（心理）问题是一个古老的问题。在原始人的心目中，灵魂是像影子、气息一样的东西。在古希腊，Aristotle 之前的哲学家共同倾向于把灵魂当做实在或实体。但是对这种实体的本质则有两种不同的回答：①朴素唯物主义（如米利都学派），认为灵魂像其他事物一样是由物质性本原（气、火、水、原子等）构成的、气一样的东西；②二元论，认为灵魂是一种非物质的实体。同时，他们还用"流射说"、"影像说"、"回忆说"等形象地描绘了心理作用过程。从 Aristotle 开始，心理学家们对心理的认识发生了重大转折，即从对实体的构成本质转到对具体心理能力属性的作用、关系和本质的探讨上。例如，Aristotle 认为，灵魂不是实体，而是一组功能或能力或属性的组合。心灵就像一块蜡，它对外物的反映，就像图章、戒指在蜡块上留下的印痕。

中世纪思想家基本上继承了 Aristotle 的传统，但由于其主要参照系是神学，所以，他们不是用"心灵或世界本身的术语来理解心理或世界，而是把心理或世界仅仅看做是认识上不可见的上苍的线索"。他们的心理观带有着浓厚的宗教神学色彩。例如，认为灵魂是上帝在尘世、在肉体的代理人，等等。

近代科学革命根本改变了人类的知识图景，人们开始通过"牛顿学派的眼睛窥视人类的心理"。Descartes 是近代心理哲学的先驱。他在新的基础上重新肯定与阐发了古代早期和柏拉图的有关思想，提出灵魂或心理是一种能思维而无广延的实体；物质实体包括人的身体则有广延而不能思维。这种二元论思想在近代心理探讨中居主导性地位。在此基础上，思想家们运用机械装置、生理过程等对心理及其过程作出解释。如 Lock 认为，心灵就像一块白板，一切观念、知识都是外部经验在心理上刻下的印迹。Leibniz 则认为，人的心理不是"白板"，而是"有花纹的大理石"；思想、观念就像"花纹"一样，是作为一种"倾向、禀赋、习性或自然的潜在能力而天赋地存在于我们心中"。它像一粒"种子"，在外物的"机缘"作用下显现出来了。有的思想家尽管反对二元论，但对心理的理解仍然是机械论模式。如 Cabanis 认为，思想就像肝脏分泌胆汁、唾液腺分泌唾液一样，是由大脑分泌出来的。Haeckel 则把人的灵魂结构形象地称为"电报系统"，神经是导线，肌肉和感官是它所属的地方分局，身心的相互作用就是作为总局的灵魂通过神经即导线的中介环节与作为地方分局的身体各部分的相

互联系。

现代心理研究是在否定传统形而上学,尤其是 Descartes 实体二元论的基础上产生和发展起来的,但其发展历程却相当复杂和曲折。19 世纪末,实验法被引入到心理学,心理现象的研究得以取得新进展。可是,20 世纪初兴起的行为主义抛弃内省和意识,它们将心理看做是肌肉的收缩。20 世纪 40 年代以后,随着实证主义的影响、行为主义的衰落以及认知心理学的兴起,心理学家们开始以一种全新的视角来研究内部心理过程及状态。受计算机信息加工的启示,他们在人脑和计算机功能类比的基础上构建了新的心理模型。现在已知,人的全部心理现象都是产生于脑的活动中,它们是脑功能的体现。根据某种有形可见的东西及其结构功能去设想心理世界是合乎逻辑的。那么,我们能否超越类比、隐喻等间接方法,把大脑"黑箱"打开,通过直接研究大脑内部的神经机制来揭露心理的秘密呢?Crick 如下两个观点应引起我们的重视。

1. 意识产生于脑中

英国著名科学家 Frands Crick 自 20 世纪 70 年代后开始研究意识问题,他因 DNA 双螺旋结构的发现而获得诺贝尔医学生理学奖。1994 年,他在《惊人的假说》一书中提出,意识研究是一个科学问题,"我们的精神(大脑的行为)可能通过神经细胞(和其他细胞)及其相关分子的行为"来解释。围绕意识,不同学科的专家分别从各自立场提出了种种理论。但 Crick 却认为,唯一的方法是进行详细的科学研究,其他的途径都不过是"吹口哨给自己壮胆罢了"。在详细分析了计算机和人脑的区别后,Crick 指出,因功能主义的心理模型未考虑生物学依据故只能对脑行为的某些方面进行模拟。脑的功能和结构的基本单元主要是神经元。要了解脑,就必须了解神经元,特别是巨大数目的神经元是如何并行工作的。因此,直接打开"黑箱"研究神经细胞的响应是意识的最好的研究方法。只有"从神经元的角度考虑问题,考察它们的内部成分以及它们之间复杂的、出人意料的相互作用的方式,这才是问题的实质","只有当我们最终真正地理解了脑的工作原理时",才能对思维等作出近于高层次的解释。Crick 的研究目标是,探讨意识下大脑状态,即寻找意识的"神经关联"机制。他认为,意识的表达不是定位于某一特定的神经元,它可能涉及脑中相互作用的若干分离的部分,"在任意时刻意识将会与瞬间的神经元集合的特定活动类型相对应"。意识"实际上不过是一大群神经细胞及其相关分子的集体行为",它可能与神经元在 40~70 赫兹范围内的振荡模式有关。

2. 视觉意识是意识研究的突破口

Crick认为，视觉意识是意识研究的最佳突破口。视觉意识是简单的，与其他的意识形式相比，其在实验的可行性、实验结果的适用性以及在人类意识中的地位等方面有独特的优势，若其秘密被揭示，"我们或许就接近于人类生命的一个主要秘密：当我们思考和行动时，发生在我们脑中的自然事件究竟与我们的主观感觉有何联系，也就是说，脑与精神有何联系"。

同时，神经科学的成果虽然在促进对人类尤其是其内部心理世界的认识不断深入过程中贡献很大，但哲学、心理学仍然是人类认识自己的重要的、不可替代的方法。贝希特尔说："对于人有什么关于他们的世界的以及他们在其中进行的认知活动的信息，心理学给了我们一种透视的方法"，它可以为我们提供一种描述人面对环境的方法。意识研究的合适策略应该是：坚持多方法论，把直接方法与间接方法结合起来，即通过计算机模拟和神经科学的实验观察，借助脑电图、分子生物学等技术与手段以及今后可能出现的更先进的技术，揭示意识的神经机制。在此基础上，综合哲学、人类学、语言学、进化论等相关学科的成果，进行高层次的概括、整合和抽象，建立与人的经验意识相吻合的认知模型，构建符合心理世界本来面目的概念图式和结构图景。

二、脑的功能

Engels把人的心理现象誉为"地球上最美的花朵"，而思维即是心理现象的一种，心理现象的生理基础是人的神经系统，而人脑则是最为重要的。人脑经历了10亿年的极为漫长岁月的进化发展，成为大自然所创造的一个绝妙无比的杰作与奇迹，人的心理现象事实上只是脑这种物质运动的结果与产物。比如，我们在思维时，几百万个或几十亿个活跃起来的神经元都在进行着活动。可以肯定地说，如果对产生心理的这种有形的物质运动形式不甚了解，那么，就不可能达到对由这种物质运动产生的更复杂的无形的精神现象的彻底了解。心理学应当而且必须了解该物质的结构与运动规律。

大脑功能的研究经历过黑箱和灰箱阶段，并将进入白箱阶段。在黑箱阶段，人们对大脑的研究往往是通过事后解剖。西方最早的脑科学研究可追溯到19世纪中叶，当时一位名叫Broca的法国科学家在进行了脑的解剖研究后发现，在额叶前面的一个区域，如果其受到破坏，人就会产生运动性失语。Broca 是第一个将大脑的某一个区域的结构与功能联系起来的人。此后，Brodmann 将人脑按照功能划分为 50 多个区，成为描述脑结构和成像的基准，沿用至今。现在对脑的研究正处于灰箱阶段，即可以对脑功能进行成像研究。现在发展出一种新的研究方法，即通过研究患者选择性损伤和存留的认知加工环节，在理论上推测脑正常工作的方式，阐明人类认知活动的脑机制；在实践上可用于指导对患者的定位诊断、鉴别诊断、治疗，甚至为患者制定个别的有针对性的康复治疗程序和康复措施，提高疗效，改善预后。

古人通过观察并猜测灵魂与肉体的关系来说明心理活动的种种性质。Aristotle 曾把心理过程分为感觉、知觉、幻想、注意、记忆、认识活动等多种；Galen 在 2 世纪提出精神活动的"气体学说"；4 世纪末，耐美思林斯和奥古斯丁在这两种思想的基础上形成了脑室学说，认为人的脑室分为前、中、后三室，并认为知觉和表象定位在前室，而思维和记忆则定位在中室和后室。该学说在中世纪统治医学界达 1200 年之久。

1543 年，Vesalius 出版了有名的解剖著作《人体构造》和《节录》，以其详尽的脑解剖知识促使人们摆脱脑室学说，而去努力寻找脑实体中的某种"单个器官"作为精神活动的场所。在接下来的大约 200 年内，关于心理与脑的关系问题都没有更深刻地得到说明。18 世纪之后，Gall 及其支持者的大脑区域说和 Flourens 及其支持者的大脑整体说（大脑是以整体方式运作而发挥其功能的）不断在争论中，到了 19 世纪中期 Broca 的研究则证实了心理脑定位的合理性。

现代对心理和脑的关系的认识属辩证唯物主义的心理观最为全面：脑是心理的器官，心理是脑的机能；心理是脑对客观现实的反映，客观现实是心理的源泉；人的心理是客观现实的主观映象，意识对客观现实有能动的反作用。

1. 从脑的自身的功能来看，存在大脑均势和大脑定位说的争议

18 世纪前期，里德把人的心理活动分解为各种原始能力，而临床医生和解剖学家便寻找对应于这些原始能力的脑器官。1796 年，德国神经解剖学家 Gall 认为，心理发生于大脑皮层，各种复杂的能力是与脑上的特定部位密切联系的。由于这些部位在头颅骨上有相应隆起，所以可以想象为这些隆起决定了心理能力的个体差异，这种学说后来发展成为影响很大的颅相学。19 世纪中期菲尔肖的细胞病理学促使人们去研究脑皮层的细胞结构，同时，也努力把脑的某一区域和某种心理活动联系起来。这就是"定位主义"的开始。1861年，Broca正是以定位主义思想，通过病理解剖首次证实了言语表达障碍是由左脑额下回后部病变引起的。该发现直接把心理活动与大脑实体联系起来，推翻了关于心理过程是灵魂活动的臆说。

整个19世纪后半期是"狭隘定位主义"突飞猛进的时期。德国精神病医生Wernicke记述了10例感觉性失语的病人。他对其中的3例病人进行尸解，看到损伤病变在左侧颞上回后部。1876年费里尔用动物实验确定了听觉中枢在颞叶，孟克于1881年发现狗的枕叶被破坏以后便看不到所有的对象。还有研究发现，额叶和海马回是记忆痕迹的重要储存部位。加拿大神经生理学家Penfield在20世纪50年代治疗病人时发现，用微电极刺激右脑额叶区时，引起了患者对往事的回忆，并情不自禁地唱起歌来，而刺激其他区域时则无此种回忆。

但是，1876年德国生理学家Goldstein的实验证明，动物大脑皮层的部分损伤可以引起"心理能力"的普遍下降，这就说明大脑皮层是作为一个整体进行反应。英国神经心理学家杰克逊也强烈反对定位主义。他认为，高级心理功能不能从有限部分的定位观点来考察，只能根据整个功能阶层进行分析。他最先提出神经系统的"功能阶层"概念。他也是第一个提出，言语活动的脑定位和言语障碍的脑定位是两码事。他注意到，言语障碍的病人并不是言语完全丧失，有时随意性言语功能被破坏，但自动化言语和情绪性言语仍然保持。

杰克逊把脑功能分为高、中、低三个等级：脊髓和脑干属低级水平；中等水平包括大脑皮层的运动和感觉区；大脑额叶为高级水平。但是，这些思想只是在后来才为他的继承者瑞士神经心理学家莫纳科夫、英国神经学家黑德和Goldstein所理解和发展。在推进心理和脑关系的理解上，苏联神经心理学家Luria作出了巨大的贡献。他通过长期临床观察，总结了大量脑损伤病例，以脑的三个基本功能联合区的新范畴来探讨脑在人的各种心理活动过程中的功能组织原则，并相应地把大脑分成三大块功能单元，即大脑皮层联合区。三个基本联合区就是这些复杂组成要素的不同体系。人的各种心理过程就是依赖这三个功能联合区的统一活动得以实现的，不可能独立地定位于脑的狭小而局限的部位。Luria的这种以功能系统的原则解释心理活动的理论对研究行为与脑的复杂关系来说无疑是一大进步。到20世纪初期，逐步形成了"机械定位主义"和"整体主义"两种对立观点。

在过去的20年里，脑成像技术在认知功能研究上的运用，使我们在脑－行为关系的认识上大大推进。虽然从关于脑损伤的研究中，我们也得到了关于脑－行为关系的一些事实（损伤脑区A1导致认知功能A2的损伤，所以，脑区 A1 与认知功能 A2 有关），然而，对无创伤脑区活动变化的观察，通常被认为是研究脑 – 行为关系更合理的基础。因此，现代脑成像技术的发展对认知神经科学的快速发展和成熟是极其有用的。脑成像研究中所得出的支持定位主义的结论极大地改变了大众关于脑功能的错误看法，如"大脑的道德中枢"、"棋子在大脑中移动的物质基础"，或者是"大脑是如何计算出悲伤与欢乐"等。更重要的是，这种定位的观点在许多方面都影响着认知神经科学，所以，脑成像研究开始成为认知神经科学的主流，人类脑研究计划的一个主要目的就是提供一种技术以获得、存储和传输人脑结构和功能的三维图像。因为脑成像对研究认知神经科学有如此重大的作用，所以讨论一下定位主义的长处与局限性是十分值得的。关于这个讨论以前也曾有过，然而却从来没有在脑成像的基础上。

2. 从大脑的加工过程来看，存在局部和整体的加工的争议

这个争议其实也可以看做上述定位论和均势论争议的继续。脑损伤研究发现，颞顶皮层在整体/局部加工中起重要作用。左半球颞顶皮层损伤的病人对局部刺激加工的能力受到损伤，而右半球颞顶皮层受损病人的整体刺激能力被削弱。Sergent 1982 年首次采用分离视野速示法考察了正常人对等级刺激加工的半球功能不对称效应，发现左半球加工局部信息有优势，右半球加工整体信息有优势。至今，研究者对大脑两半球进行等级刺激整体/局部加工的功能不对称效应是出现在早期视觉分析阶段，还是晚期视觉加工阶段仍存在争论。近期的研究资料显示，等级刺激的整体/局部加工中半球功能的不对称效应是一个复杂的时空活动，各个加工阶段与激活脑区构成的动态系统，会受到刺激的知觉因素、注意控制和反应冲突等因素影响。例如，Fink 等采用 PET 研究了等级字母刺激的整体/局部加工在定向性注意任务中要求被试注意刺激的整体或局部水平，并报告出现在该目标水平上的字母。结果表明，整个加工显著激活了右侧舌回，而局部加工显著激活了左侧枕下皮层。对于整体和局部属性的脑加工，有研究发现，辨别整体属性的时候，复合刺激在左视野上的 RT 要短于右视野的；相反，在辨别局部性质时，复合刺激出现在右视野的 RT 短于左视野的。据此认为，左右半球可能在分别加工局部和整体属性时有各自的优势，但也有另外的一些研究结果。心理学家对这些研究分析后认为，输入的刺激特性和被试的任务都可以对实验结果产生影响。

3. 从左、右半球功能关系来看，大脑的活动是建立在两半球既分工又协作的基础上的

斯佩里等利用割裂脑手术对大脑两半球功能分工这一神经心理学的重大课题进行了深入研究。早年斯佩里曾在猫脑和猴脑中割断视交叉、胼胝体和其他联合纤维，使两侧大脑半球各自独立地接受外界刺激以研究动物的各种心理现象和行为。接着他对经过割裂脑手术的病人进行了数年精细的实验研究，发现胼胝体切断以后，左、右半球便独立地进行活动。这种情况下所进行的心理学实验表明，绝大多数右利手患者对于呈现到左半球的语词可以认知，而对呈现在右半球的却不能认知。另有实验表明，病人的左手保持了绘画的能力但丧失了书写技能，右手的情况则正好相反。病人可以说出右手内物体的名称却说不出左手内的物体的名称，但可以用左手指出曾经握过的物体。左右脑的功能分立就是通过这些行为实验被证实的。现在已知，左半球擅长分析、抽象、语言（言语），右半球擅长综合、具体、图形。过去认为，大脑顶叶的损害，特别是顶枕联合区的损害能使病人图形构建能力丧失，但对于病人顶叶和顶联合区完好无损的情况下，切断胼胝体部和部分压部，阻断了左、右两半球顶叶和顶枕联合区的纤维联系，同样也发生图形构建障碍，说明完整的图形构建能力是两半球该区域协同活动的结果。

4. 从皮层和皮层下组织的关系来看，大脑在信息加工时存在意识和无意识的交互作用

Pitres 注意到，双语失语者逐渐恢复一门语言的时间要比重新学习一门语言要少得多，他认为，不可提取的语言不是丢失了，而是被抑制住从而不能被提取。由于意识可以分为无意识、潜意识和意识，他的发现提示，无意识或者潜意识通往意识的通道是有可能选择性关闭或阻塞的，而内部真正的脑机制却在正常运转。双语者大脑比单语者大脑在执行语言控制的时候要求更高，因而，意识的控制和调节作用更加明显。这也说明，语言是研究意识的一个工具，也是一个很好的切入点。例如，Fecteau 等采用分离视野速示法，对词汇阅读的半球效应进行研究。结果显示，在词汇阅读中，左半球的优势效应主要表现在外显记忆测验中，无意识阅读由双脑协同完成。PET 研究发现，当用以前学过的词干进行补笔时，右外纹状皮质大脑血流的降低明显大于左外纹状皮质，这表明右半球参与词干补笔启动。

通过对内隐和外显记忆、知觉和语义启动等研究也可以揭示意识的脑机制。与内隐记忆有关的枕颞区、颞叶皮质及左下前额区中衰减的神经活动，与外显记忆有关的内侧颞区、间脑组织（包括海马及旁海马、内嗅区、副嗅区）、前额皮层和后内侧顶皮层中增强的活动。例如，Knowlton 等的实验采用概率性分类任务（probablistic classification）发现，遗忘症病人正常完成任务，而事后很快遗忘。Parkinson 病人虽然记住了完整的训练情境，但他们完成任务的表现很差。这些遗忘症病人内隐记忆是完好的，但外显记忆受损，这表明，内侧颞叶-间脑系统（包括海马及其邻近结构）对于外显记忆的重要性。ERP 研究表明，外显记忆从刺激后 400 毫秒开始，主要表现在前额区和额区，而内隐记忆主要表现在刺激后 300～500 毫秒的中央区和顶区。新近采用 PET 技术和 fMRI 技术对正常人的研究发现，颞叶下内侧面的枕颞外侧回和枕颞内侧回与知觉启动有关，颞叶外侧面的颞中回、颞上回、颞下回的后部区域与语义启动有关。单侧枕颞下区损伤的患者使用词干补笔任务时，语义启动受损。Savage 等采用词汇决定任务，对 25 例施行单侧前颞叶切除术后的患者进行测验，结果显示，左前颞叶切除的患者与正常对照组相比，成绩具有显著性差异，提示左前颞叶在语义启动中发挥作用。但有人发现，双侧颞叶前部切除的患者，采用隐蔽的重复启动时，语义启动正常。知觉启动中半球功能差的研究也表明，相对而言，右半球在知觉启动中的作用更大。

总之，意识和无意识的脑机制可以是皮层上的，也可以是皮层下的，甚至还可以是两半球协同活动的结果。

第二节 研究技术和方法

认知科学的核心学科分支：认知心理学、心理语言学、人工智能和人工神经网络的研究都取得了重要进展，但在各自研究领域内又有许多难点。现在看来，必须在人脑认知活动机制中寻求答案。例如，认知心理学和心理语言学研究中，信息加工的并行和串行方式，外显机制和内隐机制，基于经验和知识的认知活动和靠灵感、顿悟的认知活动，其脑机制有何异同？目前，认知神经科学的研究方法有：①脑损伤病人研究；②正电子发射断层摄影术；③功能磁共振成像；④事件相关电位；⑤单细胞记录技术。

对局部脑损伤病人及裂脑病人的研究描述了特定皮层区域专门化功能及两半球功能不对称性的现象。自 20 世纪 40 年代末以来，在行为水平上，研究人员不断尝试用各种方法来研究正常完整大脑的两半球各自的特异化功能以及两半球的协同作用。Wada 首创用颈动脉注射异戊巴比妥钠来确定语言优势半球的韦达测验；Kimura 在语音辨认和语言听觉的半球优势的研究中开始运用双耳分听法；视野分离速示法被用于研究不同视知觉材料的视野-半球优势效应；触觉辨别法主要针对右半球的单侧化功能；双任务法通过考察负载任务对目标任务的干扰形式及干扰程度在行为层次上讨论特定信息在两半球的加工；而电生理方法则为两半球执行特定认知任务时的电活动提供更为直接客观的测量。除实验研究外，也有许多研究者运用调查-相关法对半球优势现象作出描述。

一、主要的研究方法

（一）视野分离技术

视野分离技术同时也是一种速示法。在对脑功能单侧化的研究中，传统上使用三视野速示器，通过比较被试对呈现在左视野投射到右半球（LVF-RH）的刺激和对呈现在右视野投射到左半球（RVF-LH）的刺激在反应时，正确率上可能存在的差异，研究具有一定特征视知觉材料认知过程的半球优势效应。近些年来，通常用计算机显示屏代替速示器，通过控制注视点保持在屏幕正中，以及呈现较短时间，以保证呈现在左、右半屏幕的刺激通过视觉神经通路分别投射至大脑右侧和左侧半球。

（二）神经影像学技术

神经影像学技术在心理学中的应用推动了神经的系统和宏观层面上的研究。目前常用的可以记录并分析神经元活动增强时局部脑区的血流和血氧的改变的研究手段是功能性磁共振成像（fMRI）、正电子发射断层扫描（PET）、脑电图（EEG）、事件相关电位（ERP）、脑磁图（MEG）、单光子发射断层扫描（SPECT）和光学成像等。这些技术方法克服了以往的解剖学或 X 射线断层扫描技术的不足，能够从不同侧面、多角度地动态观察脑的活动。

1. 正电子发射层描技术

正电子发射层描技术（poistion emission tomography，PET）是通过回旋加速器产生放射性核素，合成能发射正电子的放射性示踪物，然后把它注入人体内，通过与计算机相连的射线照相机的检测，就可以获得在不同的语言加工任务时，人体内相关物质（脑局部糖、血流、氧）代谢的变化信息。在不同的认知任务中，脑内不同区域的氢原子的密度是不同的。PET是一种非常有用的生物成像技术，利用带放射性标记（正电子发射同位素）的生物追踪剂作出很灵敏的放射性分析，可以在毫微克或微微克分子浓度范围内分析生物系统，而不会扰乱它。

正电子发射同位素原子用来对某种感兴趣化合物加"标记"，然后通过静脉被注射到人体内。这些标记化合物是用来"跟踪"生物过程的，因此被称为生物追踪剂。在任一时刻，某些正电子发射同位素原子衰变，发射出一个"正电子－中微子"对。正电子与组织中的电子相撞并失去能量（湮灭），电子和正电子的质量转变为能量并以伽马射线的形式放出。为了保持能量和动量，这种伽马射线是以两个能量为 511keV、方向相反的射线形式发射的，被体外检测系统检测出来。PET 具有一个独特性质：构成人体主要基本成分的碳、氮、氧的正电子发射同位素 C11、N13、O15 均可以用于 PET 示踪剂。

2. 功能磁共振成像

功能磁共振成像（functional magnetic resonance imaging, fMRI）的物理基础是核磁共振现象，利用这个现象可以对物质的微观结构进行研究：以不同的射频脉冲序列对处于一个恒定强磁场中的生物组织进行激励，并利用线圈技术检测组织的弛豫时间和质子密度信息，进行重建形成图像。

1990 年 Seiji Ogawa 在磁共振图像中发现了血液氧合对 T2 加权图像的影响：当血液氧合降低时皮层血管更清晰。他分析，这是由于去氧基血红素造成了局部磁场变化而引起的，从而发展出一种有名的成像方法——血氧依赖水平（blood oxygenation level dependent, BOLD）方法。之后，Robert Turner 利用快速平面回波成像观察动物吸了缺氧的氮气后也观察到这种氧合变化。

受激发脑区会有局部血流增加现象，用造影剂 MR 成像证实了这一点。血流增加量超过了组织的氧需求量，使得静脉血液的含氧量增加，去氧血红素降低。同时，去氧血红素是顺磁的，从而改变了 $T2^*$ 信号，起到了类似于造影剂（反差增强剂）的作用。因此，在不需要外加造影剂的情况下，采用适当的成像序列可以利用临床 MRI 装置（场强≥1.5T）观察脑结构功能活动，我们称之为功能磁共振成像。

fMRI 作为一种将脑活动与特定的任务或感受过程联系起来的成像技术，具有如下优点：①不需要注射放射性同位素（与 PET 相比）；②所需的扫描时间较短；③空间分辨率较高（约 1 毫米）。

3. 事件相关电位

事件相关电位（event-related potential，ERP）自 Sutton 于 1965 年首次报道事件相关电位研究以来，在认知神经科学和神经心理学的研究中，ERP 技术已经得到了广泛的应用。大量的研究表明，某一外部刺激作用于脑的某一部位或撤销刺激，都会在脑部诱发电位的变化。这些微弱的电位变化经过放大，并用计算机进行校正（或排除）伪迹、数字滤波、叠加与平均等一系列处理，就能将电位显示出来。ERP 是一种特殊的诱发电位，属于近场电位，它和经典诱发电位的不同在于：①被试一般是清醒的；②所用的刺激不是单一的，至少要两种或以上的刺激编成刺激序列；③ERP 的构成除了易受刺激的物理特性影响的外源性成分外，还有不受刺激物理特性影响的内源性成分。内源性成分和认知过程密切相关，其中，P300 广受人们关注，被称为是认知电位。P300 反映认知过程中大脑的神经电生理改变，其潜伏期、波幅通常被认为可反映某些认知功能。它包含了四个成分：P3、P2、N2、N1。记忆与 P3 潜伏期有关联，N2 潜伏期主要反映的是非语言能力，而非语言能力是反映右半球功能。据研究，N2 的潜伏期多跟额叶、顶叶功能有关。P2 成分反映知觉过程的早期阶段。N1 成分通常被视为与注意、工作记忆有关。ERP 主要应用于临床（如用于各种原因所致的大脑疾患和精神障碍的诊断）、测谎和相关领域的研究（如心理学）。

与其他方法相比，脑成像技术具有以下明显的优点：①脑成像技术是无损伤研究，被试容易获得。利用这种技术可以较直接地观察到人在完成某种作业时在头脑中的活动，不像反应时作业那样，依靠外部行为而作出推测，脑不再是黑箱了。②ERP 具有很高的时间分辨率，可达 100～200 毫秒，而 PET 与 fMRI 有高的空间分辨率，可以达到毫米数量级。这三种技术都配有完善的计算机数据处理系统，这样更增加了研究的精确性和科学性。

（三）神经心理测验

神经心理测验是对可表现人体差异的心理及认知功能等进行标准化测定，是在现代心理测验基础上发展起来的。用于脑功能评估的一类心理测验方法，是神经心理学研究与临床实践的重要手段。神经心理测验评估的心理或行为的范围很广，包括感觉、知觉、运动、言语、注意、记忆、思维、情绪和人格等，涉及脑功能的各个方面，既用于研究正常人脑与行为之间的关系，也用于研究各种脑损伤后对心理或行为的影响。过去，神经心理测验主要用于脑损伤定位诊断,但现在多用于了解不同脑损伤时,有哪些行为改变和功能障碍,哪些功能依然完好,从而为了解脑功能与行为相互之间的关系,以及为临床诊断、制定治疗和康复计划、评估疗效、评估脑功能状况和能力鉴定等提供帮助。神经心理测验如按形式来分,包括单项测验和成套测验两种:单项测验是一种项目形式,测量一种主要神经心理功能,如威斯康星卡片分类测验;成套测验是由多个独立测验组合而成的,每个独立测验都测量一种主要神经心理功能,集合多种功能,才可能对神经心理作出较全面的测量,如 H-R 成套神经心理等。

(四) 小结

一般来说,这些技术和方法在临床上都是结合使用的,如有人利用神经心理学测验结果对 P300 的 P3、N2、P2、N1 四个成分所反映的认知功能进行了探讨。研究认为,P300 的四个主要成分可在一定程度上反映个体的认知功能水平,但这些所反映的认知功能不具有特异性,且多数受年龄因素的影响。因此,建议在临床中对认知功能的评估还应结合其他的测评工具,比如,fMRI 和 ERP 两种不同技术的结合。目前更具吸引力和挑战性的是把 fMRI/PET 的空间功能定位结果与 EEG/MEG 的时间变化曲线动态相结合,以得到高空间分辨率和高时间分辨率的大脑活动的动态过程。

第三节 脑的语言功能的研究

人们对大脑的认识开始于对大脑某一侧优势的发现,后来发展出单侧化概念。大脑两半球所担负的功能是不对称的,这种不对称性就叫做大脑功能单侧化。对大脑功能单侧化的描述和研究始于 19 世纪 60 年代对脑损伤病人的行为观察。在之后的一百年间,随着临床资料的逐渐积累,脑功能单侧化的概念和理论框架也逐渐完善起来。20 世纪后期,认知心理学的方法,尤其是视野分离速示法,为正常大脑的功能单侧化研究作出了很大贡献。认知心理学对脑功能单侧化的研究在细致描述普遍行为现象的同时,许多研究结果的不一致使得科学家们感到生物机制研究的必要性。

一、左、右半球的加工

神经心理学家认为,对大多数人来说,各种不同的语言成分(如句法、词汇和语音)的加工均定位在左半球的外侧裂区(perisylvian sector),而右半球具有空间方位辨认、韵律辨识等功能。由于汉字的特点，汉语与其他语言的对比研究吸引了许多研究者的注意。一些日本学者发现日本汉字是左视野右半球优势（或有优势倾向），而假名是右视野左半球优势。20世纪80年代中后期国内一些学者使用分离视野速示法研究了汉字识别的大脑单侧化优势，但结果很不一致。国内张武田等研究发现，右视野左半球成绩显著好，表现为反应时快，错误率低。但另一些研究发现，字形、字音、字义的认知都与两半球有关，并称之为"复脑效应"。研究表明，大多数右利手者，其语言功能区是左脑半球，也有少部分被试由于遗传因素或后天纠正而造成利手与脑功能不一致的现象；左利手不像右利手那样具有明确的语言功能区，他们的优势脑可能是在右脑，也可能是在左脑或双侧脑。

对于左、右半球的语言加工问题，速示法研究结果存在很大的不一致，其中的一个可能原因是刺激材料结构和属性上的不同。比如，英文单词和图形是明显不同的刺激材料，英文是文字，而图形是形状。但若用汉字作为刺激材料研究半球优势效应，可以根据其图形要素和语义要素，通过系统地改变实验任务的要求，实现同一刺激材料不同问题的研究，这样可更有助于推进对左右半球加工语言的研究。郭念锋等发现，就正确率而言，只有当单字在噪声背景上呈现使其认知难度达到相当水平后，才有明显的LVF-RH优势，而RVF-LH一直在反应时上更短。无论从刺激材料（言语-非言语）还是认知方式（分析-整体）的角度，二分论的解释都是基于"通达性"假设，即任何一个认知任务都有两种加工或编码方式，而其中某种加工或编码过程在一侧半球比在另一侧半球有更高的效率，因此，出现了加工上的不同"通达性"。在言语-空间二分论看来，右半球比左半球更擅长于进行复杂的视觉空间分析，或者右半球比左半球更倾向于用复杂视觉空间分析的策略来完成任务，那么，当起决定作用的任务是视觉辨别时，LVF-RH表现为优势。汉字形音匹配和高相似掩蔽下字母辨认就是这样的任务。相反，当任务中起决定作用的是言语要素时，就应是RVF-LH表现优势了。在低相似掩蔽下的字母辨认，由于其视觉辨别难度很小，因而言语成为决定要素，结果是RVF-LH优势表现出来。在分析-整体加工二分论看来，对大多数右利手的人来说，左半球更擅长处理系列的分析性的任务，而右半球则更擅长整体识别的任务。因为汉字形音匹配任务对整体加工的要求比对分析加工的要求突出得多，所以表现出LVF-RH优势。在另一个以汉字作为刺激的实验研究中，任务一是短暂呈现单个汉字，要求被试尽可能快地将其读出，任务二是单侧视野呈现两个竖直排列的字，要求被试尽快读出，任务三与任务二唯一的不同在于要求被试判断两个字是否组成一个有意义的词。结果是，任务一中发现 LVF-RH 优势，任务二及任务三中均发现 RVF-LH 优势。这种表面上的矛盾对两半球功能的言语－空间二分论是一个反驳，因为在这里同样的刺激性质诱发了不同方向的单侧化优势。该结果其实是任务的不同要求导致不同方向的单侧化，因而序列分析加工－整体加工的二分观点得到了支持。

利用启动效应和选择性注意等对半球优势现象机制可作进一步的探讨。1981 年，Friedman 提出在多重认知资源配置的理论框架内统一解释关于大脑半球功能特异化的大量研究。假定大脑两侧半球各自拥有独立的认知资源，针对不同任务的要求运用不同的资源配置方式，那么当任务要求有即使很细小的变动时也可以导致认知资源配置的变化，从而使得行为上表现出的单侧化的方向和程度都发生改变。这样的理论框架与基于"通达性"的解释相比，更具有变通性。对于如汉字形音匹配这样的单一任务而言，成功完成任务的有效认知过程和策略实际上并不是唯一的。不论是用分析的策略还是用整体加工的策略，以序列的方式还是以平行的方式加工，运用视觉编码还是运用语音编码抑或其他编码，都是可行的。即便两半球在处理刺激信息时都采用了完全不同的策略，如左半球可能是在语音上有更高的效率从而将较多的认知资源用于字形辨别，而右半球可能正好相反，如果任务在加工水平上是较低层次的，两半球的资源配置很可能具有相似的效率。只有当任务的难度增加而要求认知加工水平随之提高时，两半球的资源配置才会体现出不同的效率。

二、影响单侧化的因素

前文提到，结果的不一致性来源于实验所用刺激材料和任务要求的不同。我们认为，众多实验揭示的脑功能单侧化现象反映的往往是认知处理过程的单侧化，而不是由刺激材料的客观性质引起的。

在这个研究中，作为刺激的单词相同，任务却不同。即呈现的单词中总有一个字母是红色的，一种任务是完全忽略字母的颜色，要求被试指出单词中有没有某一个字母（言语任务）；另一种任务是完全不辨认字母，要求被试指出红色的字母是在或左或右的哪一个位置（视觉空间任务）。如果大脑语言功能的单侧化是完全由刺激特征引起的，那么这两种任务应反映出同样的单侧化（左半球优势），因为刺激材料（单词）是不变的。但是研究者在脑成像的结果中却发现了两项任务之间非常显著的不同：语言任务比视觉空间任务激活更多的左半球脑区，包括 Broca 区所在的下颌叶、侧外纹体皮质以及扣带前回；而视觉空间任务则比言语任务激活更多的右半球脑区，尤其是下顶叶。

更重要的是，脑成像研究还发现了同一半球不同脑区之间在完成认知任务时的协同作用，尤其是与注意有关的皮层结构（扣带前回）在不同认知任务中的参与，而这种参与又是仅限于一侧半球的。也就是说，左侧的扣带前回只在言语任务中与左侧的其他相关脑区有功能联系，而右侧的扣带前回只在视觉空间任务中与右侧的其他相关脑区有功能联系。由此可见，不管是在结构上还是在功能上，因为与注意有关的脑区的参与，大脑功能的单侧化，至少是语言功能的单侧化，的确是依赖于自上而下的主动认知过程的。

三、语义的激活和选择

从刺激呈现时可能伴随的许多激活的亚信息中选择出某种意义以整合前文的半球机制是个值得研究的问题，有关研究正逐步增多。

（一）词水平

1. 研究简介 在所见到的文献中，以英语字词为材料的研究是较多的

如 Chiarello 等（1992）的研究得到，两个视野上，相对于无关刺激均有抑制；当词呈现于右视野或左半球上时，存在额外启动效应。也就是说，既是联想又是范畴关系的词的启动效应比仅单纯是联想关系或单纯是范畴关系的要大。这些研究结果主要的提示在于：①对于连续呈现的词，左半球负责意义的整合。而且，尽管右半球也能进行语义加工，但左半球具有的整合加工功能可能使它在语言加工中占据主导地位。②左半球和右半球能同等程度地进行抑制。也有人以较特殊的材料来进行研究，如 Faust 等。在他们的研究中，一个、三个和六个希伯来语启动词后跟随相关目标词，这若干个启动词结合在一起，整个形成了一个有意义的希伯来语句。左半球上，当启动语句长度增加时，左半球上的启动效应增加；但对于右半球上的目标词来说，比起一个希伯来语启动词，三个希伯来语启动词和六个希伯来语启动词的启动效应不显得更大。类似地，Beeman 等研究了三个启动词（都是英语）的启动效应。在低比例相关词的条件下，这些微弱相关词所产生的启动效应在两个视野上是对等的。但是，在高比例相关词的条件下，右半球上的启动效应比左半球上的要更大。对于后一种情况，研者认为，当鼓励被试进行启动词的目的性加工时，左半球将会缩小它的注意焦点于仅是高相关的概念上，因而，弱相关意义启动词的启动效应减少了。

2. 小结

在语词水平上，不同语词之间可以有多种关系，如联想、同一范畴关系等。有的语词之间既存在联想关系，又同属一个范畴（如 cat-dog），而同一语词本身也可以有着多种不同意义。综观当前的一些研究，利用这些材料的特殊属性，结合启动方法考察半球语义选择机制是一条主要的思路。我们都知道，采用启动法进行研究时，实验材料中相关词占较低的比例，掩蔽启动等实验条件下，启动效应往往反映的是记忆中词意义的被动激活。在这种条件下，关于单个词的启动效应情形将是怎样的呢？有关研究多数都报告，每个视野上都有着同等的启动效应。对这些研究的实验材料进一步分析发现，启动－目标词间的关系是强的联想关系；但若启动－目标词是非联想关系的同一范畴成员时，则仅在右半球上能获得启动效应，左半球上没有。另外，还有人研究得到，右半球上的启动效应可能不随启动词的类型而发生改变。对于这些研究结果，Chiarello 等（1998）认为，语义知识水平上，两半球无差异，但知识如何被激活和被选择是存在差异的，即语义加工水平上，半球间存在机制差异。并且，他们进一步分析认为，半球间所存在的机制差异可能与两半球的语义编码（包括语义的通达和提取）有关。Chiarello 等（1998）综观目前的相关研究后认为，在语义加工的半球机制上，似乎已有基本一致的结论，如与右半球上的语义系统相比较而言，左半球上的语义系统与刺激强相关的信息在较为狭窄的范围内激活。Chiarello 等（1998）之所以得出这样的看法，是由于前人的各项有关研究也基本重复得到此结论（如 Burgess 和 Simpson）。但是我们认为，这种看法是不够全面的。我们还不应忽视 Zhang 和 Feng（1998，1999）的研究。他们在研究讨论中推测，语义加工过程中，两半球可能起到相近的作用。他们的这个推测与 Chiarello 等（1998）的看法不同，这可能是由于如下原因：①研究方法上的差异。这一点是很明显的。Zhang 和 Feng（1998，1999）研究中采用的是匹配法，而国外多数研究者则采用启动法进行研究。②研究被试群体不同。Zhang 和 Feng 所选用的被试群体属于使用汉语的中国人群，而国外研究者选用的被试群体多属于使用英语的欧美人群。有人研究发现，这两个群体语言功能的脑区分布可能存在差异。因此，进一步的实验研究是有必要的。

（二）句子水平

1. 研究简介句子阅读理解过程，可能是词的歧义不断产生且不断被抑制的过程

而在这个过程中，两半球分别起到什么样的作用呢？Faust 和 Chiarello（1998）研究了句子情境下两半球对歧义词的加工，实验采用的是词汇判断任务。实验材料中，句子偏向句尾歧义词的一个意思（或是主要的或是次要的），而单侧呈现的目标词要么与歧义词的一个意思保持一致或不一致，要么是与无关词相关。实验结果是，右视野上的与句子一致的目标词得到促进加工，而对于不一致的目标词来说，不存在启动效应；与之相反的是，不管句子语境如何，左视野上的相关目标词都能得到促进加工。这些结果提示，左半球具有选择符合句子语境的合适意义词的功能；而且，研究支持如下观点：右半球在维持可选择词义上起着一定作用。句子阅读理解过程可能也是整个句子的意义被整合且对无关信息进行抑制的过程。而在这个过程中，两半球各自有何作用呢？Faust 和 Gernsbacher（1996）的两个实验研究了在句子理解过程中，不适宜信息随时间被削弱或被抑制的半球间差异。实验要求被试注视着中心呈现的一系列词（这些词构成一个短句），句尾词或以同形或以同音形式出现。被试要作的反应是，快速判断一侧呈现的测验词是否与句子的整个意义有关。当测验词呈现在任意视野上时，与上下文不符的同音词的抑制现象均被发现。但是，仅当测验词在右视野上呈现时，才发现与上下文不符的同形词受到抑制。句尾词是同形词的实验结果与如下的假设相一致，即左、右半球的语义选择系统是以质的不同方式操作的。句尾词是同音词的实验结果提示，虽然在一定程度上，两个半球都具有抑制不适宜信息的能力，但是，相比较而言，左半球也许更擅长于抑制。

2. 小结

句子水平上的研究在当前主要集中于歧义句的识别、间隔词效应等，也经常用到启动法。有关句子启动效应的诸多研究结果提示：①左半球加工词义是受到句子情境调节的；与句子情境相一致的词义被维持着，并成为句子整个意义表征的一部分；但是，与句子情境不一致的意义不被维持而处于不可通达状态。②由于右半球缺乏句法分析能力，右半球也许需要借助更高的词水平上的语义以在句子情境的促进作用得以发生的条件下对句子信息进行加工。即右半球在文本加工中的作用可能表现在两个方面：①建立在句子中除语义启动之外的机制之上；②依靠文本中多个语词所引起的增强了的语义启动，即有点类似于 Beeman 等（1994）提出的总和启动效应（summation priming）。有人进一步认为，右半球也许对某些句法一致性类型是敏感的。

（三）总结和展望

依据前面综述中提到的诸多研究，可以看到，无论在哪一水平上，半球上的语义激活和选择都是紧密联系在一起的。即在一定条件下，两半球上的语义信息都是可能被激活的，但在激活范围上可能有差异。接下来，半球将对无关信息进行抑制，但对于右半球是否有抑制功能还存在争议。不过，就现有的研究来看，虽然不同的水平有其自身的加工特点，但似乎也存在一致之处。主要表现在半球作出选择的过程和时间紧密相关。基于已有的研究，似乎可以这样概括语义选择的两半球机制，即两半球都可能被激活，并随时间推移，左半球将抑制有关信息，集中于某些语义信息；右半球将不断维持有关语义信息。但由于在这个问题上还存有异议，因此，正如我们前面所指出的那样，它需要进一步的实验来论证。由于正常两半球间由胼胝体相连，因此，一个半球的加工并不是孤立进行的。实际上，两半球是对输入信息共同进行加工，这样，半球的语义选择机制应不仅仅是牵涉单个半球的加工，还与两半球的协同有关。Faust 和 Chiarello（1998）基于他们的研究结果就提出一个两半球互动模型来探讨歧义词的加工。Chiarello 也认为，右半球和左半球的语言信息加工方式存在很大差异，但在语言信息加工过程中，两半球间将以互补合作方式（complementary fashion）协同进行。综观近年来的诸多研究可以看出，国外一些研究者一直未忽视右半球可能拥有的加工能力及在语言理解和加工中的可能作用，这一点应引起我们的注意。但是，从已有的一些研究来看（如 Bayes 等 1995），右半球上的语言加工能力似乎又是不存在的。很明显，这两种观点存在巨大的差异。对于其中的原因，有人曾作过较为细致深入的探讨（如 Chiarello 等），本书不再赘述半球上语义选择研究中，多数研究者似乎都偏好启动法，但我们认为，语义匹配法也不失为一种较好的研究方法。由于 fMRI 技术及相关实验设计方法不断丰富和完善，未来研究中，还需结合采用 fMRI 考察不同脑区上的反应及其间的相互协同。对于半球上语义选择时间过程的研究，ERP 技术也应被考虑使用。因此，综合运用有关研究技术将能从不同角度切入半球上语义选择方面的问题，从而推动语义选择的半球机制的研究不断深入。

四、两半球的整合机制

左、右两半球存在机能专门化的差异，但更应注重两半球相互补充、相互制约、相互代偿的关系，两半球协同活动使得各种心理机能完整产生。

Milner 认为：在两个半球相对应区域上，心理机能既是专门化的也是互相补充的。Benton 提出：优势恰恰体现了机能的不对称性，也就是两半球以不相等的程度提供各种特殊机能。理论上某一特殊机能的不相等程度可能是绝对的（即一侧半球唯一地具有此机能），但绝对的不相等是罕见的；更为经常的则是相对的（即一侧半球在调节此机能中较为重要）。所以有些研究者宁愿承认一侧半球具有某一特殊机能而不说它是优势半球。Levy 总结了机能不对称的证据后认为，大脑两半球存在共生的关系，一侧脑倾向或完成某认知作业，而另一侧脑对该作业感到困难或者不喜欢。右半球辨认空间，知觉形状，将感觉输入译成表象，缺乏语音分析器；而左半球分析时间，知觉细节，译成言语描述，缺乏完形的综合器。

裂脑人的任一侧半球都能独立地对外界刺激起反应，所以对其的研究促使人们对于左右半球的机能，特别是右半球的机能有了更深刻的认识。当裂脑病人用右手摸到一个物体时可以叫出它的名字，而左手摸则不能命名，但可以指出写着该物体名字的卡片。当把一个图形呈现于病人的左半视野时，也就是信息传至右半球时，病人可以用左手在屏幕下摸出图形上的物体，但叫不出它的名字。左手拿过的物体，右手不能再认；反之亦然。另一实验中向病人的左半视野呈现一问号，向右半视野呈现一美元符号，问病人看见什么时，他回答说一个美元符号，要他用左手写出他看到了什么时，病人画出了一个问号。将 10 以内的算术题如 3×4，$10 \div 2$，呈现于病人左半视野，他不能算出结果，甚至根本不理解数字的意义，说明主管计算的是左半球。当要求用左手临摹和绘画时病人毫无困难，但用右手很难完成该任务。同样，要求病人用右手把一些部件拼成一个图形时也会出现困难，说明在空间知觉上右半球起主要作用。

裂脑病人的单侧化研究提示：两半球可能具有分离或独特的意识，单侧半球具有许多专门职能，同时也表明正常人脑的两侧半球必须协作，相互补充。正常人脑的两半球之间通过胼胝体不停地互换信息，我们也总是以大脑两半球的协调活动面对环境，我们的认知与行动都是大脑两半球间信息整合的结果。但对于两半球间相互作用机制知之甚少，21 世纪的认知神经心理学一方面要进一步明确大脑功能单侧化的意义,更重要的是阐明大脑两半球间的信息整合机制。在过去的 10 多年中,研究集中于两条主要路线:一是检查信息传递是如何被表征的;二是检查半球间的相互作用如何影响脑的加工。下面我们就通过元控制模型来分析这两条路线。

Levy 和 Trevarthen 在对四个连合部切离病人的研究中提出元控制概念。元控制是指决定半球占主导并控制认知操作等信息加工的一种机制。元控制模型认为,两半球协同加工信息的结果可能与一个半球的加工模式相近。常用的方法是将只有一个脑半球直接得到信息的加工与两半球同时得到相同信息所进行的加工进行比较,即当两半球都通达输入的有关刺激时,哪个半球将占主导地位。Hellige 等将 Levy 和 Trevarthen 针对病人的研究而得到的结论,延伸至正常人。他们让右利手被试依据面孔的一个特征(发、眼、嘴、颚)的信息,识别连续呈现的两幅面孔是否相同。他们将相同刺激信息同时投射至两半球上发现,对于双侧刺激,两半球共同加工的模式与左半球上的相同,而与右半球的不同。该结果提示,左半球在双侧刺激加工中起主导作用。在另一项实验中,研究者要求被试尽可能快地判断两个上下排列的字母是否相同。结果表明,右视野(左半球)与左视野(右半球)之间正确反应时出现了交互作用,原因是右视野(左半球)有明显的"同快效应",而左视野(右半球)则没有。虽然没有任何一侧半球的一致性反应优势,但两侧视野(两半球)同时得到相同刺激时也出现了显著的"同快效应",提示两半球同时参与此项任务加工时采用了与左半球相同的表征方式。

用辅音-元音-辅音(CVC)无义音节的实验发现,右视野(左半球)的错误率显著低于左视野(右半球),表明存在左半球加工 CVC 音节的明显优势。左视野(右半球)上发现,末端辅音字母错误的百分率明显高于首字母,而右视野(左半球)差异要小得多。重要的是两侧视野呈现(两半球)加工时的错误模式类似于左视野(右半球)。该一结果提示,功能优势脑半球未必是信息表征优势半球,即任务加工为左半球优势,但信息表征为右半球模式。这是由于左半球能加工语音,而右半球采用了不太有效的"字母-字母"式的表征方式。当两半球共同参与加工时,元控制机制可以协调两半球不一致的加工表征,最终采取了使两半球均可参与的"字母-字母"式加工表征方式,以免两脑表征方式冲突导致整体加工效率的下降。

为深入研究其中的原因,接下来的实验以中间视野呈现替代了两侧同时呈现:一是可避免从左到右阅读扫描习惯可能导致的左视野(右半球)

主导加工；二是可消除刺激两侧同时呈现时的冗余性。结果表明，中间视野呈现 CVC 加工错误模式还是与左视野（右半球）的加工模式相似，而明显不同于右视野（左半球），提示中间视野呈现条件下的两半球整合加工同样出现了以上的分离现象。由于上述实验中 CVC 音节中的字母均是上下垂直呈现的，这并不是英文中常见的字母呈现顺序，不利于词或 CVC 非词的形成。因此，这种呈现方式显然不适合左半球加工，而采用右半球优势的"字母 - 字母"式表征则可能更为有效。这表明人脑在不符合正常阅读环境的例外条件下能够通过"元控制"机制协调两半球的活动，采取了更具"生态适应性"意义的加工表征。又有实验采用了旋转 CVC 三字母无义音节使其在视野中线处居中左右呈现，这类似于文字中字母的正常呈现顺序，应该由左半球加工。结果发现，这种呈现条件下出现了与右视野（左半球）相同的错误模式，表明在两半球整合信息中"元控制"选择左半球所偏好的表征模式。由此看来，大脑两半球虽然有各自的机能优势和信息加工偏好，但在加工不同特性的刺激和不同的生态环境下，可以通过"元控制"的协调机制来适应性调整左右半球的相互作用，使人脑始终具有较高的加工效率。

在元控制模型中，元控制机制的作用使得单个半球为主导，但元控制模型其实也表明了两半球是如何相互作用的，而且，显然这种情况是很复杂的。不同的半球同时影响任务的不同方面，对材料或任务某方面的加工可以是一个半球为主导，但对另一方面则可以是另一半球为主导。Banich 等的实验结果发现：对于不同的判断类型（即异与同），BVF 上的加工是模仿左半球的。对于不同的刺激类型，两个半球同时对成绩有贡献，两个半球的反应介于每个半球相对独立时的加工结果，这种反应被称做中间反应（midway response）。这时，半球的互相作用模式是混合的。而半球间一体模型认为，两半球有机结合形成一个整体对信息进行加工。半球间互动过程必定受到参与半球自身所具有职能的影响，但不是必然地受限于它们。Banich 等总结有关实验研究提出了描述两半球共同加工信息的三个实验模型，这三个模型构成一个动态模式图（图 8-1）。这个模式描述了复杂的信息加工过程和大脑两半球间关系。形象地看，图 8-1 模式的左端可以用"1 + 1 = 1"概括，中间的模型可用"1 + 1 ≤ 2"概括，模式的右端可用"1 + 1 > 2"概括。未来需深入研究的问题是，阐明决定特定互动类型。

半球主导模型—半球混合模型—半球一体模型

图 8-1　半球间互动模式图

研究还发现，随着任务计算复杂性加大，大脑两半球间的相互作用可以提高脑的加工绩效。如由于字母音的判断比字母形的辨认要复杂，所以英文字母音"同"判断（如"A"与"a"）出现了半球间加工的明显优势，而形"同"的判断（如"A"与"A"）则有半球内加工优势。再如，让被试判断两个数相加等于10时，一个数字出现在一个脑半球比两个数字出现在同一个脑半球成绩更好。相反，如果是判断两个数字是否相同时，半球间的相互作用没有优势。显然，相加任务比较复杂，不仅需要辨认，而且要完成加法运算。还如汉字的形似判断并没有出现半球间的加工优势，但音和义的判断却有明显的两半球加工优势。因为，音义加工要比形的加工更深，两半球相互作用可以提高加工绩效。双任务中，任务一是靶数字与非靶数字相加，任务二是该靶数字与另一非靶数字相减，若在一侧半球做任务一，另一侧半球做任务二，任务一的完成绩效比在同侧半球完成这两项任务更好。

随任务加工难度加大，人脑对注意资源的配置能力增强。有研究表明，信息加工时的干扰会促使大脑两半球整合从而提高加工绩效。这个研究采用了三个著名认知实验范式。任务一让被试注意刺激整体的同时忽视局部，或注意局部而忽视整体；任务二是让被试完成两个项目的同一种特征（如形状）而不是另一种特征（如颜色）的匹配任务；任务三是Stroop任务，要求被试注意（命名）词的颜色而忽视词的意义。当两种信息间没有干扰时就不太需要注意的选择控制，两半球相互作用无助于加工。例如，当刺激的整体和局部相同时，或当一对刺激具有相同的形状和颜色时，或当词的名与词的色相同时。但当信息相互冲突时，人们必须选择一种信息而忽略另一种信息，这种干扰或抑制会由于半球间的相互作用而分担从而改善绩效。如当刺激的整体与局部形状引起不同反应时，当一对刺激形状一致而颜色不一致时，当词的名与词的色不同时。Banich等的解释是，脑的加工能力是有限的，单位时间内脑的加工效率与任务加工量成反比，在任务计算复杂性提高时的有效加工则需要更多的加工资源。两半球是两个分离的加工器且有各自的能源库，却能通过合作提高脑的工作效率。脑为提高工作效率，一方面，两半球间的相互作用以增加任务的加工资源；另一方面，由于两侧半球又是相对独立的，信息通过胼胝体在半球间进行整合时也许会消耗时间或增加加工步骤，导致半球间加工出现额外的能源支付。当计算复杂性较低时，信息直接到达一侧半球（半球内加工）有加工优势。随着任务难度的加大，会出现加工效率从半球内向半球间的位移。可以大胆地推测，两半球间存在着两种彼此作用的反向力量。由于人脑两半球间可以进行最佳的加工能源配置，结果使整体行为出现最有效的表现，即用最少的脑资源实现着最快、最正确的反应。

以上研究中任务加工复杂性的提高主要表现在加工步骤的增加，或选择性注意要求的提高，采用了行为实验手段对大脑两半球之间信息整合加工的研究。结果表明，大脑两半球之间的信息整合加工既具有明显的"生态适应性"，又能根据低能耗、高产出的经济性原则进行自动调节。目前的认知行为实验研究思路有两条：一是强调表征方式的质的效应；二是强调加工的量的变化效应，即"各部分之和不等于整体"。也有研究发现两半球接受信息后的加工表征会完全不同于任何一侧脑半球，这表明，通过加工表征方式的比较有时也许不能完全反映两半球信息整合的规律。还有研究表明，具有明显功能优势的任务加工（如语音处理和言语表达）在加工难度提高时并没有两侧半球加工的增益效应。因此，为进一步深入探索，应将认知行为实验技术与直接测量脑功能活动的技术，如事件相关电位技术或功能磁共振成像技术结合起来研究。

五、语言功能的脑成像研究

（一）汉语加工

唐纳德·赫布认为，人类大脑"具有接收、理解和形成言语的特殊结构"，该观点已部分得到脑神经解剖学的支持。目前，解剖学上发现大脑中存在和"说、听、读、写"四种言语能力相对应的四种言语中枢：

（1）言语表达中枢 – 左半球皮层额下回（即第三额回）后部。其主要功能是口语表达，该区域若有损伤，会发生典型的"口语表达性"失语（失语症），即无正常言语，说话缓慢费力，语言贫乏，严重患者基本无语。多数患者能说出单词，但发音不清，造不出完整的句子（类似电报语），并有不自主的言语重复。1861年法国神经外科医生保罗·布洛卡最早发现该言语中枢，所以通常也将此称为"布洛卡区"。

（2）言语感觉中枢 – 包括大脑皮层左半球颞上回、颞叶后部以及顶叶在内的广阔区域。其主要功能是言语理解，该区域若受损，患者尽管能主动说话，听觉也正常，但却不能理解别人的以及自己的话语。1874年德国神经学家卡尔·威尼克于最早发现该言语中枢，所以通常也将此称为"威尼克区"。

（3）言语阅读中枢 – 左半球顶叶的威尼克区后部（角回区）。其主要

第八章 认知心理的神经基础及临床研究

功能是把语言转换为视觉信息,又能把文字信息转换为语音,即实现书面语的视觉表象与口语的听觉表象之间的转换。所以,一般把"角回区"称做是书面语和口语之间的"桥梁"。该区域若受损,视觉表象与听觉表象之间的联系就中断,书面语就不能转换为口语,形成书面语阅读障碍 - 过去认得的文字现在读不出音,患者能说出听到的词,却不能说出看到的词。这种阅读障碍被称为"失读症",所以,角回区被认为是"言语阅读中枢"。

(4) 言语书写中枢 - 大脑皮层左半球的额中回(即第二额回)后部,头、眼和手的运动投射至左半球区内。其主要功能是书面语表达。该区域若受损,患者产生书写障碍 - 造成"失写症"。由于书面语和口语都是内部言语的外部表现(只是表现形式有所不同),所以书写中枢和表达中枢之间有密切联系:当书写能力有较严重障碍时,说话也往往有些困难;反之,当口语表达有较严重障碍时,书写能力也会轻度受损。从脑区域上可理解这种表现,言语表达中枢和言语书写中枢二者都在左半球的额叶部分,前者在额下回,后者在额中回,彼此互相邻接。因此,当这两个言语中枢之一有损伤时,会对另一中枢的功能产生影响。

分离视野技术下取得的研究成果是行为水平上的,现在利用脑成像技术使得人们关于脑的语言功能的认识又前进了一大步。就目前的研究结果来看,我们似乎可以得出以下结论:①左半球控制语言的加工过程,但右脑对左脑具有支持作用。②言语生成和言语知觉作为言语加工过程涉及许多不同的神经机制,它们在大脑中的分布是网络式的,广泛分布于左半球脑甚至右脑中,言语生成系统延伸到后部区域,言语知觉系统延伸到前部区域。大脑外侧裂周围区域的联合皮层区可能是语言加工区(caplan),包括:①第三额回的三角部和岛盖部,即 Broca 区(BA44/45);②中央前回和中央后回的岛盖部位联合皮层;③顶叶缘上回和角回(BA39/40);④Wemicke区(或者 BA 41/42);⑤第二颞回邻近区域。另外,辅助运动区和尾状核、壳核和丘脑的某些部分可能也参与了语言加工,但是语言加工大部分是在皮层区进行的。Petersen 等最早通过实验提出左侧前额叶和语义分析有关。阅读过程中额下回的激活反映了语音信息的短时存储。有研究者还提出复述回路:前运动皮层、次级运动皮层到 Broca 区。口语中的语音加工中左侧额下回起到了分割亚语音信息的作用。

由于汉语语言系统构成的特殊性,认知加工的神经基础必然会与拼音文字有所不同,这种不同必然会反映到皮层表征上。一系列研究表明,加工汉语时激活的许多大脑皮层区域在加工西方语言时很少被发现。Tan 等要求被试根据所呈现的汉语单字和双字词产生一个与之语义相关的词,在完成这个任务时,左下前额叶的脑区被激活,这和已往使用英文的研究结果一致,因为这也是英语语义加工和提取的主要活动区域。所不同的是,加工汉语的活动高峰在额叶中部(BA9),这个区域的活动在以往用拼音文字所作的研究中几乎从未被报告过,即使有也是很微弱的激活。汉语的字形结构要求对笔画和偏旁部首的视觉-空间位置作精细分析。最近脑成像的研究表明,左额中皮层(BA9/46)主要调节空间和语词的工作记忆。D'Es posito等发现,左侧额中皮层还负责工作记忆的中央执行系统协调认知资源的分配。在完成汉字的语义(语音)加工任务时,需要在视觉-空间分析和语义(或语音)分析间进行认知资源的协调分配。因此,左额中回的强激活与汉语方块字的特性密不可分。

汉语加工中右半球也有激活,这也和加工汉字需要大量的视觉-空间分析有关。右额极(BA 10/11)、右额叶(BA 47/45)、右额叶背部(BA 9/44)和顶叶下部(BA7/40,39)在语义判断与同音字判断任务中也被激活,但在加工拼音文字时这些区域并未发现激活。众所周知,右额前区主要负责提取知觉物体空间关系时所需要的情景记忆加工,右半球的BA7/40/39区通常在完成空间工作记忆任务时被激活。因此,研究者推测,右额叶和右顶叶的皮层主要负责对汉字笔画的空间位置和笔画组合进行加工,协调整合大量的视觉-空间分析,这是加工方块字所必需的。总之,大量研究已证明,除加工所有语言共同的脑神经活动外,汉语加工还有特殊的皮层表征。

关于语义的激活和选择,前面我们介绍的是行为水平上的研究。有人采用事件相关功能磁共振成像(event-related functional MRI,ER-fMRI)技术,探讨汉语语义判断任务中选择、抑制机制的神经基础。研究方法是,对9例右利手的健康成人进行了侧抑制任务(flanker task)与汉语语义判断任务相结合的实验测试,同时采用1.5T磁共振成像系统,采集其脑部的BOLD-fMRI数据,通过AFNI软件进行统计分析,得到脑功能活动的图像。结果是:①语义选择的相关脑区包括右侧额上回(BA 6)、右侧扣带回、左侧额中回(BA 9)、双侧运动区和运动前区、左侧顶下小叶;②负责语义判断抑制功能的脑区主要有右侧额中回和左侧额下回。此外,随任务难度增大,前扣带回激活,而且从以右半球激活为主过渡到以左半球激活为主。

脑成像结果显示:随任务难度增大,右侧额上回(BA 6)、右侧扣带回、左侧额中回(BA 9)、双侧运动区和运动前区及左侧顶下叶激活,这与相关研究所确认的语义加工脑区基本一致。许多神经影像学研究提出左侧额下回是语义提取的关键脑区,但 Thompson-Schill 认为在词语比较任务中,对互相竞争的各种语义知识作出选择而言,左侧额下回发挥必要作用,但是不包含语义提取。但有研究采用言语材料,脑区激活最明显的是右侧额叶。右侧前额叶明显激活可能反映工作记忆负载的增加。由于右侧前额叶是工作记忆的重要脑区,任务难度增大必然造成工作记忆负载和对注意资源需求的增加。前扣带回负责作业监控,同高反应竞争情境有关,而且前扣带回与运动前区及前额叶均有紧密的纤维联系,在语义加工中与前额叶起协同作用,运动前区则参与发动和抑制自愿运动。

(二) 语义加工中抑制机制的神经基础

在确认抑制机制的神经网络及单侧化方面,心理学家们尚未取得一致看法。Garavan 和 Konishi 的 ER-fMRI 研究发现,额中回和额下回的激活呈右半球优势;而 Rubia 等的研究显示为左半球优势;Casey 却观察到双侧前扣带回、前额叶中部和额下皮层的激活。又有研究得出以下结论:①当任务难度增大及反应加工时间延长时,脑区激活有从右半球向左半球过渡的现象。提示:相对于右半球而言,左半球承担更复杂的任务,所以抑制机制的单侧化与任务难度及加工策略的选择有关。②在两种难度的判断任务中,均出现背外侧前额叶(dorsolateral prefrontal cortex,DLPFC)激活,DLPFC(主要是额中回)的激活强度与任务难度无明显相关性,而与干扰程度呈负相关。一般认为,DLPFC 负责实现自上而下的控制功能,该脑区活动越多,抑制功能越强,导致的干扰效应越小。前扣带回(anterior cingulate cortex,ACC)仅在判断小于 5 千克的任务时才有激活,其激活强度与任务难度呈正相关,但是与干扰程度无明显相关性。所以,DLPFC 和 ACC 在冲突解决过程中所起的作用不同,前者负责实现控制及解决冲突,后者负责察觉和冲突监控。

选择与抑制功能的矛盾和统一 负责语义加工与抑制功能的主要脑区均位于前额叶,但两者之间并非截然分开,而是有相互重叠,主要体现在背侧、腹侧前额叶中部及背侧前扣带回。在语义任务中发现左半球背外侧前额叶、内侧皮层及顶皮层的 BOLD 信号增加,可能反映左侧额顶区专于语义选择。另外,前额叶中既存在共用的抑制性神经网络(如右侧额下回,即 BA 45),即抑制过程的任务普遍性;同时额叶的不同部分又负责抑制功能的不同方面。但是有关前额叶内的一些脑区在功能上究竟如何组织,才能保证成功和高效的抑制控制,尚需进一步深入研究。

第四节 脑的开发

认知心理学在过去 30 多年的发展中，基于人类认知活动的实验研究，概括出许多基本心理过程的普遍特性，这些特性不仅可以通过认知实验进行严格的科学描述，有些还可进行定量化比较。与此同时，神经科学发展的新理论和新技术，有助于揭露基本心理品质的脑科学基础。这里将可作为心理素质的普遍心理特性及其脑功能参数概括如下，这些都是进行脑开发的理论基础。

一、内隐心理过程与外显心理过程的相互转换特性及其脑细胞活动基础

内隐心理活动都是通过外显心理活动的变化间接测量，目前尚未找到直接测量内隐心理活动的好方法。内隐记忆与外显记忆相比，一是神经细胞活动水平有显著差异，内隐记忆参与的细胞数少，耗能低，信息加工效率高。二是自动加工与控制加工过程的转换效率及其脑代谢基础。两类加工过程的特性在脑功能影像中有明显可见的差异。例如，学习计算机游戏程序之始，脑区域性葡萄糖代谢率普遍增高；三周后操作自如地玩同一游戏程序，则脑区域性代谢率与安静休息时无明显差异。三是心理资源分配的速度与特点及其脑诱发电位特性存在差异。神经冲动在脑内传导的特性，可通过平均诱发电位不同成分的多种算法，精细分析某些认知作业中神经信息在脑内传导方向与速度的特性，包括脑左右两半球间、前后脑间、表层与深层结构间的传导关系，均可作为心理素质的脑功能基础的一种客观参数。脑事件相关电位研究表明，心理资源分配和随注意转移伴随多种成分的改变。脑自发电活动研究也发现，0~14 岁儿童自发脑电复杂性随年龄增长，维度复杂性显著增高。四是心理加工及决策的复杂的时空特征。这种复杂心理素质可以简单通俗地解释为完成某项心理作业的速度和流畅程度，以及作业成绩的完美性。完成同一心理作业，不同人的心理加工既有相似性又有个性差异，其个体差异是心理素质的一个重要侧面。近年认知神经科学研究表明，高智商者完成同一认知任务速度快，脑能量消耗低，信息加工效率高。用脑成像技术可以测出这些生理参数的个体差异。

二、脑功能和智力潜能开发的科学内涵

既然思维功能的左右脑分工说是不确切的,就不能以右脑作为智力潜能开发的科学根据,那么怎样理解全脑开发呢?心理学家在过去15年采用精细的实验设计研究了无意识的内隐心理过程并取得了突破性进展,表明以往心理学的全部研究仅是意识过程的变化规律,只是人类心理活动的一小部分,有如海上漂浮的冰山。

1954年加拿大蒙特利尔大学教授Penfield医生的科学专著,描述了切除癫痫病灶脑手术中发现的事实。一位年已60多岁的病人在切除位于颞叶的癫痫病灶之前,对附近的正常颞叶皮层用适当的微弱电流刺激,则病人立即唱起一首社会上早已不唱的童歌,或说出绝传的童谣,并不时喊起爷爷、奶奶或小猫、小狗的名字。停止电刺激,病人就会立即从50多年前的生活情景中回到手术台的现实中来。医生请他重复方才唱的歌、说的童谣,他却十分茫然,不明白医生要他做什么。该科学事实说明,人类无意识记忆的容量是无限的,它可以把你一生中所看到、听到的一切情景完好无损地存储到头脑中。我们之所以回忆不起来,既不是没把事情放入脑海,也不是记忆痕迹在脑海中随时间推移而消退,其真正原因是提取困难,很难投射到意识中来。然而,脑中大量无意识的内存总是找机会发挥作用。

智力潜能正蕴藏在这些无意识过程之中。自发的创造活动即灵感油然而生,豁然开朗的境界正是源于大量无意识活动,源于头脑中存储的长期经验和经历。脑功能开发正是要创造条件,充分利用无意识。创造活动应是形象思维与抽象思维综合运用。而形象思维能力和抽象思维能力都是意识活动的能力。意识活动调用无意识中的经验和知识,就是创造活动。

人类的情感和情绪过程也由意识与无意识两个侧面组成。日常生活中,我们常常体验到的持续性的无名烦恼和焦虑,就是一种无意识的情绪状态。无意识心境是一种较为持久的情绪状态,对人们的身心健康影响很大。因此,脑智力潜能的开发常常是自觉地调节心境,乃至培养美好情操,激励认知的过程。正确的认知活动有利于调节情感活动。近年研究发现,一种简写为CREB的核内蛋白质就成为长时记忆形成中的一种关键分子。它的激活通常经过递质-受体-胞内信使等数十种分子链的传递过程。然而发现有一种类似激素的小分子却可以迅速激活CREB,分子生物学还发现激素分子可以径直穿过细胞膜乃至核膜,钻入核内快速激活基因、调解蛋白。这个发现有可能解释快乐情绪背景下长时记忆不但容易形成而且能维持长

久。可能"一见钟情、刻骨铭心的记忆"正是激素分子径直钻入细胞乃至细胞核内引起 CREB 激活的结果。

三、科学监测脑发育关键期的可行途径

20 世纪 60 年代初动物视觉剥夺实验发现,将刚出生的猫或猴的眼睛长时间遮蔽后,再打开眼罩,则其视知觉能力很难正常发展起来。狼孩语言能力的研究表明,自幼失去语言发展的环境,未来即使身处语言环境,其语言能力仍不能达到正常人水平。即脑在个体发育中存在着不同功能的发育关键期。此时必须有相应的适宜环境条件,在适宜的环境条件下,其结构及功能才能得到相当程度的发展。错过该时期,即使复得良好条件,相应结构和功能也很难发展到相当的程度。

脑发育关键期研究已有 30 多年的历史,但由于不可能在发育期儿童让像对动物那样被剥夺感知觉,因此儿童许多能力发展的关键期至今不十分明了。大体上说,0~2 岁是儿童感觉 - 运动功能和简单语言能力发展的关键期;3~4 月龄至 13 月龄为简单感觉运动发育关键期;知觉表征发育关键期为 0~7 岁,抽象概念表达和复杂精细语言表达能力直到青春期才能发育完全。不同脑功能结构形成的关键期起始、终止和持续时间不同,而且个体差异很大,大量实验证据已不容怀疑其客观存在,问题在于如何研究和观察正常儿童脑发育关键期。为此,应首先回答关键期的实质。

现代生态理论认为脑的进化发展总是受制于生态环境,脑的胚胎发育和个体发育也毫不例外,总是在遗传基因和环境相互作用中逐渐完成脑功能模块的构建过程。虽然成年脑仅占全身重量的 2%,耗能量却达 20%,脑基因组数占全身 1/3。在脑发育过程中,遗传基因决定所生成的脑细胞及其间联系的突触总数超过实际所需的量,依环境因素选择最佳的细胞及其间联系的突触构建功能模块后,再清除超量组织成分。胎儿脑在出生前 6~9 周,已形成的脑细胞数超过正常成人的一倍,这种超量为形成脑的诸多基本功能模块提供了充分的选择余地。通过神经内分泌系统和植物神经调节内脏活动的功能模块,很快组建起来;但机体对外环境刺激的感觉 - 运动模块,因母体内环境限制,得不到充分发展,造成大量多余细胞的清除。胎儿出生时脑细胞总数与成人相同,但细胞体积小,树突分支少,轴突裸露(成年人细胞轴突覆盖脂蛋白的髓鞘,以保证传导功能)。所以,出生后在丰富外界刺激作用下,脑消耗全身总能量之半,主要用于神经细胞轴突髓鞘化、树突分支、胞体增大以及细胞间联系的突触大量形成,4~6 岁儿

童脑细胞间突触总数达成人的150%，为各种脑高级功能模块构建提供了充分的前提条件。随着各种高级功能模块一个个构建成功，多余的突触逐渐被清除。16岁或至青春期，各种高级功能模块均已构建完毕，脑突触总数完全降至成年人水平。此后脑细胞总数逐日减少，细胞的凋亡伴随存活细胞功能效率的提高。所以脑发育的关键期实际就是各种功能模块的构建期，包括高效突触与网络的选择和多余细胞与突触的清除两个过程，也是细胞功能效率提高的时期。参与功能的脑细胞数和消耗能量由多变少的过程，这是脑发育关键期的可观测生理参数。现代多种无创性脑成像技术可用来测定不同认知功能中脑激活区及其与能量代谢相关的生理参数，如功能性磁共振成像可以测定认知活动中脑区域性氧代谢情况。

四、对脑的可塑性的认识

20世纪60年代初，两种不同生活条件下大鼠脑细胞的比较研究，开创了脑可塑性的研究领域。美国加州大学心理系教授将一组12只大鼠放在宽敞的笼中饲养，多种玩具不断轮换地放入笼中。另一批大鼠分别孤独地单一饲养在非常小的笼内，除食物和水外没有任何玩具。半年后发现两者脑发育明显不同。这项研究报告以来的30年中，从整体、细胞和分子等不同层次上揭露了大量科学事实，证明脑结构与功能在一生中都存在着可塑性，包括在病理条件下脑功能代偿性变化，实验中动物感觉器官状态引起的脑功能区重组以及脑内突触可塑性变化（如长时程增强或抑制效应LTP和LTD）。

脑的可塑性是指其先天结构或功能具有一定的可变性。脑结构和功能是生物进化长期累积的结果，由于后天环境条件不同，引起脑结构与功能相应的变化，其实质是短期事件（从毫秒级的脉冲刺激到数日数年的病理状态）引起的改变转化为脑结构或功能模式的长时事件，包括突触稳定的形成、脑功能区的重组等。从教育的角度关注这类研究的重要内容是可塑性变化的约束条件。大量实验证明，引起脑可塑性变化的两个必要条件是环境中的适宜刺激和脑内必须的营养与能量。脑发育关键期中脑的可塑性最大，此时脑消耗的能量最多，也最需要良好的环境条件。动物实验表明，为了促进脑细胞树突分支且在其上形成大量突触，神经营养因子和兴奋性神经递质是必需的物质，前者促进细胞得到充分必要的营养因子，后者是在生态环境下受到外界刺激后脑内形成的传递神经冲动的分子。

充分利用可塑性的适宜环境条件，因科学发展水平不同，可有不同的理解。20世纪50~60年代巴甫洛夫经典条件反射的观点，认为适宜的条件是刺激与强化在时间上的接近。斯金纳的操作条件反射理论则强调学习的内驱力和动机水平以及强化时间表的作用，有四种刺激与强化的时间关系，分别有利于不同行为模式的巩固。然而，近几年分子神经生物学研究发现，长时记忆的形成不但靠神经信息在细胞之间传递信息的大量分子，还靠细胞内一些分子将信息传向细胞核内，激活一种核内的基因调节蛋白（如CRCB）是长时记忆形成的必要条件。这种核内基因调节蛋白激活所需要的细胞间和细胞内信息传递过程在果蝇中至少10~15分钟。果蝇形成长时记忆的效果随学习和复习之间的时间间隔为1~10分钟并随时间延长而提高，15分钟之后就不再变化。学习和复习的最佳间隔为10~15分钟，这与脑内细胞核CREB蛋白激活时间吻合。这说明过于频繁重复学习和复习未必能增强信息的长时记忆。

充分利用脑可塑性的脑营养条件更是值得深入研究的问题。吃什么食物对儿童脑高级功能十分重要。美国教育家发现：食物中的化学物质可以产生各种不同反应，吃东西本该是令人愉快的事，但食物不当可导致注意涣散、抑郁、惊恐，甚至困倦。营养的早餐应含有充足蛋白质，仅食水果汁、饮料和甜食，一小时后就会从体内耗尽，有些孩子就会变得烦躁甚至恶作剧。至少蛋白质缺乏可引起淡漠、反应低下或易激惹等，所以儿童许多行为问题与营养有关。总之，为了充分发挥脑可塑性的作用，不但在教学方法上下工夫，还必须在儿童营养学上下工夫。

第五节 社会认知神经科学

我们前面所介绍的神经机制是在忽略了不同社会和文化背景的个体条件下开展研究的，而其实，这些也是影响神经机制的重要因素。不同社会环境下的个体具有各自独特的心理，不同民族之间也如此。社会心理学认为，民族心理是指构筑在一个民族的经济地域基础之上并渗透着该民族共同文化传统、决定着该民族人们性格和行为模式的共同的心理倾向和精神结构，也就是人们通常所说的民族性格或国民性。因此，民族心理就是归属于同一民族的人的共同心理，包括民族情感、民族价值观念、民族的道德观念、民族审美心理、宗教信仰以及思维方式、民族性格等。

第八章 认知心理的神经基础及临床研究

一、认知忌讳

认知忌讳是在长期的社会化过程中形成的思想等方面的禁忌，是一种社会心理的反映。民族文化大的忌讳心理反映出不同的民族心理、文化意识和传统习俗。在实际生活中，某些词会给人带来不好、不吉利或不雅联想，好像是担心一言既出，其事必现。人们往往以相应的委婉语替代。忌讳首当其冲的是"死"字所反映出的民族文化心理。讲汉语的民族和讲英语民族都认为"死"是不吉利的。中国古代关于"死"的忌讳：天子、诸侯、大夫和士的"死"要分别说成"崩"、"薨"、"卒"和"不禄"，只有庶人或老百姓死了，才没有忌讳，可以直说"死"。现在，对社会地位较高的人或长者的"死"，则称为"仙逝"、"去世"、"谢世"、"过世"、"作古"、"老了"。另外，还有"牺牲"、"献身"、"诀别"、"永别"、"长眠"、"光荣了"、"去了"、"走了"、"归天"等。英语中的 die 的委婉说法也近百条，常见的有：to be gone，to pass away，to be called（to God），to be in Abraham's bosom，等等。由此可以看出"死"字所反映出的民族文化差异。这其实也提示，语词的事物指代性也许能变虚为实。其次是要避免不雅的联想和不吉利的谐音。如上厕所，汉语说成是"去1号"、"去洗手间"、"去方便"、"去卫生间"等。英语也不说 go to stool，而说 go to W.C.，to wash one's hands，等等。妇女怀孕，汉语说成"有了"、"有喜了"、"双身"、"身怀六甲"、"身子不方便"等。英语很少说 to be pregnant，而说 to be in the family way 等。又如，行船的人忌讳说"翻"字，吃鱼时，不说"把鱼翻过来"，而说"把鱼正过来"。陈姓人乘船，只能报自己姓"耳东"，不能报自己姓"陈"，避免与"沉"船谐音。结婚时忌讳说"离"、"分"、"散"以及同音的词语。春节时避免讲"裂"、"烂"等引起不好联想的词语，饺子下烂了，要说成"下过了"。煤气要说成"燃气"或"液化气"，以避免同音词"霉气"。这提示，语词的音是人们交流时的主要通道，而且容易使人产生音上的联想。

二、社会认知神经科学的研究

综合已有研究，1990 年 Brothers 提出社会认知的神经基础主要涉及三个脑区，即杏仁核、眶额叶（orbito-frontal cortex，OFC）以及颞上回（superior temporal sulcus and gyrus，STG），并率先将这些区域称为"社会脑"(social brain)。此后,关于"社会脑"的研究越来越多。随着事件相关电位、脑磁图、正电子发射断层扫描术、功能性磁共振成像等多种新技术的应用,科学家发现了更多的神经结构与社会认知与行为有关,对"社会脑"有了更精确的理解。岛叶、右侧躯体体感区、白质、基底节也参与社会认知过程,且更一般性的认知与执行功能在认知过程中同时进行。

社会认知神经科学是社会心理学与认知神经科学相结合的产物,因此它具有跨学科的性质。Ochsner 和 Lieberman(2001)认为,社会认知神经科学对社会心理现象的整合性研究将包含社会层面、认知层面、神经层面三个阶段(或水平):①分析相关的社会情境中动机作用下的社会行为,这是传统社会心理学的基本取向;②分析社会行为的信息加工机制,这是认知心理学的基本取向;③解释社会行为的信息加工的脑机制。这样对社会心理学的研究完整而深入。Ochsner 和 Lieberman 用三菱图(图 8-2)来描述这三种水平。在这个三菱图中,社会心理学和认知神经科学这两个母学科各自所具有的研究取向用不同端点来表示,其中的两个端点(A 和 B)分别表示认知的和神经的分析水平,C 和 D 端点分别表示个人的行为或经验以及个人或社会背景,这是社会的分析水平,而由这些端点构成的面就是社会认知神经科学的研究取向。

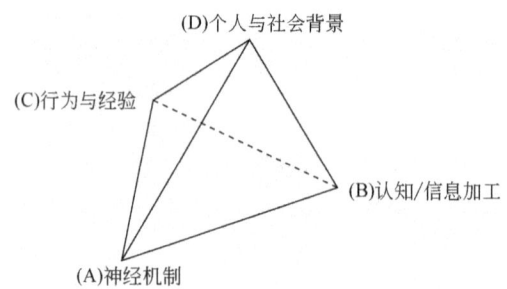

图 8-2　社会认知神经科学三菱图

资料来源:Ochsner 和 Lieberman(2001)

三、当前的主要研究

社会认知神经科学的形成是最近几年的事情,虽然还面临许多问题需要开展研究,但是已经取得了相当程度的突破。当前的研究主要集中于刻板印象、态度与态度改变、他人知觉、自我认知以及情绪与认知交互作用等传统社会心理学的范畴上面。

1. 关于刻板印象的研究

过去的研究主要集中于对种族刻板印象与性别刻板印象的探讨，而现在借助于认知神经科学的神经成像技术和神经心理学技术可以对刻板印象与脑活动的关系获得更为深入的理解。

Hart 等通过磁共振成像技术比较了黑人被试和白人被试在面对陌生黑人或白人面孔时的杏仁核激活状态，考察了群体外成员与群体内成员（对于黑人被试，白人面孔代表群体外成员，黑人面孔代表群体内成员；而对于白人被试，情况正好相反）的知觉差异。在第一阶段的实验中，要求被试判断所呈现的面孔的性别，无论黑人被试还是白人被试，在面对群体外成员或群体内成员的面孔时，杏仁核都处于激活状态。而在第二阶段的实验中，当面对群体内成员的面孔时，杏仁核的活动逐渐减弱；而面对群体外成员的面孔时，被试的杏仁核仍处于较高兴奋状态。Hart 等对此的解释是，无论是群体内成员还是群体外成员的陌生面孔，对被试都是模糊且有潜在威胁的，因此被试在第一次面对陌生面孔时都会引起杏仁核的激活；而这种激活水平在第二阶段的实验中，面对群体内成员面孔时逐渐下降，是因为被试对群体内成员形成了泛化的、先见的经验。

Phelps 等研究了杏仁核的激活水平与种族偏见的关系，其中杏仁核的激活水平以脑成像的信号强度、活动范围来度量，而种族偏见的程度则以内隐态度测验（IAT）反应时来度量。研究发现，在对黑人面孔进行反应时，杏仁核的激活水平与内隐的反黑人种族偏见的程度之间存在显著相关，但是，面对著名的或熟悉的黑人面孔时（如麦克尔·乔丹），被试杏仁核的激活水平与种族偏见之间无关。这说明白人倾向于把陌生的黑人面孔知觉为威胁的，并导致恐惧性反应。

个人能否预防自己刻板行为的发生或能否排除刻板印象的偏见作用是一个有争议的问题。Lieberman 等曾借助于磁共振成像技术要求白人被试和黑人被试在两种实验条件下观看三张面孔，在种族匹配条件下，被试需要判断屏幕下方所呈现的两张面孔中哪一张与屏幕上方出现的目标面孔属于同一种族；在种族标记条件下，被试需要判断两个有关人种的标签（如"高加索人"、"美国黑人"）中哪一个与目标面孔更符合。结果表明，当目标面孔是被试的群体外成员时，杏仁核的激活水平在匹配条件下高而在标记条件下低；而大脑额叶某区域的激活水平则呈现相反模式，在匹配条件下低而在标记条件下高。此外，研究结果还表明，与直接知觉目标面孔的加工方式相比，对刻板印象的语言加工方式杏仁核激活水平较低。

2. 对他人知觉的研究

对他人知觉的一个基本要素是面部识别。无论神经成像研究还是神经心理研究都表明，面部知觉依赖于皮层视觉中枢，包括皮层前部梭形脑回区，即梭形面部区域（FFA）和枕叶后部皮层。研究者认为，FFA 的激活反映对特殊面部不变特征的加工，即这些特征不因面部表情的变化而变化。有证据表明，当注意力被吸引到那些随面部表情而改变的面部特征时，FFA 的活动水平下降。然而，也有研究者对这个区域的特异性提出质疑，认为只要刺激具有视觉专门化的特征，FFA 可能对任何刺激都会产生反应。新近的研究发现，被试在知觉同种族人的面部时，FFA 的激活水平高于知觉不同种族人的面部，而且 FFA 的激活水平是对同种族面部与对不同种族面部的记忆程度的神经预测源。

有研究使用 fMRI 考察无意识地知觉快乐或悲伤面孔时，杏仁核与前扣带皮层的神经活动情况。使用掩蔽技术呈现情绪面孔，在快乐或悲伤面孔呈现 20 毫秒后，立即用中性面孔遮蔽。被试只对中性面孔进行性别判断。结果发现，观察被遮蔽的快乐面孔会激活两侧的前扣带皮层和杏仁核，而相应的悲伤面孔只能激活左侧前扣带皮层的有限部分，表明杏仁核与前扣带皮层在侦测与分辨意识阈限下情绪信息的系统中起重要作用。

在儿童心理理论（ToM）的范式内，社会认知神经科学家研究了基于非言语线索以及其他更复杂线索的归因失能问题。ToM 最早是发展心理学家使用的一个概念，用以描述儿童运用信念、愿望、情绪和意图等有关心理状态的概念对行为作出归因和预测的能力。Baron-Cohen 根据 ToM 理论推断，患孤独症和亚司伯格症（Asperger，一种与行为失调有关的综合征，简称 AS）的儿童缺乏自己的心理理论，因此他们不能将他人识别为有知觉能力和自我定向的生命体。新近神经成像的研究结果表明，孤独症和 AS 综合征儿童在解释眼神的社会意义时，其颞上回（STS）激活是正常的，但杏仁核激活是异常的，从而证实了 Baron-Cohen 的假设。

上述有关脑成像的研究和病人的研究资料显示，有关具有社会和情感意义的面部线索和声音线索的 ToM、面部识别、表情加工、对面部和非语言编码的研究有助于确定脑系统在推断他人意图过程中的功能定位。

3. 有关情绪与认知、人格相互作用的研究

情感是影响个人认知过程的内在因素，但是相关实验研究几乎没有开展，原因在于，要确定情绪是否对认知推理过程是必要的，唯一的方式就

是消除个体情感反应,然后考察其认知推理能力是否会受到影响。但是按照传统社会心理学的研究范式,要在实验中排除被试的情感反应显然是不可能的。不过,如果采用社会认知神经科学的研究范式,这种困难就在相当程度上被消除了。因为情感损害总是伴随着特定脑区域的损伤而出现,因此对这些病人的研究就可以揭示情感因素对某种特定推理过程的必要性问题。

临床观察发现,额叶内侧中下部中枢受损的病人通常表现出异常的情感冷漠或情绪冲动。Bechara 等研究了这些脑缺陷在简单游戏中对认知决策过程的影响。游戏中,被试如果能从若干纸牌中选中规定的牌,就可以赢钱。正常被试能学会尝试从有把握的纸牌中获得净收入,避免有风险的纸牌带来的损失。但是额叶内侧中下部中枢受损的病人则不会这么做。而且,在有风险的扑克牌中抽取时,病人的皮肤电不能显示"焦虑"的变化,而正常被试的皮肤电信号预示着可能的损失。Bechara 进一步研究证明,杏仁核受损也会影响与此类任务有关的推理过程,因为病人不能明白他们选择的意义,同时也发现大脑额叶内侧中部区域、OFC 区(与杏仁核相连的神经结构,对情绪具有重要的调节作用)被激活。这些研究从神经系统的水平上检验了推理过程中认知-情感的交互作用。还有研究发现,社会排斥引起的脑区激活类似于身体受伤害时引起的脑区激活。

第六节 个体认知心理的神经机制和临床研究

现在很多神经学家都承认,心理事件可能与脑内神经冲动的种种形式具有相关性。意识的神经机制是现代科学所面临的最深奥的科学问题之一。在意识性知觉方面,关于视觉的研究成果已经开始让人们懂得大脑皮层的工作方式。对语言和对失语症的脑机制研究,已从 Broca 和 Wernicke 语言区扩展为大脑皮层三套处理语言信息的装置。在学习和记忆的研究上,则已深入探讨其分子机制了。因此,对心理现象尤其是意识的研究,需要脑科学和认知心理学,这两个学科正走向融合。

心理学是基础学科,但有着广泛的应用。心理学在临床上的研究和应用对象是心理异常者。本书中,心理异常者主要是指弱智或者心智损伤者等认知能力或功能上出现障碍、损伤或失常的人。这方面的实验临床研究虽然已经有不少了,但迄今为止仍缺乏完整的、使人信服的理论。其中的原因既跟心理学目前的发展水平有关,也与心理异常现象可能存在非常复杂的机制有关。因此,它仍需要不断深入研究和进一步发展的,应该是多种学科协作研究的内容。本书虽然力图将有关的实验临床研究进行归纳和阐述,但却非常艰难。我们的介绍可能会顾此失彼,但我们还是尽力按照前述第一部分的框架来加以归纳和阐述。

一般认知能力主要指记忆、运算、归纳推理、空间定向等。目前在精神医学领域认知功能主要反映知觉、记忆、思维、学习、情感等心理过程及其功能水平。从损伤程度来看,认知有轻度损伤(障碍)和重度损伤(障碍)。轻度是一个正常化转向重度化的过渡期。本书只关心轻度损伤,因为重度的则是一种疾病了,其表现、机制等都是非常复杂和专门化的。轻度损伤有其临床表现:①自述记忆力有所减退,经检查也确实如此;②总体认知功能正常;③日常生活功能正常;④其记忆力或其他认知功能的减退尚未达到痴呆的诊断标准;⑤排除可引起脑功能障碍的神经系统疾病和严重内科疾病,排除抑郁症,排除头部外伤历史和特殊药物服用史等。

一、知觉神经机制和临床的研究

虽然格式塔心理学家提出知觉组织的一些基本规律已有很长的历史,但只是在近 10 年,科学家们才开始通过实验研究揭示知觉组织的神经基础。

人类的视觉皮层包括初级视皮层 V1(亦称纹状皮层,striate cortex)以及纹外皮层(extrastriate corfex,如 V2、V3、V4、V5 等)。初级视皮层位于 Brodmann 17 区。Kapadia 等发现,感受野外的共线线段对感受野内的线段的知觉有促进作用。在一定对比度条件下,在感受野外放置一条共线线段显著地提高了对目标的察觉率。当这一线段换成与目标正交或其他方向的线段时,这种效果就消失了。他们对初级视觉皮层(V1)神经元的反应记录表明,在感受野外放置一条共线线段能增强神经元对感受野内的刺激的反应。而只在感受野外放置共线线段,并不放置目标线段的情况下,神经元根本没有被激活。在两条共线线段之间放置一条垂直线段也能阻止这种情况的发生。Polat 等使用 Gabro 斑纹做相似的实验,发现感受野外共线的斑纹对感受野内的低对比度目标斑纹的察觉有显著的促进作用。而当目标斑纹的对比度比较高的时候,感受野外的斑纹对目标反而有抑制作用。

Sugita 发现猴子 V1 区的某些神经元对空间上分离的两条线段的反应比较弱,但当两条线段间被一个方块图形遮蔽时,两条线段由于遮蔽效应而被知觉成一条线段,在这种条件下,这些神经元对线段的反应大大增强了。这些发现表明,初级视皮层细胞不仅仅对局部特征(如朝向)反应,它们还能反映感受野内外的刺激之间的组织。这些发现说明初级视皮层有可能参与知觉组织。Giersch 等曾研究了一个视觉失认的病人。该病人的 V1 区完好而枕叶等其他脑区都已受损，但病人却有正常的轮廓整合能力。这说明 V1 区足以进行轮廓整合的工作。

Han 等曾用高密度事件相关电位技术研究了不同知觉组织之间是否有类似的神经基础。他们的刺激图形，由于局部元素（圆或正方形）可以根据空间相邻性或形状相似性组成行或列，让被试判断由不同规律决定的组织的朝向，并记录与之相关的大脑电位活动。Han 等发现，与空间相邻性组织相关的大脑电位活动有两个成分，分别在刺激呈现后 100 毫秒发生在大脑中央枕叶和 200 毫秒后发生在右侧顶叶，而与相似性组织相关的大脑电位活动在刺激呈现后 230 毫秒后发生在左侧枕颞叶。这些结果提示与不同知觉组织相关的神经活动在时间和空间两个方面有所不同，与空间相邻性相关的神经活动发生得较早，并且在大脑右半球幅度较强，而与形状相似性的神经活动发生得较晚，并且在大脑左半球幅度较强。利用类似的实验模式，Han 等还研究了空间相邻性组织和颜色相似性组织之间的关系，并发现了类似的结果。这些发现表明，不同的知觉组织可能具有不同的神经基础。

在瞬息万变的环境中，对变化的觉知具有重要的生物学意义。Pessoa 等采用视觉工作记忆任务，探讨了觉知变化的神经机制。被试在短时记忆中，对先出现的刺激保持 6 秒，在收到第二个刺激时，对前后两个刺激是否相同作出判断。研究者采用 fMRI 手段，比较觉知变化和变化盲视（没有察觉到变化）时的神经活动。结果发现，觉知变化与额叶、顶叶和丘脑枕核，以及小脑等神经活动有关。当发生变化盲视时，几乎没有脑区表现出激活模式。研究者认为，额叶、枕叶、丘脑枕核和小脑可能与把注意分配到变化的位置有关，并控制视觉刺激的加工。觉知变化和很多脑区相联系，变化盲视仅仅和有限的脑区相联系。

客体的快速识别对人类的生存有重要意义。已有研究表明，对于复杂客体的识别与颞下皮层有关。非精细的、快速加工可以依靠皮层下视觉通路，并以杏仁核为终结。皮层下结构被认为具有原始的、本能的加工机制。皮层下加工和皮层加工的关系是研究者探讨的热点问题。此研究采用双眼竞争任务，短时呈现被试不能觉知的刺激（恐惧的面孔刺激和中性的、非情绪性面孔刺激），以降低颞下皮层对客体的加工。功能成像的结果发现，对于左侧杏仁核，与没有觉知到的中性情绪面孔相比，没有觉知到的恐惧面孔激活程度更高；对于物体识别的颞下皮层，恐惧刺激和中性刺激所产生的活动没有显著差异。研究结果表明，对刺激非精细的、快速的识别，不需要颞下皮层等高级皮层的参与，而是受皮层下视觉通路的调节。皮层下通路和皮层通路的加工是平行的。

为了考察信息如何进入觉知的神经机制，有研究比较了两类被试（Blinkers 和 Non-blinkers）不同的激活模式。实验采用注意瞬脱（attention blink）范式，在一系列快速视觉（RSVP）呈现的刺激中，被试对两个靶子（T1 和 T2）进行判断，如果 T2 出现在 T1 后 20~500 毫秒时间内，在正确地识别了 T1 后，T2 在一个短暂的时间内难以被觉知到。非瞬脱者（non-blinkers）是指在"瞬脱期"能够觉知到 T2。功能成像的结果发现，两类被试的大脑激活模式不同：non-blinkers 的前额叶激活，同时前扣带回等脑区也参与活动；瞬脱者（blinkers）激活的脑区包括视觉皮层、双侧丘脑的背侧和腹侧，没有发现前额叶和前扣带回的激活。Blinkers 前额叶没有激活可能与被试不能把 T2 进行表征、整合有关，因此，前扣带回、前额叶和额顶皮层等脑区对信息的觉知起重要作用。该研究考察了不同类型被试在脑区活动上的差异，为揭示视觉知的神经机制提供了新方法。

自然界中的物体是由不同的属性组成的，如形状、大小、颜色、方向等，这些属性是在大脑的不同部位进行加工的。以视知觉为例，颜色与形状等客体特征在枕叶到颞叶的腹侧通路内得到表征，而运动等空间特征在枕叶到顶叶的背侧通路内得到表征。因此，为把外界物体知觉成一个整体而不是个别零散的特征，就需要把散布于不同皮层区的分散信息合理地组合在一起，这就是所谓的"捆绑问题"。捆绑问题存在的一个重要证据，就是特征的错觉性结合（简称 IC）。特征捆绑研究的最大分歧在于其心理和生理机制上，以及注意及顶叶（尤其是右顶叶皮层）在视觉特征捆绑中的重要作用。

Solso 首次对一名正在进行创作的专业肖像画家 Humphrey Ocean 进行了脑成像实验并且与另一名没有绘画经验的普通人对比。实验发现，双方的纺锤体区（FFA）和右脑的额区（RFC）的血流量都增强了。神经科学已经证实纺锤体区是大脑处理脸部信息的关键区，但是，新手的纺锤体区的活动比画家强，这说明新手需要更多的努力才能获取模特的脸部特征以把它们表现出来。

背侧通路起始 V1，通过 V2，进入背内侧区和中颞区（MT，亦称 V5），然后抵达顶下小叶。背侧通路常被称为"空间通路"（where pathway），参与处理物体的空间位置信息以及相关的运动控制，例如，眼跳（saccade）和伸取（reaching）。腹侧通路起始于 V1，依次通过 V2、V4，进入下颞叶

(inferior temporal lobe)。该通路常被称为"内容通路"(what pathway),参与物体识别,如面孔识别。该通路与长时记忆有关。在视觉加工研究中,目前的观点认为,视觉刺激物的特征信息经腹侧通路传至颞下联合皮层(20、21 区)形成特征视觉(或物体视觉),然后再转至前额叶皮层下部(11、12、13 区)加工,加工过程中两侧的前额叶皮层的作用及其相互关系,是视觉搜索研究尚未解决的问题。

二、注意的神经机制和临床的研究

注意网络包含三个子系统(posner):前注意系统、后注意系统和警觉系统。前注意系统主要涉及额叶皮层、前扣带回和基底神经节;后注意系统主要包括上顶皮层、丘脑枕核和上丘;警觉系统则主要涉及位于大脑右侧额叶区的蓝斑去甲肾上腺素到皮层的输入。这三个子系统的功能可以分别概括为定向控制、指导搜索和保持警觉。

Marois 等认为,注意瞬脱主要是由于对 T1 的加工引起的,T1 加工相关的神经机制反映了瞬脱的神经机制。他们的实验发现在高干扰情景下,被试的右侧前额下部(inferior lateral cortex)、顶内沟(intra-parietal sulcus)和前扣带皮层(anterior cingulate cortex)有较强的激活,这说明它们反映了一个注意资源有限性的加工网络,其中右顶内区是其中的关键成分。另有研究显示,在枕区同样刺激被注意时比未受到注意时的 ERP 振幅要大。

注意缺陷多动障碍(attention deficit hyperactivity disorder,ADHD)是以注意力不集中、活动过度、冲动、任性和伴有学习困难为特征的一组综合征。ADHD 儿童比正常儿童具有较低的唤醒水平。脑功能成像研究发现,ADHD 青少年在完成两项执行功能作业时额叶和其他脑区的激活水平较弱。ADHD 的研究理论也可用注意网络来解释,并且集中在额叶、扣带回、纹状体及其相关的基底节结构和神经网络上。

三、词汇和句子加工的脑机制

在阅读心理学中,对于词汇分解储存的问题一直存在着争论:词是不是以词素的形式储存在心理词典中的?词通达模型(word access model)不承认词汇分解储存的现象,认为词的认知和储存都是以整词为单位的。词素通达模型(morpheme access model)则认为词是以词素(词根、词缀)的形式进行储存的。而混合模型认为,熟悉的词以整词作为存储的单位;

不熟悉的词以词素作为存储单位。近年来，行为实验和神经心理学的研究发现了词汇分离的许多有趣现象，如规则词、不规则词的分离，功能词、内容词的分离，生物词、非生物词的分离，母语词汇、非母语词汇的分离等。这些研究支持了脑语言功能模块化的特点。有研究者还提出了脑内名词和动词加工有不同定位的假设：动词加工困难可能与额叶损伤有关，而名词加工困难可能与颞顶区损伤有关。Damasio 等在名词范畴的分离实验中用 PET 分别对正常人和病人进行了研究。对于正常人，研究者把实验材料分成三种：熟悉人的面孔、动物、工具。实验组要求被试命名图片，控制组要求被试报告生疏面孔在图中所处的位置。结果发现，人的命名激活了左颞顶区（temporal pole，TP），动物的命名激活了左颞下区（infer temporal，IT），工具命名的激活区在动物命名激活区的后部。另外，人的命名还激活了右侧的 TP/IT 区。对病人的实验同样支持了以上发现，三个区域损伤的病人分别失去了三种命名功能。有趣的是，丧失对人名命名功能的病人，也不能命名动物；失去动物命名功能的病人，在命名人与工具时均出现了困难；失去工具命名功能的被试，仅在命名动物时出现困难。由此得出结论，具体名词的恢复不仅激活经典的语言区，而且还有 TP/IT 区域的激活。他们认为，实验中发现的激活区域在语言恢复中起中介作用，并强调这些区域储存的是如何重构感觉信息的知识，而不是某一种具体的感觉信息。Just 等按复杂性将实验材料分成肯定并列句、主语关系从句和宾语关系从句三种。他们用 fMRI 测量了被试在理解句子时，被激活的神经组织容量的变化。结果发现，经典的左半球语言区以及与之相对应的右半球区域均出现激活，但右半球激活量仅为左半球激活量的 20% 左右。

四、RD 儿童语言神经机制和临床的研究

阅读障碍（dyslexia or reading disorder，RD）是一种较常见的表现为阅读、书写等能力缺陷的神经综合征，可以分为获得性阅读障碍和发展性阅读障碍。前者是指后天脑损伤（如脑外伤、脑肿瘤等）造成的阅读困难；后者则指教育及社会文化智力和情感正常。但在阅读方面却有特殊学习困难状态，可能是发育早期言语技能未能正常形成。阅读障碍儿童发育过程中并没有明显的器质性损伤，但阅读水平却落后于相当年龄和智力的儿童，这并非纯缺乏学习机会和智力发育迟缓所造成的。发育性阅读障碍主要分为语音阅读障碍（phonological dyslexia）、表层阅读障碍（surface dyslexia）和混合型阅读障碍（mixed dyslexia）三种类型。国外报告，阅读障碍的学生

第八章 认知心理的神经基础及临床研究

数占全体在校儿童的 3%~5%。阅读障碍是学习障碍（learning disabilities, LD）的主要临床类型，约占其中的 4/5。一般认为，RD 可以发生在阅读理解的两个不同信息加工处理阶段，即字词层认知 - 掌握字词的形音义及其联系；语句及阅读理解 - 处理语句，做语法分析，掌握语句的意义。

1895 年，一位苏格兰医生报告了一个"词盲"的病例。此后，国外对表音文字 RD 的神经机理开展了大量的研究。以正常说英语者进行的 fMRI 研究表明，在句子加工过程中（包含句法加工和句子语义加工），整个左半球外侧裂周围语言区血流量增加，而在句法加工过程中，布洛卡区血流量增加。表明句法加工的某一环节可能更精确地定位在 Broca 区。研究者发现部分儿童在有汉语 RD 的同时，却能够较顺利地进行英语学习，提示汉语儿童 RD 的神经机制可能与英语儿童有所不同。但日本学者应用 fMRI 研究 RD 儿童在阅读假名文章中的句子时的脑局部区域活动，结果与表音文字语言研究结果类似，认为在语句理解上不因语言不同而异。

RD 儿童认知研究是认知神经科学的重要组成部分。①不同类型的 RD 儿童的实验研究提供了不同于正常儿童的参照标准。例如，RD 儿童认知神经机制的研究有可能进一步说明认知过程中脑功能特异定位和非特异定位的观点。②RD 儿童的培养也需要认知神经科学的基础研究来阐明教育和训练的原理。有研究显示阅读困难的主要原因是大脑两半球结构及机能单侧化异常。阅读困难儿童双侧半球过度激活的假说指出，儿童阅读困难可能与汉字识别中的视空间和语言缺陷有关，同时提示阅读困难儿童在顺序加工信息能力方面的不足。③研究汉语 RD 的字形、音、义及其相互联系的认知缺陷的内在神经结构和功能异常，既可以多角度阐明汉语 RD 的认知神经机制，又可以找出汉字加工和语音文字加工及其加工障碍在神经结构和功能激活上的异同。这对探索人类语言加工的普遍性和特殊性具有重要意义，同时，也对加深汉语 RD 病理机制的科学认识，促进汉语 RD 的诊断分型、治疗和干预都有着十分重要的价值。金花和陈卓铭等（2004）通过两例一侧颞叶损伤患者研究了一侧颞叶损伤及两侧半球的协同作用对语篇理解的影响，并探讨了发生此种影响的可能机制。结果表明，一侧颞叶的损伤将导致患者语篇水平的理解障碍及语言推理能力的下降；提示语篇理解需双侧半球的协同作用，而推理能力下降可能是引发语篇理解障碍的原因之一。

汉字的基本笔画构成轮廓图形，不同部位的笔画和偏旁在汉字的识别中有不同的作用。绝大部分汉语失读症患者都是字词失读。因而，研究者认为汉字认知缺陷是研究儿童 RD 病理机制的关键。汉语文字虽有部分表音功能，但表义成分明显大于表音成分，即便是形声字中的表音部分大多数也不能代表它本身的发音。在表音文字中，语音在词义提取过程中起着非常重要的作用，而形－义和形－音－义的两条通路在汉字的词义提取中的作用尚有许多争议。有学者以同形、同音或同义字的再认时，发现左脑电位的波幅高于右脑；而同形词再认时，两半球相等，从而认为汉字的字形加工与音义加工有着不同的脑机制。汉字的功能性核磁共振 fMRI 研究表明，汉字识别过程中涉及广泛的中枢神经活动，包括左侧前额叶（BA9/47）、颞叶皮层（BA37）、右侧视觉系统（BA17/19）、顶叶（BA3）和小脑，特别活跃的是左侧前额叶。研究者还从日语失读症的临床研究中获得一些启示，日语由表音的假名和表义的汉字组成，顶颞叶失读症的假名阅读理解障碍比汉字要严重，甚至汉字的阅读理解能力也部分受影响。汉语形义失读占汉语失读症的 68%，与汉字的形义联系被阻断，而形音义联系未受损害或损害较轻有关。可见，汉语认知与表音文字语言，无论是在认知过程，还是所涉及的大脑神经区域上都存在着差异。Helenius 等在研究音素水平的词汇发音结构后提出：在区分一个正常阅读者和一个患有 RD 的阅读者时，包括位于大脑左侧靠近初级听觉皮层的颞上回的脑区非常关键。其研究称，RD 儿童在进行与阅读和音韵技能相关的工作时，通常不会激活该脑区，反而在额叶区，RD 患者显示一种大于正常的活动，推测可能是作为补偿他们音韵处理核心困难的一种方式。Baker 等通过 fMRI 研究发现，当让具有正常阅读能力的成人注意词的声音结构时，主要激活区集中在左耳稍上处脑区（左上额回，LSTG），而让患有 RD 但能够阅读的成人做同样的事时，其 LSTG 未激活。谭力海应用 fMRI 技术，发现汉语大脑语言区与语音文字相比，在空间位置上有明显不同。研究采用单词产生、同义判断、同音判断、韵律判断、汉字命名等认知加工的方法，发现在默读与加工中文时，左半球额中回 BA9/46 活动最强。而西方学者发现，以英语和其他拼音文字为母语的人的大脑语言区位置是在左半球额下回前侧（BA45/47，主管语义分析）和后侧（BA44，主管语音分析），以及左半球颞上回后侧（BA22/42，主管字母－声音转换）和颞枕叶联合区（BA37，主管形音的联合）18。据此，研究者提出左半球额中回在加工中文时的"协调和整合作用"假设，认为左额中回这一主管对物体视觉空间属性进行精细加工的脑区，之所以支配中文加工，显然与汉字的方块形状以及汉字读音的单音节性质有关。该区域既参与字形处理，又负责语义和语音分析。研究还发现，中文朗读涉及一个较大神经网络的协同活动，其中，大脑右半球颞上回参与声调加工，而左半球额中回和扣带回在语音代码的激活和协调过程中起着特殊的重要作用。

五、推理的脑机制研究

20世纪90年代以来神经病学证据证实，推理与大脑右半球显著相关，最有力的证据来自H. A. Whitaker及其同事在1791年所进行的条件推理实验研究。在一组脑损伤患者的研究中，威特卡等在两组被试中考察了条件推理。两组患者都动过双侧前颞叶切除术以减轻局灶性癫痫，一组病人的大脑右半球有病灶，另一组病人则在左半球有病灶。结果表明，大脑右半球受损的患者对错误的前提条件进行推理的成绩，比大脑左半球受损患者的成绩更差。如给出条件："如果天上下雨街道就会是干的"和分类判断："天上下雨了"，大脑右半球受损的一组患者得出了一致性的结论："街道会湿"，而左半球受损患者不一定得出这种错误推理。这表明，右半球受损患者不能脱离自己对现实的认识来完成演绎推理过程。因此威特卡认为："大脑右半球应当在推理中起重要作用。"

Brownell等1986年所进行的神经病学研究，考察了被试在不依赖视觉空间思维的条件下进行推理的可能性。例如，给出下面两个句子：

（1）"Sally手拿钢笔和纸向电影明星走去"；

（2）"她正在写一篇名人谈核动力的文章"。

正常被试很可能推出：Sally想请明星谈谈对核动力的看法。但布朗尼尔等所观察到的大脑右半球受损患者推出的结论却是：Sally想询问电影明星的成长史。他们被第一个句子所误导，且不能依据第二个句子进行有联系的推理以纠正自己的理解。这表明，右半球受损会使患者无法依据事物之间的联系进行推理，从而不能理解段落篇章的主旨。布郎尼尔等还发现，右半球受损还会使被试在理解词汇时产生语义障碍，从而使患者的言语理解力受影响。

Garamazza等（1976）发现右半球受损者不能进行有可逆关系的演绎推理。例如，难以解决问题："John比Bill高，谁更矮？"同样，Read在1981年也发现右半球受损者与正常人相比，在如下问题上表现出障碍："Arthar比Bill高，Bill比Charles高，谁最矮？"

第九章 认知心理的社会基础研究

在社会生活中，我们通常需要理解他人的心理状态（如看法、意图、愿望和信念等），预测他人的想法，判断他人的行为，并指导我们自身的社会行为，这是对社会环境和现象的认知，因此都属于社会认知的基本内容。社会认知（social cognition）指的是能促进同种个体间行为应答的信息加工过程，是一种有益于复杂多变的社会行为的高级认知过程。

本章包含如下两个专题：社会环境下的认知（角色心理、社会规范和群体影响）；对社会环境或现象的认知［社会知觉、刻板印象（性别、不同国籍者）、网络行为］。人格与认知的内容比较复杂，其既从属于社会环境下的认知又是对社会环境的认知，而其中的思维风格与创造性人格又是目前探讨比较多而深入的问题。

第一节 社会环境下的认知

符号加工取向认为，只要能对日常生活的非形式知识提供形式化理论，就能通过恰当的编程来获取、表达和处理知识。但是，把人类的认知和智能活动转换成抽象符号的一个主要障碍是：任何实际问题都涉及大量的背景知识，背景知识本身是一个不确定集合并不断发生变化，而且这些知识大部分不能基于符号逻辑推理获得，即使局限于解决小范围问题的专家系统，也不能克服符号逻辑功能的固有界限。显然，符号加工取向距认知心理学揭示人类认知本质的目标还相差太远，它也因此而遭遇危机。

前面我们在分析模式识别时，已忽略了许多因素，如识别者、识别者所处的环境以及目标图形周围的背景等，从某种意义上说，这种研究是将问题简化了。但显然，这些因素的作用实际上是不可忽略的，关于他们的研究，将有助于我们对人的心理现象作出全面认识。例如，就图 9-1（a）而言，图形的意义可能就是个圆圈或句号等，但它在图 9-1（b）中含义显得更为具体了，那就是只代表着眼睛。同理，在社会心理学中，背景对人际知觉也有特殊的影响作用，比如，一个特质留给我们的印象依赖于已有的其他特质。就智慧而言，一般说来它是个好的特质，它在其他好特质如热情关怀的背景上起着好特质的作用，但它在其他不好特质如冷酷无情的背景上则不起好特质的作用，智力这个特质在冷酷无情的人身上可能具有威胁性、破坏性，而在热情关怀的人身上可能显示出同情、有远见。

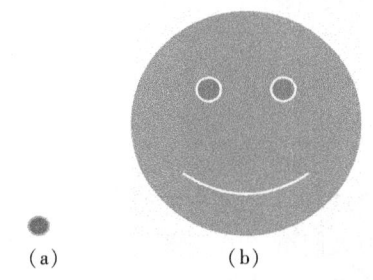

图9-1　圆点和眼睛

如果要寻找其中的可能机制，有一则研究会给我们一定启发。美科学家的实验表明，进入人类视野的东西不一定全部都被看到，大脑对于人看到的东西同时有加工作用。即对于人看到的事物应该是什么样子，大脑有一种先入为主的"成见"。因此，存在大脑对所进入的信息作出选择甚至剔除的可能。

一、人和社会的相互作用

人的实践活动是在人与人的交往中进行的。因此，人的心理既有个体化的一面，又具有社会属性。人的个体化心理的产生是由于个体在社会关系网中扮演着不同的社会角色，或是处于不同的环境，不存在脱离社会的纯粹的个体心理。通过社会交往，人在进行各种具体的实践活动的同时，也实现了个体与社会之间的互动。

从某个方面来看，社会作用于个体从而使得个体心理得以发展，这个过程是社会意识、社会情感、社会意志、社会需要、社会价值等为个体所接受，从而形成社会的心理的过程，是个体心理被社会同化的过程。同时，这个过程也是个内化过程，因为，个体成为社会的人，具有社会人的心理，这不是个体本身自然具有的，而是在社会生活中产生的。这种内化包括以下几方面：第一，社会认识的内化，即社会政治法律思想、道德观念、宗教信仰、哲学世界观、科学理论，以及各种知识体系、前人的社会经验等被个体所接受；第二，社会情感的内化，爱国主义情感、正义感、同情心、美感、追求真理的理智感等都是个体在成为社会人时应当具备的情感；第三，社会意志向个体心理内化，即社会目标为个体所认同，化为个体的理想追求和行为，使个体的个人目的、努力与社会目的相一致。

二、人在社会关系中的存在与角色心理

人的社会性是在一定社会交往关系中形成和发展起来的，把握个人本质要从他所处的社会关系出发。能够意识到自己是社会存在物，是人的心理不同于动物本能的特质。人的心理内容是社会化的，并被社会存在所决定。

社会关系是社会活动中社会成员的组织方式，它是一个多维、多层的网状体系。社会生活中人们结成的经济关系、政治关系、法律关系、道德关系等，都属于社会关系。个体作为社会关系中的一分子，在各种社会关系中掌握社会规定，担当一定的社会角色。社会角色指个体在社会中担当的不同职能，表明某个体在社会关系体系中占据的地位。在心理学中，社会角色更是指一种行为模式，是人们所期待的受到社会制约的行为模式，即人们对处于某一特定地位、担当一定社会角色的人会产生某种特有的期望，或按照社会相应的行为规范去规定他的行为。

不同的社会角色具有不同的角色心理。角色心理是同类角色的个体的共同心理，与一定社会背景相联系，包括角色观念、角色知觉等要素。角色心理是影响角色行为的重要因素，角色扮演者的具体行为在很大程度上取决于其掌握角色与角色内化的程度，而且角色行为的特点亦取决于该角色扮演者的个体心理特点。同时，角色心理是在人的社会分工条件下个体心理的社会性表现，因此角色心理可能具有多重性。不同的角色之所以有不同的心理，从根本上说，是由于不同的角色在社会关系中处于不同的地位。角色心理的存在说明个体心理的社会性，社会对个体的影响以及社会心理在个体心理上的特定化。角色心理又可以具体分为性别角色心理、职业角色心理等。

人的角色心理、个体心理以及作为共识、主流思想和情感的社会心理之所以保持着内在统一，根本在于社会交往的连续、社会规范的制约。通过交往可以认识他人、社会以及自我；规范的影响可以是显性的，也可以是隐性的。

通常情况下，我们一般不会意识到角色心理的作用。1973年，斯坦福大学的心理学家津巴多所做的一个经典情境模拟实验，形象而深刻地阐明了人与角色的密切关系。实验中，津巴多首先录取了一批志愿者，他们都是大学生，愿意担任某种角色，时间为两周。随后，他随机地把这些志愿

者分成"犯人"组和"看守"（警察）组，"看守"和"犯人"们所处的情境与真实环境相同。

实验开始，"犯人"们戴上手铐后，"看守"把他们押回"警察局"。签字画押，验明正身后，"犯人"们便被蒙住了双眼，带到一个地下室的"监狱"里。在这里，"犯人"们会经历真正的犯人所碰到的事情，如戴着脚镣手铐，全身喷消毒剂，脱去平常的衣服换上统一制作的"布袋衣"，"犯人"不再有姓名只用数字编号，每名"犯人"分别关入只有一张床、一扇门的单人牢房。而"看守"们身着警服，手拿警棍，轮流在里面值勤，与真实情形一样。

结果是，"看守"和"犯人"们的表现越来越"专业化"："看守"们渐渐学会了从侮辱、恐吓以及非人性地对待那些"犯人"中获得乐趣，不时地命令他们做俯卧撑，拒绝他们上厕所的要求，以及做出各种虐待狂似的行为；而"囚犯"们最初会进行反抗，但很快就变得被动、情绪低落，并陷入无能为力和极度沮丧的地步，他们的脾气变得像个火药桶，一点就着。这个实验原计划进行两周，可六天后，有一半的"囚犯"被试要求释放，因为他们到了几乎崩溃的边缘。因此，津巴多被迫停止了已进行了六天的实验。

三、社会规范

社会规范是整个社会和各个社会团体及其成员应有的行为准则，是确定与调整人们共同活动及其相互关系的基本原则。它的形成以社会文化为基础，是人们在社会化过程中通过社会学习逐渐实现的。其具体内容除了行为准则之外，还包括了规章制度、风俗习惯、法律规范、道德伦理和价值标准等。社会规范之所以得以在社会中贯彻执行，一靠物质力量，如法律；二靠人们心中的道德力量。

社会规范反映了一个群体的共同意见，即一种共同的价值体系。个体要在群体中生活，必须掌握这种价值标准，并自觉地用以约束自身的社会行为，调节人际交往活动，才能为群体所接纳。这种适应社会系统的价值需要的过程，也就是个体获得社会标准，完成社会适应的过程。因此，社会规范就个体心理学意义来说，它是个体社会行为选择及定向的工具。但实际上，由于个体行为不符合规范要求从而导致个体在社会化过程中可能会出现一些问题，所以社会规范和心理健康存在某种关系，甚至可以根据个人对社会规范的遵守程度和其社会成就水平来判断其心理健康程度。社会工作者波姆（Boehm）认为，心理健康就是合乎某一水准的社会行为：一方面能为社会所接受，另一方面能为本身带来快乐。人类防御机制升华也跟社会规范有关。升华是指被压抑的不符合社会规范的原始冲动或欲望用符合社会要求的建设性方式表达出来的一种心理防御机制，如用跳舞、绘画、文学等形式来替代性本能冲动的发泄。

有研究者利用调查问卷对中、日、美三国的社会规范进行了比较研究，结果表明：①三国国民的社会规范的基本维度是一致的，包括伦理道德、价值取向、法律规章和社会习俗四个维度。其中，伦理道德和价值取向组成内控规范，法律规章和社会习俗组成外控规范。②中、日两国的社会规范都是以内控规范为主、外控规范为辅。中国人在内控规范中，以伦理道德为主、价值取向为次；在外控规范中，法律规章为主、社会习俗为辅。而日本人的内控规范中却以价值取向为主、伦理道德为辅。③美国人的社会规范以外控为主、内控为辅。在外控的两大维度中，法律规章为主，社会习俗为辅；在内控规范中，以价值取向为主、伦理道德为辅。尽管三国之间有着相同的规范维度，但组成各规范维度的具体规范，既有超越特定文化的共同规范，又存在着依存于特定文化的特殊规范。社会规范的文化差异是导致管理冲突的根本原因。

四、群体的影响

群体也称团体，指人们彼此之间为了一定的共同目的，以一定方式结合在一起，彼此之间存在相互作用，心理上存在共同感并具有情感联系的两人以上的人群。群体对个体的影响可以表现为从众、竞争等社会心理。从众就是接受或认同一个社会角色，认同并利用其他个体或群体的已有信息，或屈服于一种社会规范。导致从众的因素有：①信息性影响——希望准确无误，想知道给定情境下正确的反应方式。②规范性影响——希望被别人喜欢、接受和支持（阿施效应：对信息进行不同的组合排列，会产生不同的效果）。

谢里夫"游动错觉"实验是在模棱两可的情况下，一个人影响另一个人，并使之产生态度改变的经典性研究。一个静止的光点在一个处于黑暗房间里的观察者看来，似乎是在运动，这种运动错觉之所以产生，是因为缺乏一种客观的参考构架作为背景。在该现象中，谢里夫得到了启发，他认为可以用这种现象来考察一个人在进行某项工作时来自他人的影响。他设计了一个实验，让被试处于一个黑暗的房间中，然后让他估计出静止的光点"移动"的距离。试验的结果表明,他们的估计有很大的差异。例如,有的被试认为光点仅移动几英寸,有的则认为光点移动了几十英寸。

谢里夫还发现,经过几次实验,被试便开始形成他们自己的标准。例如,在最初的实验中,被试报告说,他们看到光点移动了20英寸。在后来的实验中,被试开始建立一个确定的范围。比如,他们可能会说,光点看起来移动了15英寸,然后又说12英寸、14英寸。这样,他们确立的范围将是12~15英寸。

实验的第二部分,谢里夫把几个人一起放在同一个黑房间里,房中点上一盏灯。他们都参加过实验的第一部分,并已经建立起各自不同的范围。研究人员发现,当由2~3个被试组成的小组面对同一个光点时,要求他们分别说出自己的估计,他们就开始相互影响了。比如,有两个被试各自建立的范围是5~8英寸和18~25英寸,把他们安置在同一个暗房里,经过9次试验,他们的意见就会开始相互接近,直到建立一个共同的范围。实际上,这个光点根本没有移动过。

这一实验表明,在模棱两可的情况下,一个人能够影响另一个人,并使之遵从。然而,实验并没有说明个人会自动地、不假思索地与别的人行为言辞一致。因为情况不明确,被试的判断只是一种猜测,没有任何客观的东西可成为他估计的根据。实际上,他是利用别人一致的估计作为自己进行估计的准绳。

五、社会认知的理论研究

社会认知的近期研究产生了一些具有代表性的理论模型:①表征-范畴模型。这种观点认为,一旦获得有关某个群体的信息,便会发展出该群体的一种概括化概念,即范畴。形成范畴的归类过程是一种基于某些原始特征的自动加工过程,这些特征具有重要的独特性,并且往往频繁地使用着。在这种情况下,有可能还未涉及归类过程,就能激活后继社会认知活动。②样例模型。该模型主张社会信息的归类是通过客体与样例记忆集合中范畴成员之间的比较而获得;样例与客体之间具有极大的相似性;样例的恢复与使用往往无须意识性提取。由于样例恢复通常是一种内隐过程,因而不能通过诸如定义或再认等典型的外显因变量测量来揭示。③群体表征的混合模型。由于纯粹的抽象模型和样例模型都存在一定缺陷,因而许多研究者认为,一个有效的合理的社会认知模型必须包括抽象知识表征以及具体的样例表征。但对于这样的混合模型,同样也存在一大堆问题。其中一个明显的问题是,必须决定导致样例加工以及抽象加工的条件是什么。④情境模型理论。情境模型理论认为,社会认知过程中存在着情境模型和概化表征两种知识结构。其中,情境模型代表人们对具体事件和事态的理解,通常在理解社会情境中传递的信息过程中自动建立。而且,模型一旦建立,就为理解新信息、对信息涉及的人和事作出判断提供相应的基础。情境模型理论不仅可以解释人们对呈现在社会背景中的有关人或事的单个陈述的理解,也可以用以解释在公众媒体或在非正式谈话中进行交流的人的有关反应。作为社会信息加工的构思框架,其潜在的应用价值值得我们关注。⑤儿童社会信息加工的情绪-认知整合模型。该模型认为,情绪过程是信息加工过程的参与成分,孩子们体验和表达情绪的强度有所不同,调节情绪的技能存在差异。情绪风格和调节技能方面的个人差异与社会能力有关。

社会信息的认知加工机制的研究结论仍然莫衷一是,可归结为以下四种理论纷争:①社会信息是否具有特殊或独立的储存结构,即样例理论与范畴理论之争;②社会认知是否具有独特性或特殊路径,即串行加工与并行加工(序列加工与平行加工)之争、自动化加工与控制加工(意识加工与无意识加工、内隐加工与外显加工)之争;③影响社会认知的非认知因素与个体差异的作用如何;④是否存在所谓的内群体、外群体以及类群体效应等社会认知偏差现象。

第二节 社 会 知 觉

人对社会客体的感知和认识过程,与对自然客体的感知和认识过程相对应,包括对他人、对自己和对群体的知觉。社会知觉概念是美国心理学家 J. 布鲁纳于 1947 年在知觉研究中采用的,用来指知觉的社会决定性,即知觉不仅仅决定于客体本身,也决定于主体的目的、态度、价值观和过去的经验。因此,社会心理学中社会知觉的含义与传统普通心理学中的知觉显然不同,下面作详细分析。

一、社会知觉的含义

1. 对个人的知觉

对个人的知觉,主要是指通过对别人外部特征的知觉,进而取得对他们的动机、情感、意图等的认识。俗话说："听其言、观其行而知其人。"这就是说，认识一个人要根据他的言论和行动。其实，这里所说的行动，从心理学上来看，不仅是行为举止，也包括人的面部表情、身体的姿势以及眼神等。

概括而言，对别人的知觉依赖于许多因素包括两个方面：①知觉对象的外部特征，包括一个人的仪表、风度、言谈和举止等。一个面貌端正、举止文明的人在初次见面时总会给人留下良好的印象；反之，一个其貌不扬、举止失当的人，初看起来，也总会给人留下不良的印象。当然，我们并不是主张"以貌取人"，但一个人的外部特征，特别是在初次与人接触时，总会影响人们的印象，这是一个客观存在的事实。②知觉的组织结构。所谓知觉的组织结构是指一个人在知觉别人时并不像镜子一样地反映，知觉者总是具有一定观点、态度的人，因此，他的态度必然会影响他对别人的知觉。例如，有的人在看待别人时首先注意道德品质，按道德品质把这个人归入一定的类别；有的人则首先注意智力特征，按聪明还是不聪明对人进行归类。总之，对别人的知觉既受知觉对象的外部特征的影响，也受知觉者本人的知觉组织结构的影响。

2. 人际知觉

人际知觉是对人与人之间关系的知觉。人际知觉的主要特点在于有明显的情感因素参与知觉过程。人们不仅相互感知，而且会彼此形成一定的态度。在这种态度的基础上会产生各种各样的情感。例如，对某些人反感，对另一些人同情，等等。在人际知觉过程中产生的情感取决于多种因素。例如，人们彼此之间接近的程度、交往的多少、彼此相似的程度等都对人际知觉过程中的情感产生很大的影响。一般来说，人们越是彼此接近、交往频繁、有较多的相似之处，彼此就越是会产生友谊、同情和好感。

3. 自我知觉

自我知觉是指一个人通过对自己行为的观察而对自己心理状态的认识。人不仅在知觉别人时要通过其外部特征来认识其内部的心理状态，同样也要这样来认识自己的行为动机、意图等。当然，一个人观察别人与观察自己是有区别的。这种区别在于：第一，人们观察自己时所掌握的信息要比观察别人时更多。例如，一个人虽然工作成绩并不显著，但却作了最大的努力，这在自己看来是心中有数的，但如果别人观察他的行为就不一定能够了解。第二，观察自己与观察别人有熟悉和陌生的区别。对自己行为的知觉比对别人更熟悉，这是因为自己对自己的知识、经验和过去的经历要比对别人知道得更多。第三，观察者与被观察者的区别。在知觉别人时自己是观察者，别人是被观察者，而在自我知觉时，自己既是观察者又是被观察者。

苏联社会心理学家 A. A. 包达列夫认为，社会知觉过程具有两个层次，表现为反映社会现实的两个水平，即感知水平和逻辑水平。前者指形成关于某人外貌的形象，后者指在感知基础上对该人个性特点的推论。F. 海德在其《人际关系心理学》一书中指出对人知觉和对物知觉的三个差别：①人能体验其内部生活，而物不能。每个人都体验到其思想和感情，认为别人也是如此。②物不被认为是其自身活动的原因，而人则往往被认为是第一原因。责任感就意味着个人的行动有其内部原因，而不只是对环境力的反映。③人可以有意识地操纵和利用知觉者，而物则不能。对人知觉的目的就是使观察者预测作为刺激之人的可能的行动，以便预先计划自己的行动。

二、社会知觉中的各种偏见

1. 第一印象

在人与人的知觉过程中，给人留下的第一印象（the first impression effect）是至关重要的。如果一个人在初次见面时给人留下良好的印象，就会影响人们对他以后一系列行为的解释，反之也是一样。心理学中曾经做过一个实验。给两组大学生看一个人的照片。在看这张照片之前，对一组大学生说，照片上的人是一个屡教不改的罪犯；对另一组大学生说，照片上的人是一位著名的学者。然后，让这两组大学生分别从这个人的外貌来说明他的性格特征。结果大学生对同一张照片作出了截然不同的解释。第一组大学生说，深陷的目光里隐藏着险恶，高耸的额头表明死不改悔的决心；第二组大学生说，深沉的目光表明他思想的深刻性，高耸的额头表明了他在科学道路的探索上无坚不摧的坚强意志。这一实验也充分说明了第一印象对于社会知觉的重要影响。

2. 晕轮效应

晕轮效应（halo effect，光环效应）也可称为以点概面效应。这是指我们在观察某个人时，对于他的某种品质或特征有清晰明显的知觉，由于这一特征或品质从观察者的角度来看非常突出，从而掩盖了对这个人其他特征和品质的知觉。这就是说，这一突出的特征或品质起着一种类似晕轮的作用，使观察者看不到他的其他品质，从而由一点作出对这个人整个面貌的判断。晕轮效应往往在判断一个人的道德品质或性格特征时表现得最明显。

美国社会心理学家阿希（S. E. Asch）用实验证明了晕轮效应的存在。他给被试看一张列有五种品质的表格（聪明、灵巧、勤奋、坚定、热情），要求被试想象一个具有这五种品质的人。被试普遍把具有这五种品质的人想象为一个理想的友善的人。然后，他把这张表格中的热情换为冷酷，再要求被试根据这五种品质（聪明、勤奋、坚定、冷酷、灵巧），想象出一个适合的人。结果发现，被试普遍推翻了原来的形象，产生了一个完全不同的形象。这表明，热情－冷酷的品质起着晕轮作用，它影响了人们对一个人的总体印象。

晕轮效应的产生往往是由于在掌握有关知觉对象信息很少的情况下作出总体判断的结果，这也是在日常生活和工作中常见的社会心理现象。了解和研究晕轮效应，有助于克服自己看待别人时的偏见，也有助于了解其他人产生这种偏见的根源。

3. 优先效应和近因效应

优先效应（priority effect）是指一个人最先给人留下的印象有强烈的影响。这实质上与上述第一印象的作用是相同的。近因效应（recency effect）是指最后给人留下的印象有强烈的影响。

为了说明优先效应，阿希曾进行了一项实验：向四组大学生介绍一个陌生人。告诉第一组，这个人是外倾型的；告诉第二组，这个人是内倾型的；在第三组，先讲述这个人的外倾特征，后讲述他的内倾特征；在第四组，先讲述他的内倾特征，后讲述他的外倾特征。然后，让这四组学生分别想象出对这个陌生人的印象。第一和第二组学生得到的印象是显然易见的。在第三和第四组中，关于这个陌生人的印象完全符合提供信息的顺序，总是先提供的信息占优势。这就是说，第三组学生普遍把陌生人想象为外倾型，第四组学生普遍把他想象为内倾型。

这个实验也可以换一种方式进行。给两组学生按上述第三和第四组同样的顺序描述一个人。所不同的是在先描述他的内倾或外倾特征之后，插入一段其他的作业，例如，让学生做一些不太复杂的数学习题，然后再描述相反的性格特征。在这种情况下，后半部描述的特征会给学生留下深刻的印象。这就是说，这时近因效应在起作用。

心理学的研究证明，优先效应和近因效应都在人的社会知觉中起重要作用，但它们在不同条件下有不同的作用。一般来说，在感知陌生人时优先效应有更大的作用，而在感知熟悉的人时，如果在熟悉的人的行为上出现某种新异的表现，则近因效应起更大的作用。这两种效应的研究也有重要的实际意义。它告诉我们，信息出现的顺序对印象的产生有重要的影响。

4. 定型效应（stereotype effect）

定型是指在人们头脑中存在的关于某一类人的固定形象。一个人看到他人时，常常会不自觉地按其年龄、性别、职业、民族等特性对其进行归类，并根据已有的关于这类人的固定形象，作为判断其个性的依据。定型是企图在过去有限经验的基础上对他人作结论的结果。最经常的定型是在看到某个人时把他划归到某一群体之中。

人们头脑中存在的定型是多种多样的。例如，年轻人总是认为老年人墨守成规、缺乏进取心，并在见到某个老年人时就要把他划归到自己固有的形象中去。同样，老年人往往会认为年轻人举止轻浮、办事不可靠，并在见到某个年轻人时把他归类到自己固有的形象之中。例如，人们谈到教授，总认为其是文质彬彬、白发苍苍，而工人总是身强力壮、性情豪爽，会计总是精打细算、斤斤计较，美国人总是天真开朗、不拘小节，英国人总是一副绅士派头，等等。这都是按年龄、职业、国籍等特征而在人们头脑中形成的固定形象，即定型。

定型的产生有其认识论的根源。人的思维总是从个别到一般，再从一般到个别，如果在没有充分掌握全面感性材料的基础上作出概括，就会形成关于某类人的不确切的形象。定型在某些条件下有助于人们对他人作概括的了解。它主要的积极作用在于把现实中的人们加以归类。但是，如果这种归类不符合人类群体的实际特点，或者只是在对某类人的非本质特征的基础上作出概括，就会形成偏见。而根据这种偏见去看待周围的人，必然会作出错误的判断。

第三节　人格与认知

许多实验和经验表明，具有不同人格的个体之间存在认知差异。这同时也说明，认知差异仅凭个体认知过程上的差异是无法作出全面解释的，认知差异在一定程度上也可以反映出社会属性上的差异。这使得对认知差异的认识进入到了一个以社会视角来进行研究的层次。

一、认知风格

认知风格亦称认知方式，是一个介于智能与人格之间的概念，是为了描述人们对信息和经验进行加工时表现出来的个别差异，其中"既包括个体知觉、记忆、思维等认知过程方面的差异，又包括个体态度、动机等人格形成和认知功能与认知能力方面的差异"。简单说，人格与认知存在密切联系，具有社会属性的人格影响认知，认知也是具有社会属性的。个体的认知风格是逐步形成的，且一经形成，很少会因学习内容、学习环境的变化而变化，具有个体倾向性和稳定性的特点，与认知策略和个性密切相关。

心理学家威特金（Witkin）于1962年最早提出场独立性和场依存性的认知风格概念，以后相继有许多学者从不同角度对认知风格作了研究，在20世纪60年代和70年代有大量认知风格类型被提出和调查验证。然而这个时期，研究者们是各自提出自己的认知风格模型，发展出自己的评估工具，并对被研究的认知风格给予自己的标签，而较少参照其他研究者的工作。由于研究的角度和侧重点不同，对认知风格概念的理解和认知风格的分类也有所不同。另外，也出现了一些跨文化和发展的研究。例如，颜延和余嘉元等曾对我国中小学生的认知风格进行了研究，发现我国中小学的认知风格存在着与西方学生不同的特点。中国学生的场独立性普遍较强，存在着一种由场依存性向场独立性发展的趋势。在小学向中学过渡阶段，以及高中阶段后期，这一发展趋势则并不明显。中国学生的认知风格不存在明显的性别差异，男生并不具有比女生有更强的场独立性。

二、认知风格的特征

1. 个体倾向性

认知风格是一种心理活动倾向，但不等同于气质、性格等心理各要素，更不是各心理要素的功能总和，它也并不表示个体智力或能力水平的高低，仅表示个体的认知倾向性。比如，格劳柏森（Globerson）等认为，风格与能力有明显的区别。就场独立性-依存性者而言，他们有相同的智力能力，并能处理相同水平的任务。但是，他们运用智力的方式有差异，即不同风格的学习者倾向于选用不同的策略。一般认为，场独立性学习者更擅长学习自然科学知识，但如果场依存性学习者选用适合自己的学习策略，同样可以在自然科学的学习中达到较高水平。

2. 稳定性与发展性

认知风格是个体逐步形成的，一经形成，即具有稳定性，很少因学习内容、环境的变化而变化。一般认为，随着年龄的增长，大多数个体会变得更善于分析、深思熟虑、内向慎重，但个体认知风格的各个特点在同龄人中的相对地位基本保持不变，具有较高的稳定性。当然，认知风格的稳定性并不表明它不可改变。每一种认知风格都与认知发展相关，有一定的可塑性。比如，对于一个从前运算水平发展到形式运算水平的儿童来说，他的认知风格也随之有一定改变。

三、认知风格的类型

1. 场独立性－场依赖性

在认知风格的所有类型中，场独立性－场依赖性（field independence-field dependence）是研究最早、最多的一类，可以说是认知风格的核心。所谓"场"就是个体周围的环境，它对人的知觉具有不同程度的影响，有些人很少或者不受环境信息的影响，而有些人则受环境影响较大。前者为场独立性者，后者则为场依赖性者。从认知的角度看，场独立性者善于从比较复杂的背景中识别出独立的个体，他们能够把部分和整体分开，在分析某一因素的时候可以不受相关因素的影响；而场依赖性者则把整个环境看做一个联合的整体的框架轮廓，能较好地理解他人的思路。

2. 齐平化－尖锐化

齐平化－尖锐化（levelling-sharpening）这种认知风格反映的是个体吸收信息时表现出的差异。具有齐平化风格的个体倾向于将相似的记忆内容混淆，倾向于将知觉到的对象与从先前的经验中得出的相似事件进行联合，被记忆对象中的差异往往被丢失，或弄得模糊不清。与此相对，具有尖锐化风格的个体倾向于容易区分记忆中相似的事件，甚至可能夸大相似记忆内容之间的较小差异。齐平化－尖锐化的风格特性来自于观察，它们在个人身上具有一致性。

3. 聚合思维 – 发散思维

聚合思维 – 发散思维（convergent thinking-divergent thinking）这种风格模型由 Guilford 提出，是他的智力模型的一部分。发散思维是以形象思维为基础，它不强调事物之间的相互关系，也不追求问题解决的唯一正确答案，试图就同一问题沿不同角度思考，提出不同的解决方案。发散思维在很大程度上也是直觉思维，它不依据确切的逻辑推理，而是凭着个人的直观知觉对事物和现象作出判断。聚合思维以逻辑思维为基础，它十分强调事物之间的相互关系，试图形成对外界事物理解的种种模式，追求问题解决的唯一正确答案，它是一种有条理、有范围的收敛性思维。聚合思维本质上是按照形式逻辑，得出符合逻辑性的结论。它强调对已有信息的运用，因而是已有信息的产物。

4. 整体型 – 序列型

整体型 – 序列型（holist-serialist）这个标签是由 Pask 和 Scott 提出的。整体型思维者对学习任务倾向于采用整体策略，行为反应特征是"假设导向"的；序列型思维者倾向于采用聚焦策略，行为特征是按步骤进行。整体 – 序列化的认知风格也是根植于知觉功能上的个体差异，它与个性有重叠。在一个自由的学习情境中，序列型学习者喜欢注意或知觉较小的细节，把问题分解成较小的部分；而整体型的学习者则恰好相反，将任务作为一个整体对待。序列型学习者在学习、记忆和概括一组信息方面，常根据简单的关系将信息联系起来，即信息之间呈现的是低序列的关系，因为序列型学习者习惯于吸收冗长的序列型的数据，不能容忍不相关的信息；而整体型学习者的表现与此相反，他们在学习、记忆和概括时将信息作为一个整体对待，倾向于把握"高层次的关系"。

5. 冲动型 – 熟虑型

冲动型 – 熟虑型（impulsive-reflective）这种认知风格最初是由 Kagan 及其同事提出来的，他们发现在知觉与思维的方式方面，有些学生表现出冲动的特点，而有些学生表现出熟虑的特点。具有冲动型思维的学生凭直觉获取信息，往往较快地形成自己的观点，在回答问题时的反应速度较快，也较急于回答问题，但较少注意准确性；而具有熟虑型思维的学生获取信息时具有系统性，处理问题时审慎、沉稳，在寻找答案时关注准确性，因而得出结论往往需要更多时间。

6. 言语型 – 表象型（language style-mental image style）

Paivio 的双重编码理论从信息编码的角度将长时记忆分为两个系统，即表象系统和言语系统。表象系统以表象代码来储存关于具体的客体和事件的信息，言语系统以言语代码来储存言语信息。这两个系统既彼此独立又互相联系。Paivio 以这种理论为基础，在进一步的工作中调查了言语 – 表象维度在认知过程中的特点，人们将其作为认知风格的基本维度。"言语"型的人倾向于在思维中以"词"来表征信息，"表象"型的人倾向于在思维中以"图形"的形式表征信息。

第四节　思维风格与创造性人格

一、思维风格理论

思维风格理论（thinking style theory）由斯滕伯格提出，他认为，思维风格是个体倾向采取的运用自身能力的一种方式。它不同于能力，能力决定人在执行任务时完成质量的好坏，能力有高低之分；而风格则决定此人会采取何种方式来完成任务，它没有高低、好坏之分。具有相同能力水平或能力类型的人，可能拥有不同的思维风格；同样，具有相同人格特点的人也可能拥有不同的思维风格。因此，思维风格既不属于能力范畴，也不属于人格范畴，而是介于这两者之间的一个连接界面，它在智力和人格之间搭建了一座桥梁。这同时也说明，无论是智力还是思维，都应该跟个体自身和社会环境之间的相互作用联系起来看待，认知心理的进行是无法脱离社会基础的。

斯滕伯格用政府作隐喻，从理论分析出发提出了思维风格的概念和心理自我管理理论，建构了一个完整的风格理论体系。该理论的基本思想是，生活中人们需要像政府机构一样，对自己的思想和行为进行管理，分配自己的"资源"。之所以选择政府管理模式作为心理自我管理理论的范本，斯滕伯格认为，现实中政府的管理模式不是一成不变的，而是"人们心智的外部表现"。换言之，它们反映了人们组织或管理社会的不同方式。那么按照这种观点，政府实际上在很大程度上是个体的一种"外部延伸"。这一理论将内在的思维比做一个政府机构，按照政府机构的功能、形式、水平、范围和倾向五个层面（其中有三种并列的划分）对思维风格进行了划分。

具体来说，按照心理自我管理的功能，可以将思维风格划分为立法型、执法型和审判型。具有"立法型"风格的人喜欢创造和提出计划，按自己的思想和观点做事；具有"执法型"风格的人喜欢按给定了的结构、程序、规则做事；具有"审判型"风格的人喜欢判断和评价已有的事物和方法。

按照心理自我管理的形式思维风格可以划分为专制型、等级型、平等竞争型和无政府型的思维风格。具有"专制型"思维风格的人在一段时间内只能处理一件事物或一个方面，做完一件事情再做另一件事情，在处事时不易受到外界的干扰；具有"等级型"思维风格的人可以同时面对多种事物，有很好的秩序感，处事有条理；具有"平等竞争型"思维风格的人认为多个目标和方法具有同等的重要性；具有"无政府型"思维风格的人偏好在无结构、没有清晰程序可遵循的环境下工作。

按照心理自我管理的水平思维风格可以划分为全局型和局部型的思维风格。具有"全局型"思维风格的人喜欢处理整体的、抽象的事物，喜欢概念化、观念化的任务；具有"局部型"思维风格的人喜欢处理具体的、细节的事物。

按照心理自我管理的范围思维风格可以划分为内倾型和外倾型两种思维风格。具有"内倾型"思维风格的人喜欢单独工作；具有"外倾型"的思维风格的人喜欢与他人一起做事或在团体中工作。

按照心理自我管理的倾向思维风格可以划分为激进型和保守型思维风格。具有"激进型"思维风格的人喜欢面对不熟悉、不确定的情境，超出现有的程序和规则，对变化的容忍力高；具有"保守型"思维风格的人喜欢能按照已有的程序和规则做事的任务和情境，喜欢做熟悉的工作，避免模糊与变化。

该理论中 13 种思维风格的划分情况，如表 9-1 所示。

表 9-1　斯滕伯格划分的 13 种思维风格

功能	形式	水平
立法型	专制型	全局型
执法型	等级型	局部型
审判型	平等竞争型	
	无政府型	

范围	倾向
内倾型	保守型
外倾型	激进型

在对思维风格类型进行分析和梳理中,斯滕伯格将诸多的思维风格结构模型分为如下三类:以认知为中心的风格理论、以人格为中心的风格理论和以活动为中心的风格理论。而心理自我管理理论是综合的风格理论,它既强调认知领域,也强调人格领域和活动领域。思维风格理论看事情的方式是认知的(如审判型、全局型等),对应着使用能力的偏好。同时,它对风格的评定使用典型表现测验,不是最佳表现测验,所以,它又类似于传统人格中心的研究范式。最后该理论也将风格看成是动态的和有适应性的,思维风格会随着任务和情境的变化而变化,所以又类似于活动中心的传统研究范式。

与传统的风格理论相比,斯滕伯格理论具有如下新的认识:第一,该理论认为,个体不是拥有一种风格,而是拥有一组风格。不同思维风格之间不是完全独立的,而是有一定关联的。例如,执法型通常与保守型相关,立法型则与自由型相关。我们总是选择自己适宜的思维风格来管理自己的活动。第二,斯腾伯格的心理自我管理理论中所提出的思维风格与格里戈雷科提出的三种中心均相关,思维风格与思维模型的相关体现了它具有认知中心的特点;思维风格与人格的相关体现了它的人格中心的特点;思维风格与学业成绩的相关体现了它的行为中心的特点。第三,关于风格的结构,心理自我管理理论认为有的思维风格具有两极性。例如,一个人要么是局部型的,要么是全局型的,但不可能两者都是,这是与以认知为中心和以人格为中心的理论的共同之处。不同之处在于,该理论还认为有些思维风格具有多极性,如立法型、审判型和执法型,即特定个体可以具有以上三种思维风格的特征,只是程度不同而已。最后,斯滕伯格认为,任何一种思维风格在绝对意义上都无好坏之分,只能说它是否适应给定的任务或情景,而且在一种情境下适应的风格,未必在另一种情境也适应。它不是固定不变的,可以在社会化作用下发展变化,并且也是可以培养的。

二、创造性人格特征

个体人格特征对创造力的发挥有着重要影响,它有助于有效地运用认知成分把稍纵即逝的想法转变成真实的成果(Mumford,Gustafson,1988)。许多研究发现,有五种人格特质与创造性的发生有密切关系,它们是:①对模糊的容忍力。问题解决总有一个不确定阶段,善于排除焦虑,不受追求有效的压力影响。②坚持性。产生创造性成果的过程中能面对障碍,并征服它。③对新体验的开放性。开放意味着愿意尝试以新的观念去探索,对自己内在的想法和外在世界感到好奇,易产生发散思维。④渴望成长。将一个创造观念付诸实现,必定会遇到困难,而渴望成长的愿望将成为活动进行下去的动力。⑤冒险性。创造性工作要打破常规,愿意冒险,要能承受失败的压力。

三、思维风格和创造性人格

思维风格是指,认知与个性特质的相互作用产生的风格,它与个体所喜欢的运用自己的智力和知识方式有关。两个人可能具有同等的智力水平,但在如何把能力运用在工作上则会有所不同。研究表明,某些思维风格促进创造性,某些思维风格减弱创造性。如感觉型与直觉型是两种思维风格,感觉型喜欢通过五官来探究问题,强烈地依赖于外在的有效信息;而直觉型则相反,它们依赖于自己的感觉和内在的知识源。二者相比较,后者有助于创造性成果的产生。此外,改编者风格与创新者风格、整体风格与局部风格也与创造性有重要关系。认知风格和思维风格是不同的,思维风格从属于认知风格,认知风格比思维风格外延要大,认知风格还包括学习风格等。

有研究采用心理测验法与横断法相结合的综合性研究方法,以及自行修订的《Sternberg-Wagner 思维风格量表》对 826 名中学生被试进行了测试。结果发现:①在解决问题的过程中,初中生比高中生具有更为明显的执法、司法、等级制、寡头统治、外向性和开放性等思维风格,高中生比初中生具有更为明显的整体性思维风格。②男生比女生具有更为明显的内向性思维风格,而女生比男生具有更为明显的等级制和寡头统治思维风格。

20 世纪 90 年代以来,思维风格作为智力与人格研究的一种连接界面,受到越来越多研究者的关注。而创造性人格作为影响个体创造性的一种重要的非认知因素,也是研究者关注的重点之一。本书主要对中学生思维风格与创造性人格的关系进行探讨。研究被试来自一个普通小型城市的三所普通中学,其中初中二年级被试 232 名,高二年级被试 198 名。思维风格测查工具采用 Sternberg 和 Wagner 编制的思维风格问卷(TSI),创造性人格测查工具采用自编的《青少年创造性人格问卷》,经检验,两份问卷均具有较好的信效度。研究主要结果表明:①被试在思维风格的立法型、等级型、全局型和外倾型维度上与其创造性人格的自信心、开放性及独立性维度具有非常显著的正相关;②被试思维风格的司法型、无政府型、局部型与创造性人格的开放性、独立性、冒险性及坚持性具有显著的负相关;③被试创造性人格的成就动机维度与其思维风格各维度均不存在显著相关；④因素分析结果表明，中学生思维风格与创造性人格具有一定的重叠性。该结果尽管是对前人关于思维风格与人格关系密切的研究结论的验证，但仍需进一步通过更加严格的测量方法进行考察。

有人运用斯腾伯格的问卷对603名中学生进行测量的结果进行分析，通过比较不同年级、不同性别中学生的思维风格特点，发现不同年级的学生在五种思维风格上存在显著差异，但不同性别的学生只有一种思维风格有显著差异。

第五节 刻板印象

一、关于刻板印象

刻板印象是人们对某个社会群体形成的一种概括而固定的看法。Lippman早在1922年就指出，刻板印象具有促进认知加工、简化社会认知活动的功效。但随着研究的深入开始出现了分歧，如有研究者认为，人会把刻板印象节省下来的认知资源积极地用于其他同时进行的活动。认知心理学家将刻板印象看做是一种心理功能，这些功能应该是由其特定的表征来实现的。因此，刻板印象形成后，在人头脑中是如何被表征的是个令人感兴趣的问题，研究者们经过大量研究后提出了一些表征模型。

1. 原型模型

原型模型（prototype model）是一种最被广泛提及的模型。该模型认为，刻板印象是通过对群体特质的抽象和概括而形成的原型来表征的。原型是群体的"中心趋向"或是群体成员的一般水准，它实际上是一个最能代表本群体而较少代表外群体的范例，是抽象的特征集合。这种抽象是随着知觉者对群体信息的获得而发展起来的，群体信息可能来自个人的亲身经历，也可能来自家庭、朋友和媒体。原型表征是对许多属性类别的一种"平均化"表达，对个别群体成员的反应依赖于原型与个体之间的比较，一旦将一个目标人归于某一特定群体，这个群体的刻板印象就会被激活，并被运用到对目标人的知觉中。因此，在对人的知觉中，知觉者对某个个体的刻板印象往往是根据头脑中该群体的原型而形成的。例如，关于北方人热情豪爽、南方人精明小气、温州人会做生意、上海男人会持家等这些刻板印象，是作为对于这些社会群体的一个抽象而存储在大脑中的。当知觉者遇到一个陌生人，得知他是温州人时，则脑中存储的温州人精明、会做生意的原型就会被激活，从而形成这个温州人精明能干的第一印象。

原型模型在刻板印象研究中很受欢迎，它也符合认知经济性原则。关于群体的抽象、概括的原型，在人知觉新的个体时可以起到加速认知的作用，减轻了大脑信息加工的负担。但是它的局限性在于对群体"中心趋向"的概括往往不能显示群体内的变异，而且正是这种概而论之的原型导致了许多误解、偏见和歧视的产生。

2. 范例模型

范例模型（the exemplar model）认为，群体信息的表征是通过特定的个体样例得以存储的。范例模型的特点是具有高度的灵活性。任何时候当遇到一个新的对象时，通过激活特定的群体范例可以重新创造一个新的范例。因此群体印象是可以不断变化的，但它的缺点是不够经济。例如，外国人对中国篮球运动员的刻板印象是通过特定的个体形成的，如姚明、王治郅、巴特尔等。当知觉者遇到个体时，在印象形成过程中会激活大量的范例，而究竟哪一种范例被会被存储则依赖于是否得到特别的注意。比如，一个外国篮球教练在考察一名中国篮球运动员时，他大脑中存储的亚洲人范例、姚明和巴特尔范例可能都被激活，而这几种不同类型的范例被激活的比例依赖于他更注意目标的某方面的特征。如果被考察的运动员身上亚洲人的特征得到特别的注意且比较突出，那么被激活的范例很大比例属于亚洲人，此运动员被知觉为移动速度快，但身体对抗性不足。如果是一名篮球中锋，身高手长，脚步移动好且技术全面，这些特征突出，则被激活的范例很大比例是与姚明有关，这个运动员被知觉为姚明式中锋，同时可能还会被知觉为和姚明一样谦虚和蔼，脾气好，性格外向，喜欢与人交往，如果引进这名球员，则教练和队友沟通方面不会有太大障碍。同理，如果像巴特尔式的粗壮身体对抗性强特征突出被注意，则很有可能激活巴特尔范例，该教练就会对这名运动员形成身体强壮但移动速度慢的刻板印象，同时会认为他像巴特尔一样性格比较内向，不太容易沟通。

后来，许多研究者提出了同时以原型和范例来表征的"混合型"模型（blended models）。在编码上，该模型包含了群体一般特征的整体编码（原型表征）和群体中特殊个体的个别编码（范例表征）；表征时是原型表征和范例表征的结合。虽然这种模型的扩展有利于解释更多的数据，但同时也模糊了基于抽象的模型和基于范例的模型之间的差别。

3. 联想网络模型

联想网络模型（associative networks model）认为，刻板印象被认为是一个属性相互连接的网络。不同学者对"属性"的定义不尽相同，如有人把属性看做是特征，另一些人把属性看做是信念，还有人认为是行为。对于属性间的连接方式也不相同，如一些人认为连接只是简单联系，一些人认为是随机联系，另一些人认为连接是带有情感标示的联系。尽管存在不同，但联想网络模型的研究者都假定属性间的联系能被自动激活，因此，刻板印象能在知觉者无意识或无控制的状态下操作。这种模型认为当组成刻板印象的属性之间建立了广泛的相互连接之后，刻板印象的改变仅是缓慢而递增的。

二、性别角色刻板印象

性别角色刻板印象（sex role stereotype）是指人们对于男人和女人在行为、人格特征等方面的期望、要求和一般看法。由于形成的方式不同，可以分为内隐的性别刻板印象和外显的性别刻板印象。我们认为性别刻板印象和性别角色刻板印象是等同的概念。

在不同的时代，性别角色有着不同的意义。人们普遍认为男性是有抱负、有独立精神的，具有竞争性和攻击性；女性是温柔的、依赖性强的、软弱的。性别角色差异主要是社会化的结果。性别角色是指属于特定性别的个体在一定的社会和群体中占有的适当位置，及其被该社会和群体规定了的行为模式。它是一种"社会性别"，与自身的生理性别并不一定相符。目前心理学中一般把人们的性别角色分为双性化、男性化、女性化和未分化四种类型。男性化指个体具有传统男性特质，女性化指个体具有传统的女性特质，双性化指个体具有传统的男性和女性双重特质，未分化指两种特质个体都不具有。已有研究表明这四种类型的个体对信息加工的机制不同。

有人用人格特征形容词查核表对 1256 名大学生及从业者的调查结果表明：人们认为男人最重要的人格特征是有创造力、有幽默感、自立、乐观、精干，最不应具有的人格特征是斤斤计较、目光短浅、欺软怕硬、优柔寡断、自卑；女人最重要的人格特征是自立、善良、贤淑、温柔、文雅，最不应有的人格特征是见钱眼开、依赖性强、斤斤计较、自卑、挥霍。在男性看来，女性的贤淑、温柔、善良、纯真、文雅最为重要，而见钱眼开、斤斤计较、挥霍、霸道、爱发号施令的人格特征最不应有；在女性看来，男性的有创造力、有幽默感、自立、乐观、表里如一最为重要，而斤斤计较、目光短浅、优柔寡断、爱发号施令、欺软怕硬的人格特征最不应有。

第六节 网络行为研究

网络伴随着人类文明进化史上的第四次重大信息革命事件——电子化信息技术而出现，在国内仅有十余年的时间。

在2003年1月互联网实验室进行的中国城市居民互联网使用及消费行为市场调查的基础上，互联网实验室形成了"中国城市居民互联网使用及消费行为研究系列报告"。《中国城市网民行为与互联网市场演进研究报告》是该系列报告之一，全文共分四部分。该报告以互联网实验室独创的网民网络行为研究模型为方法论基础，把网络行为分为基础网络行为和扩展网络行为，进而把所有网络行为分成五大类，即信息查询类、沟通交流类、休闲娱乐类、电子服务类和电子商务类。依照研究模型，对网民群体进行细分，得出十类特色网民群落。

据中国互联网络信息中心（CNNIC）2005年1月发布的"第15次中国互联网络发展状况统计报告"显示，截至2004年12月，我国上网用户总数已达9400万。以年龄划分，网民群体中18岁以下的占16.4%，18～24岁的占35.3%，25～30岁的占17.7%，31～35岁的占11.4%，36～40岁的占7.6%，41～50岁的占7.6%，51～60岁的占2.9%，60岁以上的占1.1%（CNNIC，2005）。换言之，年龄在24岁以下的青少年网民，占所有网民的51.7%，是网民人群的主体。

在网民的特征结构方面，男性、未婚、25岁以下、大专及以下、月收入在2000元及以下（含无收入）网民的比例继续在网民各特征数据中占据相对主要地位，所占比例分别为60.6%、57.2%、51.7%、69.3%、80.6%，其中未婚、25岁以下网民的比例和半年前相比都有所下降，但男性网民、大专及以下、月收入在2000元及以下（含无收入）网民所占比例和半年前相比有所上升；在职业方面，学生、专业技术人员仍然是网民主体，比例分别为32.4%、12.6%，其中学生网民的比例和半年前相比有所上升；在行业方面，制造业、教育业、公共管理和社会组织、IT业、批发和零售业是网民的主要分布行业，比例分别达到14.6%、13.0%、11.9%、9.3%、7.7%。

报告同时也显示，网民每周上网13.2个小时和4.1天，每周上网小时数与半年前相比增加了0.9个小时。在网民的上网行为方面，网民在一天中有三个上网的峰值时间段：第一个峰值时间段为早晨10：00，网民上网比例为25.5%；第二个峰值时间段为下午14：00、15：00，网民上网比例分别为32.8%、33.0%；晚上的20：00、21：00达到一天中的最高峰，网民上网比例分别为51.8%、51.0%。和以往的结果相比，从上午11点以后一直到凌晨2点这段时间上网的网民比例都有所增加；网民每周的上网时间分别为13.2小时和4.1天，每周上网小时数和半年前相比有所增加；绝大部分网民每月实际花费的上网费用在100元以内，比例值达68.4%，该比例和半年前相比有所上升；网民平均拥有的电子邮箱账号数和以往相比基本未变，电子邮箱总数和免费的邮箱数分别为1.5和1.4；用户每周收发的邮件数分别达到4.4封和3.6封，收到的垃圾邮件数达7.9封；网民上网的最主要目的主要是获取信息和休闲娱乐，比例分别为39.1%和35.7%，网民上网目的继续向多样化发展。

在网络应用上，此次报告显示，人们的上网用途进一步向多元化方向发展，不论是在关注的信息内容还是在使用功能上，涉及范围都更深、更广。用户在网上关注的信息也不再是单一的新闻。报告数据显示，用户在网上经常查询的信息中，教育信息占29.3%，汽车信息占13.8%，求职招聘信息占24.2%。在互联网服务业务方面，电子邮件、搜索引擎、网上银行、在线交易、网络广告、网络新闻、网络游戏等服务业务仍然快速地发展。其中，电子邮箱仍然是人们最为关注的互联网应用之一，收费和免费邮箱用户的满意度均有所提高，分别为32.6%和71.9%。

一、对网络的认识

网络这种突生的全球性资源、媒体、社会联结是一个整体，它由信息技术、网络技术、通信技术和以数字形式流动的信息四个部分通过技术链接构成。网络是现实的，是现实人类社会发展的文明成果和一种新的技术条件与同构环境；同时，这种新的技术条件与同构环境，既为网络社会的产生提供了物质技术基础，又赋予了网络社会以人文精神。但需要指出的是，网络不是网络社会。网络社会的产生与发展包括两个方面的条件：一是技术条件；二是社会条件。社会信息化过程产生信息化社会结果，有赖于以此为基础的新的交往与存在方式的形成；而且正是因为后者，网络社会是现实社会的延伸，并具有和反映着现实社会的人文精神。

基于"虚拟或真实"范式，网络社会是一种二律背反的社会文化现象。

正如学界已有的研究认为,网络社会是现实社会的延伸并依存于现实社会,是一种全新的社会存在方式;网络社会是"潜在的家";网络社会又是一种"流动空间";网络社会是"社会结构和社会行动两个人类活动的侧面产生交流的共同基础"。

由网络社会二律背反的属性使然,网络社会既是人们能够借助以往经验和文化互动的新环境,又是需要人们重新认识的"另类空间"。因而认知和揭示网络社会,可以采用同源性与非同源性角度。网络社会与现实社会是同源性的,网络社会与现实社会又是非同源性的;另外,也是对"虚拟或真实"范式的一种修正。因为,"虚拟或真实"的研究范式及假设存在缺陷,如"虚拟"在中国文化中主要是指"不符合或不一定是事实的,假设的",英文"virtual"则是指"almost what is stated; in fact; thought not officially"(实质上的、实际上的、事实上的);而且,"虚拟或真实"的研究范式,引导研究者侧重于一种"对立"或"区别"的视角,甚至诱导人们忽视引导、矫正和规制网络社会文化的基元仍在现实社会文化中。

二、网络特点与大学生行为和心理的关系

有研究应用计算机检索 Medline 数据库 2000/01～2004/01 关于大学生网络行为心理分析的文章,检索词为"students' psychology, computercommunication netware, elements analysis",限定文章语言种类为英语。同时用计算机检索中国期刊全文数据库、万方数据库 2000/01～2004/01 关于大学生网络行为心理分析的文章,检索词为"学生心理、网络行为、因素分析",限定文章语言种类为中文,研究对象为 18～24 岁的中国在校大学生。资料选择:对资料进行初审,选取有关大学生网络行为心理分析的文献。纳入标准:①随机临床试验;②研究对象年龄为 18～24 岁。排除标准:①明显不随机临床试验的研究;②重复研究、综述及 Meta 分析类文章。对纳入的文献开始查找全文。资料提炼:共收集到 81 篇符合标准的文章。资料综合:对纳入文章进行综合分析研究,发现大学生上网更多的是为了人际交往、娱乐消遣以及寻求刺激和精神寄托等。结论:分别从自我意识、情绪情感、动机、性心理等几方面分析了当代大学生网络行为心理特点,就如何引导大学生正确使用网络、克服网络心理问题提出了教育的对策。

1. 网络传播信息的高速性、即时性与大学生追求时效化的个性

被称为第四媒体的互联网相比于其他传统媒体,能使人们在第一时间

获得所需信息,这些信息是综合的,包括文字、图像、声音等。而年青一代大学生恰有着对信息的高度敏感和追求时效化的个性特征,及时和高效成了大学生选择网络的重要原因。

2. 网络资源的丰富性与大学生对知识的渴求

网络超乎想象的丰富资源是其他媒体所不可比拟的,内容涉及社会生活的方方面面,政治、经济、文化、科技、艺术、生活等无所不包,极大地拓展了大学生的视野,也催化了大学生的猎奇心理,满足了大学生的学习需求。他们可以通过网络直接访问有关领域的资深人士,可以尽情漫游和搜索各种类型的信息库、数字图书馆,还可以围绕某些感兴趣的论题与他人展开广泛的讨论。

3. 网络的平等自由与大学生的个性追求

网络一改传统媒介对受众选择自由的漠视,为大学生提供了一个统一的沟通平台,这是一个没有空间、时间界限,没有现实生活中种种社会属性限定的平台;这样一片自由、平等的土壤为崇尚民主、自由和平等的大学生提供了展示自己思想和才华的新舞台。网络的匿名登录方式,更使大学生逃离了现实生活中社会行为的约束规则,可以毫无顾忌地畅所欲言,展现自我。他们的烦恼、郁闷、追求、欢乐和抱负都可以在这里得到尽情的表达和宣泄。

4. 网络交往的特性与大学生的情感

网络交往是大学生一种主要的网络行为,其广泛性和隐蔽性有利于大学生宣泄自己的情感,网络本身并没有什么情感,但它却能有效地被我们用来传递、表白情感。对于现实中的孤独者,网络为他们提供了最佳的、最安全的心理交流环境,以非实在但有效的方式排遣了孤独,放松了紧张的心情。网络上的交往利于发现自我。现实的社会交往中,大学生在不同的场合承担着许多甚至很不相同的社会角色,使其仿佛在面对不同人的时候带上了不同的面具,主体之外的其他独立的个体深刻地影响着自己的一言一行、一举一动,在种种压力的共同作用下,自我的本性被掩饰在主体的背后。而网络上的交往克服了这些缺陷,大学生遵守着通过社会比较形成的网络游戏规则,清醒地意识着自我。网络交友聊天已成为大学生生活的重要组成部分,如何充分利用网络交往的正面影响,克服其对大学生现实交往产生的诸多障碍,成为研究者关注的焦点之一。

武汉大学赖海雄等考察大学生钟情于网络交往的原因时指出,网络交往可以获得理解,促进心理平衡;可倾诉烦恼,排遣不良情绪;可接受评价,养成良好品质。同时,网络交往的平等性、虚拟性、便捷性、自由性及新奇性等特性,与大学生作为拥有较高文化层次且相对年轻的特殊社会群体,表现出的富有敏感、自尊、活跃、好奇等心理特质相契合。进而认为,网络交往的积极之处在于它扩大了大学生的交际面,增进了大学生的自由平等意识,培养了大学生的创新精神,开阔了大学生的眼界。又因为网络交往与现实交往有着实实在在的诸多不同,使得大学生在网络交往中如鱼得水,而在现实社会交往中却出现种种障碍:一是认知和行为障碍,主要表现为疏于交往。网络互动的平等自由是以弱社会规范性为基础的,网络交往没有社会角色的义务限定,没有道德伦理的规范约束,也无他人的监督,与现实交往有根本的不同。二是个性障碍。首先表现为角色混乱。大学生在网络交往中多重角色的相互冲突及虚拟身份与真实身份的相互矛盾,使其产生角色认同错误,出现社会化障碍,无法将网络中的虚拟影像与现实中的真实自我有效地整合统一。其次表现为情感虚伪。网络互动中的符号化交流常常会遭遇情感杀手或感情陷阱等负性体验,极易移植到现实社会情境中;还表现为孤独自闭,沉溺于网络交往者,网上应对自如,怡然自得,网下却与世不谐,束手无策,自我中心膨胀。三是情绪障碍。网络互动中的情绪表达单一符号化,使得大学生情绪过于内隐,缺乏感染力,情绪识别能力下降。四是语言障碍。沉迷于网络交往的大学生青睐网络语言,误以为只有网络互动才能发挥其内在的智慧与幽默、浪漫的交际才能,由此回避现实交往,键盘录入速度提高很快,口头表达能力却退化。

基于对浙江、湖南和甘肃三省六市 1884 名青少年网络行为调查数据的量化分析,研究了青少年网络社会生活介入程度、网络行为特征及主要影响因素、对网络的认知及其与网络行为的相关性等问题。研究发现,目前青少年的网络社会生活介入程度总体适度,青少年在网上主要参与的活动是休闲娱乐、交流互动、玩网络游戏和查找资料;从行为动机来看,青少年的网络行为取向主要集中在工具性行为与情感性行为两种类型上。与此相应,其行为大致可以区分为信息搜寻、工具利用、交流互动、休闲娱乐和购买色情五种基本类型。不过,青少年的行为取向与行为类型之间关联程度的一致性,尚需要作进一步的探讨,尤其是网络游戏应该如何定位,是一个需要认真面对的问题。性别、文化程度与地域因素对工具性网络行为的影响程度,要大于对情感性网络行为的影响;青少年的网络认知与网络行为间表现出较强的相关性。

三、大学生网络行为研究

关于大学生网络行为的研究可分为两个层面：一是大学生网络行为调查研究；二是大学生网络行为与个性特质、心理健康等的相关研究。

1. 大学生网络行为调查研究

申福广等所作的《大学生网络行为探析》，采用自制问卷，调查北京部分高校的大学生，分析了大学生的网络行为，并指出产生这些行为的心理原因。主要结论是，大学生的网络行为具有明显的倾向性，对国家政治生活的态度，对一些网络行为道德的扬弃，表现出的心理倾向及兴趣倾向，并具有在性别、政治面貌、年级、生源地域方面的较大差异。在政治倾向方面，大学生参与国家政治生活的意识、参与程度及侧重点较20世纪80~90年代初期的大学生有较大不同。在道德倾向方面，以负疚感为个体自我道德约束的心理表现，说明了网络环境中行为规范的缺失。在心理健康倾向方面，大学生表现出矛盾心态，对网上的信息不置可信，不愿意在网络上讲真话，不能上网会感到难受。在兴趣倾向方面，大学生的网络行为依次排序为聊天、了解信息、收发邮件、查阅资料、玩游戏、下载软件、欣赏影音节目。该项研究基础数据尽管充分，但问卷没有信效度资料，调查对象未能说明取样情况，被试的社会属性考察不周，而且数据处理略显简化单一，仅以百分比来描述，未曾使用更规范的统计分析，故影响到结论的可靠性。肖旭概括了大学生网络人际关系的八种倾向，即情绪化倾向、宣泄倾向、互助倾向、认同化倾向、追星倾向、事业化倾向、社区化倾向和流动变化倾向。研究者关于大学生网络心理的理论分析都揭示了网络的双刃剑效应，试图阐明大学生网络群体的特异性。苗青等所作的《大学生网络交往调查研究》，也采用问卷调研，辅以访谈，研究了大学生上网时点分布、网名使用情况、交友方式及其发展、网络交友积极与消极观念四大因素，并提出了大学生网络交友的八种心理，即依恋心理、多样化心理、定势心理、尝试求新心理、求同心理、情感心理、美化心理及性别差异心理。该项研究的不足之处仍是数据处理简单，仅以百分比描述现象，网络交往状况与现实交往状况的对比都未涉及。

2. 大学生网络行为与其他特质等的相关研究

易银沙等所作的《大学生学习成绩、心理健康状况与网络行为的相关因素分析》研究,意欲探究大学生的上网行为对其学习成绩、心理健康状况的影响,采用分层整群抽样,将学习成绩、心理健康状况分组进行多因素回归分析,结果发现,专业兴趣、上网时间、学习任务、人际交往、人际敏感、抑郁与网络行为有关,平均每天上网时间、学习任务、人际交往、人际敏感、抑郁与网络行为是影响学习成绩、心理健康的危险因素;而专业兴趣、层次是影响学习成绩和心理健康的保护因素。该研究采用的统计手段科学,数据处理结果可靠,但较明显的不足是,作为自变量之一的不是课题中的网络行为,严格来讲是网络使用状况或网络依赖程度,而且对于通过什么样的工具采择数据或诊断结果,未能说明。同样的缺陷还出现在课题中两大因变量之一的学习成绩上,其来源和处理也未曾说明。

任杰所作的《高校学生网络行为与心理研究》,以广州大学本科在读学生为研究对象,采用随机取样与整群取样的方法进行问卷调查,并辅以访谈法、文献研究法和个案研究法获取背景资料及详细信息,主要研究工具有二:一为自编大学生上网情况调查问卷;二为SCL-90。结果显示,大学生上网率高,学生上网地点多为家中和校内收费上网中心,学生上网用时和频率比较节制,大部分学生上网的目的不在学习,网络信息供给与学生需求不平衡,网络对学生心理与行为的消极作用不明显,但应受到重视,网络与学生心理健康并不明显相关,但与学生的人格因素有关。该项研究采用的统计手段先进,包括单变量描述分析、双变量描述分析及计数数据的差异分析等,增强了研究结果的说服力,不足的是,样本范围仅限于一所高校,且未包括大四学生。

四、大学生网络成瘾调查及相关研究

网络成瘾(Internet addiction disorder,IAD)的概念最早由Goldberg于1994年提出,Young最早开始研究并证实该现象。她发现过度的网络使用对用户的损害是多方面的,损害身体健康,导致人际关系障碍、学业成绩下降及影响正常工作等,还发现网络使用依赖者具备特定的人格特质,由此引发了心理学界的广泛关注。国内最早的专项研究是钱铭怡教授关于大学生网络成瘾的研究,抽测北京12所高校的近500名本科生,结果显示,大学生中存在一定比例的网络成瘾者,在被测者中占到6.4%。有研究者将网络成瘾描述为在无成瘾物质作用下的上网行为冲动失控,表现为由于过度使用互联网而导致个体明显的社会、心理功能损害。但实际上,目前关于网络成瘾的研究还处在探索阶段,研究者对网络成瘾还没有一个比较一致的观点和研究结果，没有形成较为成熟和系统的理论。网络成瘾的概念也受到不少研究者的质疑。

网络成瘾概念的分歧，虽没有妨碍学者们的研究兴趣，但却潜藏着一个基本问题，那就是对网络成瘾的测量尚无统一标准。Young 作为最早研究网络成瘾问题的心理学家，总结对网络成瘾者的在线调查研究与临床治疗实践，认为在《美国精神疾病分类与诊断手册》（DSM-IV；American Psychiatric Association）中所列的诊断标准中，病态赌博的诊断标准最接近网络成瘾的病理特征，因而她对病态赌博的诊断标准加以修订，形成网络成瘾的测量工具，在国外新兴的网络成瘾研究中较为常用。目前国内对网络成瘾的大量研究所参照的测量工具是由 Young 编制的问卷。林绚辉等改编 Young 的 IAD 临床诊断问卷，自编网络使用情况调查表，并辅以 16PF 测验，获得 293 名福州大学学生被试的资料，结果发现，大学生上网人群中网络成瘾者占 9.6%，上网成瘾的发生与上网时间、上网参与程度没有必然的联系，大学生网络成瘾者在 16PF 的推理能力、支配性等因子上与非成瘾者有显著差异。Young 的研究发现网络使用依赖者具备特定的人格特质，即一定的人格倾向使个体易于成瘾，网络只是造成成瘾的外界刺激之一。林绚辉等的研究中发现网络成瘾并非人格问题，大学生网络成瘾群体最典型的人格特征仅是推理能力差及较为退缩，此外别无差异。另外，网络成瘾与上网时间及上网参与程度无显著关系，即上网时间只能作为参考指标之一，广泛使用网络并不必然导致成瘾。张兰君使用 Spielberger 状态-特征焦虑量表、Eysenck 个性问卷、父母教养方式评价量表（EMBU）和网络成瘾倾向自陈量表，对陕西四所高校大学生进行调查，结果发现，网络成瘾倾向大学生的状态焦虑水平高于非成瘾大学生，大学生网络成瘾倾向与个性特征之间存在显著相关，具有情绪不稳定和情绪稳定于居中的大学生网络成瘾倾向者居多。另有研究也发现社交焦虑与网络成瘾之间具高度正相关。

网络成瘾研究成果较集中的美国，多采用在线调查方式，国内有关网络成瘾的研究尚属开端，网络成瘾的定义及测量工具等基础性问题还待商榷，研究范畴虽趋于开阔，但研究方法仍显单一，样本取样范围褊狭，样本量偏小等问题仍普遍存在。对于网络成瘾由已有研究可以归纳如下。

（一）青少年网络成瘾的类型

随着互联网的日益普及，网络中最新、最酷的流行歌曲，引人入胜的影视大片，充满刺激的互动游戏，花样繁多的花边新闻、小道消息等娱乐方式对本来就具有强烈的好奇心和旺盛的求知欲而又追求时尚个性的青少年具有不可抗拒的诱惑力，使得他们一旦上网便与网络难解难分，欲罢不能。因此，青少年网络成瘾主要有三种类型：聊天型、游戏型、视听型。无论是哪种类型的网络成瘾都是由精神上对网络的眷恋发展到躯体上对网络的依赖，以致身心呈现病态反应。"网瘾"的病态表现在生理上和心理上。生理上，轻者出现手腕关节不疆、腰酸背痛、活动不灵、肌腱炎、腱鞘炎、视力下降等症状，严重者出现精神异常、自杀等。心理上，则表现为注意力不集中、紧张、焦虑、失眠、心情抑郁，只想上网，无心学习和工作；专注人机交互，无心人际交往；感受不到现实生活的乐趣，只能依靠上网来获得快感和满足，以避免生活中的压力、挫折、烦恼。

（二）青少年网络成瘾的矫治

青少年要戒除网瘾，除了限制上网时间、由成人监视上网内容、净化网络环境等物理疗法外，还应该采取心理疗法，在思想上、心理上、行动上进行有效的沟通、引导、管理，使其在心理上脱瘾，这才是戒除网瘾的长久之计。

1. 从思想上加以引导

青少年上网并非坏事，网络成瘾也是正常的人性反映，学校和家长不该也不能禁止，关键是要健康、科学、有效地对青少年加以引导，才能还网络以工具的面目，真正发挥网络科技的优势。学校要普及网络心理健康教育、网德教育、网络安全教育、法制教育、责任感教育、自我保护教育，帮助青少年科学、适度地使用互联网，使其从思想上自觉抵制黄色网页，远离暴力游戏；家长对待青少年的上网行为要放松但不放纵，让他们明白网络这把"双刃剑"带给人的正负影响，引导他们去获取网络中的精华，感受网络带给人们的乐趣，自觉规避网毒对人身心的伤害。

2. 从心理上进行矫治

（1）建立正确认知。让青少年明白，计算机、网络就像正常的饮食起居一样，是为了生存，只有合理使用，生活质量才会提高；如果使用失当，就会给人带来伤害，引发不良后果。要告诫青少年不要把上网作为逃避现实或者发泄消极情绪的工具。

（2）进行情感沟通。学校和家长要以人为本，要充分认识到人是有潜力的，只要持久地给他关怀、尊严、温暖，他就能茁壮成长、健康发展。

平时要合理安排青少年上网与参加社交活动、社会实践的时间。青少年有了丰富多彩的现实生活，就不会在网上寻求情感满足和精神寄托。对青少年生活中的困惑、痛苦、需求、内心感受，父母、老师应该细心体察，主动关心，帮助解决，设法消除与孩子间的隔阂，给孩子以精神关爱，减少孩子上网的欲望。对已染上网瘾的孩子，学校和家长要转换角度，产生"共感"，要充满爱心、耐心、信心，多与孩子接触，多参与孩子的活动，多与孩子交流，多倾听孩子的心声，帮助孩子制定合理的改变目标，先逐步减少其上网的次数与时间，进而使其摆脱对网络的心理依赖。

3. 从行动上加以帮助

对青少年的网络行为，学校和家长要有效引导和科学管理。应经常组织开展各种文体活动和智力游戏、竞赛等，有意识地将青少年的注意力从网络上转移；家庭和学校应经常沟通，监控网瘾孩子的作息时间；对于青少年网络失德行为，不能简单地给予惩罚或制止，不合理惩罚会使青少年形成表现主动性与内疚的矛盾危机；多为青少年创设一些自主选择的体验活动，使青少年不仅在网络上，更可以在日常的学习生活中感受成功，体验快乐；培养青少年具有自主的选择判断能力和自我约束能力，使他们面对网上形形色色的诱惑能不为所动。

总之，心理学家艾里克森认为青少年正处于"心理延缓偿付期"，需要有时间去梳理、整合所有的混乱与矛盾，在此期间，出现一些青少年阶段特有的心理行为现象正是他们心理适应社会的表现。对于各种青少年的网络行为，我们不应该过于忧虑甚至反对、压制，而要理解、宽容，允许他们借助于心理的合理延缓期来进行自我整合、自我发展；我们应该创设良好的网络环境，让青少年把网络作为自己工作和学习的工具，使自己成长得更快、更好。

第十章 认知心理的文化基础研究

第一节 文化的研究

一、文化的定义

文化是个相当宽泛的概念。广义的文化包括物质文化、精神文化和行为文化。狭义的文化专指语言、文学、艺术及包括一切意识形态在内的精神产品,主要是指象征的符号系统。其实,文化概念的界定尚不统一。在近代,给"文化"一词下明确定义的,首推英国人类学家 E. B. 泰勒和科拉克洪在1952年发表了"文化:一个概念定义的考评"一文,文中分析和考察了100多种文化定义,然后他们给文化下了一个综合定义:"文化存在于各种内隐的和外显的模式之中,借助符号的运用得以学习与传播,并构成人类群体的特殊成就,这些成就包括他们制造物品的各种具体式样,文化的基本要素是传统(通过历史衍生和由选择得到的)思想观念和价值,其中尤以价值观最为重要。"他们的文化定义为现代西方许多学者所接受。多达100种的文化定义,各有长短,反映了近现代人类学家、社会学家和社会心理学家对文化认识的历史过程。

二、文化的含义

文化至少包含三层含义:①人有意识地改变"原有"的自然物(包括自然的人)的活动;②"原有的"自然物在人的活动作用下改变了面貌和秩序,变成了"文化物",成为"属于人的",具有了"文化秩序";③文化与人相互界定、互为前提、相互建构。由此可以说,"文化"是有意识的人类活动,因而具有人的意义。由此可见,文化心理和行为的差异并不是刺激本身的差异,而是刺激所具有的意义的差异。由于意义既由人的心理活动赋予,又通过人的心理活动得以解释,同时它又反过来制约着人的心理和行为,所以心理学家要求把它纳入心理学研究范畴,由此形成了文化心理学。跨文化心理学中的文化概念应包括背景变量的文化（主要是指社会组织机构、生存策略、经济状况、历史文化以及生态环境等方面）、直接刺激变量的文化（包括教育文化、家庭文化、宗教文化、习俗、价值观和信念等方面）和中介变量的文化（主要包括语言及其象征符号系统与交流功能、交往与行为、传播信息及信息承载等方面）。

三、文化的要素

文化的要素主要包括以下几方面：

（1）精神要素，即精神文化。它主要指哲学和其他具体科学、宗教、艺术、伦理道德以及价值观念等，其中尤以价值观念最为重要，它是精神文化的核心。精神文化是文化要素中最有活力的部分，是人类创造活动的动力。没有精神文化，人类便无法与动物相区别。

（2）语言和符号。两者具有相同的性质即表意性，在人类的交往活动中，二者都起着沟通的作用。语言和符号还是文化积淀和储存的手段。人类只有借助语言和符号才能沟通，只有沟通和互动才能创造文化。而文化的各个方面也只有通过语言和符号才能被反映和传授。能够使用语言和符号从事生产和社会活动，创造出丰富多彩的文化，是人类特有的属性。

（3）规范体系。规范是人们行为的准则，有约定俗成的，如风俗等；也有明文规定的，如法律条文、群体组织的规章制度等。各种规范之间互相联系、互相渗透、互为补充，共同调整着人们的各种社会关系。规范规定了人们活动的方向、方法和式样，规定语言和符号使用的对象和方法。规范是人类为了满足需要而设立或自然形成的，是价值观念的具体化。规范体系具有外显性，了解一个社会或群体的文化，往往是先从认识规范开始的。

（4）社会关系和社会组织。社会关系是上述各文化要素产生的基础。生产关系是各种社会关系的基础。在生产关系的基础上，又发生各种各样的社会关系。这些社会关系既是文化的一部分，又是创造文化的基础。社会关系的确定，要有组织保障。社会组织是实现社会关系的实体。一个社会要建立诸多社会组织来保证各种社会关系的实现和运行。家庭、工厂、公司、学校、教会、政府、军队等都是保证各种社会关系运行的实体。社会组织包括目标、规章、一定数量的成员和相应物资设备在内，既包括物质因素又包括精神因素。社会关系和社会组织紧密相连，成为文化的一个重要组成部分。

（5）物质产品。经过人类改造的自然环境和由人创造出来的一切物品，如工具、器皿、服饰等，都是文化的有形部分。在它们上面凝聚着人的观念、需求和能力。

四、文化的一般特征

文化的一般特征有：

（1）文化是在人类进化过程中衍生出来或创造出来的。自然存在物不是文化，只有经过人类有意无意加工制作出来的东西才是文化。

（2）文化是后天习得的。文化不是先天的遗传本能，而是后天习得的经验和知识。

（3）文化是共有的。文化是人类共同创造的社会性产物，它必须为一个社会或群体的全体成员共同接受和遵循，才能成为文化。

（4）文化是一个连续不断的动态过程。文化既是一定社会、一定时代的产物以及社会遗产，又是一个连续不断的积累过程。每一代人都出生在一定的文化环境之中，并且自然地从上一代人那里继承了传统文化。同时，每一代人都根据自己的经验和需要对传统文化加以改造，在传统文化中注入新的内容，抛弃那些过时的不合需要的部分。

（5）文化具有民族性和特定的阶级性。一般文化是从抽象意义上讲的。现实社会只有具体的文化，如古希腊文化、罗马文化、中国古代文化、中国现代文化等。具体文化受到诸多条件的制约，其中最主要的是受自然环境和人们的社会物质生活条件的制约。文化具有时代性、地区性、民族性和阶级性。自从民族形成以后，文化往往是以民族的形式出现的。一个民族使用共同的语言，遵守共同的风俗习惯，养成共同的心理素质和性格，此即民族文化的表现。在分裂为阶级的社会中，由于各阶级所处的物质生活条件不同、社会地位不同，因而他们的价值观、信仰、习惯和生活方式也不同，出现了各阶级之间的文化差异。

五、文化的维度

（1）复杂性维度。各种文化在复杂性上是不同的。打猎、采集社会与信息社会之间有很大的不同。平均国民生产总值尽管不够充分，但是仍是文化复杂性的指标之一。其他指标包括城市人口的百分比、城市的规模、人均拥有个人计算机数量等。

（2）紧密-宽松维度。在紧密文化中规范被严格强化，而在宽松文化中对规范的偏差是被宽容的。宽松文化会出现在有几种规范体制的社会中，人们不会过于互相依赖，人口密度低。宽松文化还与一个开放的边界有关。

（3）集体主义-个体主义维度。Trandis曾提出假设，集体主义在那些紧密文化样本中表现较强。Carpenter用实证支持了集体主义与紧密性相关的说法。集体主义文化中，人们在集体中（家庭、种族、国家等）相互依赖并以集体的目标优先。集体主义文化又可分为垂直的和水平的两种。垂直的集体主义文化遵循传统主义，并强调集体内凝聚力，尊敬群体内规范和权威人物的指导；水平的集体主义文化强调移情、随和性和合作。Ohbuchi等认为在冲突情境中，集体主义者首先维持与他人的关系，个体主义者则首先考虑成就评价。因此，集体主义者宁可采用冲突情境的方法而不破坏关系（如调解），反之个体主义者宁可到法庭去处理纠纷。而在垂直的个体主义文化中（如美国社会文化）存在着高度竞争。在水平的个体主义文化里（如澳大利亚），强调的则是自信、独立于他人和唯一性。个体主义和集体主义用在个体分析水平上，对应为自我中心和他人中心两种人格特性。自我中心强调自我实现、竞争、唯一性、享乐主义和群体内情感的距离。他人中心则强调相互依赖、亲和性、家庭完整性。有研究发现，自我中心和他人中心在个体主义样本中是负相关的。在所有文化中都有自我中心者和他人中心者，只是比例不同。一般来说，在集体主义文化中约60%的人是他人中心的，而在个体主义中60%是自我中心的。个体主义文化中的他人中心者更可能加入群体，集体主义文化中的自我中心者更可能由于感到文化的压抑而寻求离开。

六、文化的种类

比较特殊的文化种类有亚文化、民族文化和网络文化。

1. 传统文化和现代文化

传统文化，是指中国几千年文化发展史中在特定的自然环境、经济形式、政治结构和意识形态的作用下形成、积累和流传下来，并且至今仍在影响着当代文化的"活"的中国古代文化。它既以有关的物化的经典文献、文化用品等客体形式存在和延续，又广泛地以民族思维方式、价值观念、伦理道德、性格特征、审美趣味、行为规范和风尚习俗等主体形式存在和延续。而且，这些主体形式的文化都已内化为国人的文化心理和性格（包括认知心理），并深深融入社会政治、经济、精神意识等各个领域，积淀为一种文化遗传基因。

2. 亚文化及其中的民族文化

亚文化大致分为两种：一种是较高级的亚文化，如高雅文化、精英文化、理性文化等；另一种是世俗的亚文化，如大众文化、流行文化等。亚文化与主文化是相对而论的。精英分子中存在精英文化，注重理性思考的人中有理性文化，普通大众中存在大众文化等。总之，我们的社会可能存在从感性到理性、从流行到传统、从精英到大众等不同的亚文化。这两种文化都是不可缺少的。亚文化与主流文化之间有着密切的关系。亚文化不能背离主流文化，主流文化对社会有着深远和积极的影响，无论何时，亚文化都要以主流文化为中心，亚文化要放到主流文化中去发展、去提升。

民族是一种文化形式，是时空组合的文化形态。一个民族的生命显示主要是民族的灵魂和民族精神。民族心理就是归属于同一民族的人的共同心理。它包括民族情感、民族价值观念、民族的道德观念、民族审美心理、宗教信仰以及思维方式、民族性格等。社会心理学认为，"民族心理是指构筑在一个民族的经济地域基础之上并渗透着该民族共同文化传统，决定着该民族人们性格和行为模式的共同的心理倾向和精神结构，也就是人们通常所说的民族性格或国民性"。

民族文化本身是社会文化的一种。社会文化是基于特定社会系统内部的一系列相关因素，如信仰、风俗、知识和行为等整合构建的一个近似于环境的概念，有着极大的可变更性和浸染性，因此生长于某一特定社会文化中的人们，潜意识地便具有类似的行为方式、观念或心理，进而形成了民族文化心理。民族文化心理也就是民族的社会文化及通过该文化所折射出的民族心理，包括民族认知、民族情感、民族意志、民族气质、民族能力、民族的自我意识和民族的社会心理。

3. 网络文化与网络社会文化

"网络文化"与"网络社会文化"是两个既相互联系又有区别的命题。"网络文化"的研究主要是揭示它的技术特性及技术结构的功能，而"网络社会文化"主要是研究网络社会这种新的社会存在及存在方式和由此形成的新的社会关系网络及人文精神。网络是网络社会产生和发展的物质技术基础与条件，因而网络社会文化的研究，也包括对网络技术文化的特性及功能的考察。

把网络本身作为一种文化进行研究与把网络这种物质技术结构及形态所孕育和表现的文化作为研究对象,二者是不同的。网络是人类在社会发展中创造的一种物质技术条件或一种交往与互动的技术环境。在这个意义上,它属于广义的文化范畴。广义的文化与文明相近或相同,即意味着人们对自然界的开拓及所取得的成就。事实上,学界已有的研究,都是当研究需要从网络的物质技术特性转向它的社会属性时,便在研究的逻辑上进行了转换的,即"网络、网络社会、网络文化、网络社会文化"。

第二节 哲学对文化和心理关系的研究

一、人和文化的交互作用

人和世界的"文化",包括自然的"向人而化"与人自己"向文而化",都要由人来实现,总起来说,就是人"在改造外部世界的同时改造自身"、"在改造客观世界的同时改造主观世界"。这意味着:文化是"人化"与"化人"相统一的一体化进程。

人通过实践改变自然界和自身,使自然和人自己走向"人化"的过程,是以人在自然界的产生为开始的,而人的产生,则又造就或形成了人所特有的生存发展形态——文化这一标志。

在我们的人格尚未成熟时,我们接受了这套文化和价值系统,这套系统被内化为我们的文化品格,我们每时每刻都受其影响。文化与我们的整个生活、生存是同一的,所以,我们只要生存,我们就是在被我们的文化而"化"。

这种双向互动、双向生成的关系不是静止的、一次性完成的,而是持续地和反复地进行的;不是一种平衡的作用关系,而是一种正反馈式的作用放大的关系;是动态的,是不断发生、不断发展的运动。文化的发生发展,是一个永不停止的社会历史进程。

二、跨文化感知能力的发展策略

对于感知与文化的问题,文化人类学和心理学研究已经有所涉及。早在20世纪60年代,就有心理学家和人类学家对缪勒-莱伊尔错觉与文化和经验的关系进行调查探究,发现文化经历与视像错觉之间存在关联。

（一）跨文化认知能力的内涵

由于文化的影响，交际者在跨文化语境中常会遇到明显的感知差异，在衣、食、住、行等社会生活的诸多方面，人们会发现异文化环境和来自异文化的人所给予自己 5 种感知能力和记忆思维等都与自己的文化存在不同程度的差异。不仅如此，跨文化交际中的许多误解也常因感知阐释的不同而发生。

在跨文化交际过程中，认知能力对于交际者信息的解读、关系的调适、经验的拓展都具有十分重要的意义。跨文化认知能力有别于一般意义上的认知能力，指认知主体所具有的能够超越一种或多种文化认知方式的局限，根据跨文化交流的需要适度自如地进行认知调控，通过拓展认知领域而丰富认知经验，并与异文化实现认知互通的能力。构成该能力的具体项目包括：①认知洞察能力。能够准确有效地对认知事物的意义进行阐释，比较并发现文化的异同，且能够从跨文化的角度超越非此即彼、他我二元的简单判断，以一种类似"第三者"的眼光对认知活动的过程和结果进行评价和解释。能够敏锐地感受、觉察不同文化认知信息和认知方式的异同。②认知整合能力。能够忍受和适应不同文化认知对象和方式的差异，能够根据跨文化语境的要求对认知信息加以整理和协调，为有效的意义化提供必要的准备。③互通能力。在准确有效地认知异文化信息的同时，能够与异文化成员融通理念和交流感受，达到相互沟通和理解的目的。

（二）文化制约认知的机制分析

1. 意义化过程中的文化印记

认知过程包含信息接收和意义化两个阶段。文化对认知的影响体现在客观实际转化为经验实际的过程。一方面人类的感官和神经系统为感知提供了必不可少的生理基础；另一方面由需要、动机、目标、兴趣、期待、信仰、价值观等构成的意义系统又具有不可忽视的中介作用，能够对认知的过程产生影响，在一定程度上改变认知的结果。从深层结构的层面看，个体在成长过程中，通过经历和学习而将某种文化模式不同程度地内化为自己的人格和行为方式之后，其感知活动的方式和倾向也随之打上文化的印记。

2. 文化影响认知的具体过程

文化对认知过程的影响具体可以从认知的选择、组织和阐释三个阶段来看。首先，文化影响认知选择。影响认知选择的因素包括区别性强度及特征、以往的经历和期待、需要和动机等。主体面对纷繁复杂的刺激信号，在识别、界定认知对象时，常根据自己的需要、兴趣和价值判断而对信息加以选择。当交际者进入异文化环境中时，影响其认知选择的因素还包括由于文化差异而产生的新的背景对象定位以及根据原文化中所获得的关于异文化信息的认知验证等。其次，文化影响认知组织。主体在认知选择的基础上对刺激信息进行分类、编排而使之获得明确的形式和意义，对信息的组织包括区分背景与对象、分类组合与整合。个体在对认知信息进行分类组织时，往往受到文化模式中分类方式、定型观念和价值体系的影响。此外，语言作为文化的符号，与深层结构中的思维方式和认知风格关系密切。一种语言的分类体系可以通过概念和命名的方式影响人们的认知，这种影响是通过引导主体对于事物的相似度、区分度和分类方式进行不同的认知组织而实现的。再次，文化影响认知阐释。认知阐释是主体对经过选择和组织的认知信息进行归因和评价从而实现其意义的过程。文化对认知阐释的影响不仅表现在文化意义作为认知阐释的参照框架为认知的意义阐释提供基础，成为认知阐释之意义的来源，还表现在文化模式中包括伦理标准在内的一系列价值判断成为个体认知评价的重要参照和依据。例如，萨莫瓦（Samovar）等研究发现，对人格可信度的认知评价存在着文化差异：在日本文化中人们觉得值得信赖的人多有婉转、同情、审慎、谦卑等特点，日本人一般感觉安静沉默和善于倾听的人更加可信，把讲话滔滔不绝者视做浅薄之辈；而美国人则通常认为能够公开有力地表达自己的见解是令人羡慕的好品性，所以感觉那些较多言谈和直言不讳的人更加可信。

当然，主体在进行跨文化认知活动之前具有一定的心理预设，即由于以往经验的作用，交际者对异文化事物的认知往往会不自觉地根据自己所熟悉的参照框架和图式进行定位。

三、文化影响机制

几十年来，跨文化心理学发现了东西方人在文化及行为上的诸多差异，也在一定程度上解释了这些差异的文化与生态学成因。可惜，这些解释仅仅是表面性的，它没有提供深层的原因。那么，文化到底通过什么样的机制或是过程对人们的心理与行为产生影响呢？Peng、Nisbett 和 Ji 等的研究工作在一定程度上揭示出了文化影响的机制——文化是通过认识论来起作用的，东西方在认识论上的差异决定了它们在诸多方面的不同。在 Peng 等的系列研究中不仅证明了该点，而且还总结出了中国人的思维特性。他们认为，中国人的思维特性决定着中国人看待问题的独特方式，其中的思维的整体性很受关注。在一项有关基本归因偏差问题的研究中，Morris 等发现与西方人不同（强调行动者，忽略其所处的背景），东方人在解释事件原因的时候往往用外因而不是内因。Norenzayan 等在研究归因问题的时候也发现了这种差异，他们通过让被试评价个人特质、社会情境以及二者相互作用对人类行为的影响，发现东方人选择二者相互作用的比例要远远高于西方人。而 Ji、Peng 和 Nisbett 等发现，由于中国人倾向于从整体的角度看问题，所以在认知事物的时候往往不把个别事物从其所处的环境中分离出来。比如，在完成棒框实验的时候，中国人的成绩要比美国人差一些，主要是因为中国人把判断目标和背景当做一个整体。

四、认知心理学的发展与文化的关系

（一）现代认知心理学面临的困境与心理学以外的批判

现代认知心理学经历了两个发展阶段：20 世纪 50～80 年代中期是符号操作理论阶段；80 年代中期以后是联结主义模型出现及信息加工心理学受到普遍质疑的阶段。第三种范型即生态学研究实际上产生于 20 世纪 50 年代，形成于 60 年代，并悄悄地成长至今，但未受到充分重视。

当认知研究继续走向机械还原和生物还原的时候，符号操作范型和联结主义范型都采取了对意识分解的方法，人类的尊严和价值遭到严重"亵渎"，人文主义的不满迅速增长。此外，来自后现代主义的批判也不容忽视。这些批判确实反映了当代认知心理学研究的脱离文化的倾向。因此，认知的生态学研究范型开始受到关注。与信息加工认知革命同时发生的吉布森主义——吉布森的生态认知心理学，标志了认知研究生态学范型的产生。

（二）生态研究使得不同文化之间出现缓和

在认知心理学中，生态学研究和实验室研究提供了丰富的资料来源，而形式逻辑的和数理计算的研究提供了有力的理论。所以，尽管当前在认知心理学框架内这四种研究常常互相批判，但实际上它们是互补的，都是一门完整科学必要的组成部分，都是不可缺少的。科学主义与人文主义在生态学研究方法中取得认同，从而可以缓和两种文化的对立与冲突。

第三节　文化、人格和认知的相互作用

认知功能存在种族差异，可散见于一些关于探索不同种族（人种）认知能力差异的研究，较具代表性的是 Lynn 关于黄种人智力的研究，认为黄种人在视觉记忆和视觉空间能力上优于白种人，而后者则在言语和语言能力方面优于黄种人。国内有研究探索了文化对认知的影响。他们采用认知测试、查阅人类学资料和现场调查等多种方法，探讨了我国不同生产方式、不同地区和不同民族 460 名成人的具体认知、抽象认知和认知方式及其与生态文化因素的关系。研究结果基本支持了理论上所假设的社会文化因素与具体认知操作、抽象认知操作、认知方式的关系，即狩猎和城市社会的生态环境和生产方式对人施加一种生态压力，增进其个体的具体的和抽象的认知，促使其抽象型认知方式的形成；而在捕鱼、游牧和农耕社会的生态环境和生产方式的作用下，个体倾向于较低水平的具体的和抽象的认知操作以及具体型的认知方式。紧密的社会结构和强调服从的社会化过程，与其个体较低水平的具体的和抽象的认知及具体型的认知方式相关联；而松散的社会结构和强调自主性的社会化过程，与较高水平的具体的和抽象的认知操作、抽象型的认知方式相联系。

文字特性构成导致儿童阅读障碍原因的观点，间接提供了不同母语者可能存在不同认知加工机理的依据。如速示条件下对不同民族（种族）儿童进行符号和图形的测试，得出加工速度乃至大脑功能非对称性分化上存在差异的研究。日本在引进修订 WMS 量表时发现，任何年龄段日本被试的"视觉再生Ⅰ、Ⅱ"分值明显高于美国，似乎支持 Lynn 的观点。Sugishita 对此的解释是将原因归于日本人学习过 2000 左右日用汉字的结果，日本儿童需要更强的表意符号记忆来记住大量的汉字，从而提高视觉记忆功能。这似乎也可部分地解释，汉族儿童中阅读书写障碍发生率较表音文字国家（如英语）低的原因。

对文化与人格研究复兴最有意义的，莫过于历经 20 多年的不懈努力，特质心理学家终于达成了对特质单元分类的一个基本共识——人格五因素模型或五大人格，即外倾性、宜人性、责任感、神经质、开放性。五大人格就是人格的基本倾向。其根据如下：①实证研究表明，五大人格结构相似地出现在许多文化中，这预示着人格结构是超文化的；②行为遗传学研

究揭示，人格五因素中的每一个因素都具有很高的遗传性；③跨文化研究发现，人格基本特质表现出相同的发展性改变模式，即在不同的国家中发现了五大人格相似的年龄变化趋势。而人格基本倾向如何表现则取决于文化和经验塑造，文化使人们分享着未言明的假设、规范、价值观、习俗等要素，影响着人格的形成和表现方式。比如，同样是神经质维度，公司裁员可能引起美国人的高神经质担忧。应该说，McCrae 和 Casto 建构的这一人格系统模型，既解释了人格普遍性的基础，又说明了文化对人格的特殊影响，使我们对文化与人格的作用机制有了较为深入的认识。文化和人格间什么才是理想的关系？有些实证支持"交叉适应"假设，即他人中心者更适应集体主义文化，而自我中心者在个体主义文化中能更好地调整自己。然而，也有些证据表明在他人中心和自我中心上都高的个体，也就是那些在集体主义文化中养育，然后迁入个体主义文化中的个体，尤其能更好地调整自己面对的环境。

文化可分为集体主义文化和个体主义文化两种模式。集体主义文化中的人们认为自己是容易改变的，并随时准备好去"适应"。个体主义文化中的人们认为自己或多或少是稳定的（稳定的态度、人格和权利），而环境是易变的。Norenzayan 等宣称东亚人具有十分善变的倾向特质，而认为西方个体主义者人格多是稳固的。集体主义文化培育出集体中心的人格倾向，个体主义文化培育出个体中心的人格倾向。这两种人格倾向具有不同的自我概念，并进而对认知、学习、情绪和动机等产生影响。但情形也远非这么简单。有人运用卡特尔 16PF 问卷对青海 250 名藏汉大学生人格特征进行测量后发现：①彼此有差异又有一致的趋势；②藏族大学生比汉族大学生要开朗、乐观、做事能坚持；③藏族大学生感情用事的人数比较多，而汉族大学生多为机警果断型。

第四节　应用研究简介——影响广告受众认知心理的传统文化因素的研究

文化遗传基因根植于每一个广告受众的心理结构里，像"过滤器"一样，下意识过滤掉与受众累积起来的传统文化基因相异或相斥的广告信息，选择性接触、理解、记忆与之一致的广告信息。因此，理解和把握影响广告受众认知心理的传统文化因素，具有重大的现实意义。

一、中国人的权威性格对广告受众认知心理的影响

权威的渊源可追溯到周人的天道思想和宗法社会，直到汉武帝"罢黜百家，独尊儒术"，权威即由儒家思想所设计的一套行为法则才真正形成系统，从此这套权威系统便一直在中国的政治、社会、家族中发挥着维护封建传统道德和稳定社会的功能。它主张政治上法尧舜，法古；社会上推行尊卑贵贱的等级制，如君臣父子以及族长的权力与地位等；伦理上遵循以"孝"为中心的社会规范。这种传统文化表现在广告受众认知心理上，主要是：

第一，重视权威机构认证。号称"没有打不响的品牌"的美国 P&G 公司的主打品牌舒肤佳除了标榜洁肤而且杀菌的强力功效外，"唯一通过中华医学会认可"的说辞，符合中国消费者崇尚权威的认知心理，使其他品牌在消费者心目中的地位可能削弱，所以尽管舒肤佳广告手法平实，但冲击力极强。

第二，重视正宗权威媒体。广告受众相信在中央电视台、《人民日报》这样的媒体上大量做广告的企业应该实力强大产品可靠，因此容易接受其广告。

第三，崇尚名人、伟人和领袖。例如，中国移动通过著名影星葛优将神州行业务介绍给千家万户，既传达了这个业务的特性（"神州行，我看行"），又表现出影星对其的评价是应该值得重视的（经常在外拍戏），从感情上引发潜在用户的共鸣与好感。

二、中国人传统的重农轻商观念对广告受众认知心理的影响

农耕型的中国社会长期重农抑商，加上 30 年计划经济的影响，致使商品经济先天不足，后天发育不良。尤其是它养成了我们农耕民族内敛、顺从和勤俭的性格。顺从也存在于别的社会，但传统中国人表现得特别强烈。如果他不顺从既定的规范走下去，就可能徒劳无功。勤俭在儒家传统中虽然发展得较晚，却一直为中国人所强调，在许多格言和家训中都被誉为一种美德。原因是：一方面生活在一种"匮乏经济"的社会中，物质条件不容许人民懒惰、奢侈；另一方面，要取得社会成功就必须长时间付出金钱与精力，很容易养成勤劳节俭的性格。

这就要求广告不能夸大失实、美化失度，而应该或直接简明地阐释产品带给消费者的好处，以理服人；或发自真心地与消费者沟通，以情动人。如雀巢咖啡的广告，寓广告于日常生活情景和家常之中，不求哗众取宠，但求潜移默化，深入人心。一句平平常常的"味道好极了"，犹如夏天里的一缕凉风，吹拂了被套话广告包围已久的厌倦的心灵：新鲜、凉快、神清气爽——真是味道好极了。

三、亲情、人情观念对广告认知心理的影响

传统中国农业社会的生活形态是孕育"人情文化"的温床。在中国传统社会，主要的经济活动是农业生产，家庭是最基本的社会单位，个人随家庭在固定的土地上从事生产，日常生活中接触的人，除了家人便是亲戚、街坊或邻居。在这样的社会背景之下，传统中国便以儒家伦理为基础，发展出一套以"情"为中心的行为规范。在这套规范的制约之下，个人和家人讲"亲情"，和家庭以外的熟人讲"人情"。而在有关人情的规范中，"报"的规范又是极其重要的一环，所谓"施人慎勿念，受施慎勿忘"。在中国文化中，知恩必报的规范，施受双方心知肚明。都市化和工业化虽然改变了传统生活形态，但中国人的亲情观、人情观不但不会消失，而且还在现代社会中以感性诉求的方式得以丰富展现。

如中国台湾地区第十二届时报广告金像奖企业形象类佳作《回家》篇，深切感人：女孩儿母亲早故，从小到大都是由父亲用自行车接送上下学，日复一日，年复一年。女孩儿长大后，在外地有了自己的工作，有了自己的三菱车。当女儿开车回家看望老父亲时，父亲竟不顾年迈，仍然骑车来接女儿。看着在车前带路的父亲的背影，女儿沉浸在亲情中，禁不住热泪盈眶。这种情感诉求的广告不胜枚举。诚如可口可乐总裁 J. W. 乔戈斯所说："你不会发现一个成功的全球品牌，它不表达或包含一种基本的人类情感。"

四、重实惠、轻意念的小农意识对广大受众认知心理的影响

中国人重视今生今世的生活，认为一个人所能肯定的是现世的生活，过去与未来都是玄虚难以捉摸的，正所谓"天道远，人道近"。加上受中国广博与贫瘠的地理条件的影响，中国人有浓重的忧患意识，重实惠，祈平

安，求得生存与发展。这种意识渗透到人们生活的方方面面，即使是在宗教活动中也充分体现出这一特点。中国台湾地区学者文崇一在《中国人的价值观》一书中这样认为："中国人的宗教价值，自古以来大致仍然停留在功利阶段。"比如，中国人宗教祭礼的目的不外乎两种：①积极的，希望达到某些普遍性的目标，满足某些特别的需要，如丰收、平安、战争胜利、个人发财等；②消极的，希望没有灾害，避免歉收，免于疾病等。可以说，西方人敬神赎罪，中国人求神保佑，前者重意念，后者讲实惠。

  反映在广告受众认知心理上，则是消费者往往更关心广告宣传的产品本身的特点，"一分钱，一分货"；以及关心广告所能给予他们的实惠和承诺，"眼见为实，耳听为虚"。

第十一章 认知心理学在人类认知发生、发展和教育中的应用

本书中，认知心理学在人类认知发生、发展和教育中的应用包含认知发生、发展和教育过程中的认知规律研究两个部分的内容。

一旦步入认知发展领域，人们就必然会提到皮亚杰这位享誉全球的心理学家。皮亚杰认知发展理论被誉为所有认知发展理论中最有见解和解释力的理论，是发展和教育心理领域里的里程碑。皮亚杰认为，认知是通过环境的一个双向建构过程，其机制是同化、顺化、平衡。上述三种认知观在解释人类认知的发展上各有千秋。最近，对于认知发展，认知科学家提出了新的心理隐喻：把认知发展看做是信息加工系统将知识纳入和转变为信息的过程。信息加工观把人类认知看做是信息的筛选、编码、储存、提取和应用的过程，重视人在进行认知活动时如何输入信息、储存信息和处理信息。后来随着神经网络观，即平行加工观（PDP）的兴起，信息加工观开始让位于 PDP 模型，PDP 模型认为人类是一个相互作用的整体，知识并不是信息的储存和提取，而是永远变化的"文本"（text），学习是对已获得知识的再评价和再建构的过程。这两种模型在认知建构上有不同的观点，对人类学习持不同见解。

本书中，在讨论认知现象的发生和发展时，我们主要集中在语言和思维方面。关于语言，我们主要是介绍目前研究比较多的，如字形意识、语音意识发展的研究，单字命名的发展研究，词素意识的发展研究。在思维这部分，我们主要集中在创造性思维的发展研究上。

第一节 语言认知发展

一、字形意识和汉字结构意识

有研究发现，小学四年级学生在汉字字形输出过程中能将声旁分解出来，并作用于整字字形的提取；汉字的形旁也作用于字形的输出，表现

为形旁语义透明字的听写正确率显著高于形旁语义不透明字的正确率。舒华的研究也发现，小学儿童利用汉字形旁信息的能力随着年级和年龄的增长而有所发展，三、五年级儿童已经能够较好地利用形旁识别汉字。这些研究表明，小学中、高年级儿童已经发展了形旁意识，并能够在汉字识别和字形输出过程中加以利用。而且，他们也意识到了汉字结构的差异，明白字的声旁规则和形旁语义能够减少字形输出中的同音替代错误。

在字词学习方面，中国儿童学习汉语的总体效率没有美国儿童学习英语的高。其原因在于汉语的量词和同音字太多，声调又有明确的规定，而且汉语文字的结构还有规则的与不规则的之分。但英文的拼写体现了其发音，这就大大提高了美国儿童自觉或者不自觉地学习生词的效率。

二、语音及其意义的获得

语音意识是个比较复杂的概念，人们对其的看法目前还不一致。较多人都认为，语音意识是对言语的音位片段的反应与控制能力，是一种元语言能力。但有的人认为它可能还包括对音节的意识，甚至有人将意识范围扩大至任意一种语音单位。

幼儿习得语音是从一组音开始的，如"Dada"、"Mama"、"Cookie"。后来，随着语言能力的发展，习得的语音组合扩大到一个句子，如"I like milk"等类似的句子。对儿童来说，这个句子也是一组音。他们意识不到里面所含的单个语音，更不知道每个音的发音特征。只有到了学校，他们开始学习语音时，才对词和句子里所含的单个语音有所了解。学习了包括单个语音知识的英语语音知识后，他们利用所获得的知识去拼读字词。如［m］是个鼻音，发音时要双唇紧闭，让气流从鼻腔流出。懂得了发音要领之后，又开始模仿发音。单个音基本上掌握之后，再学习与此音有关的组合，即单词的读音，如［mæp］（map）、［neim］（name）。单词读音基本掌握之后，又过渡到更大的语音组合，即句子语音的习得。整个语音习得过程是一个从无意识的、机械的模仿动作出发过渡到一个在教师的指导下有意识地利用发音规则来发出单个语音、词汇、语句的能动过程。前期是消极接受期，没有涉及对语音特点的任何思考。只有在后期，儿童才开始对语音特征和发音进行思考，通过执行着指称和述谓功能的语言符号，把语言、思维和社会联系起来。但是语言的词和指称的事物之间不存在理性联系。比如，"鱼"和"鸟"在汉语里是/yú/和/niǎo/，在英、俄、法、日诸语言里分别是/fish/，/riba/，/pwaso/，/sakana/和/bird/，/ptitsa/，/wazo/，/tori/，在其他语言里又分别是不同的词。但大多数儿童要长到6岁或7岁后才能意识到语言符号不同于其所指意义。

在语言发音方面，无论中国儿童还是美国儿童，他们在还没有开始学习语言的时候，其聆听-注意素质是基本相同的。各种语言的声音对他们来说并没有多大意义，但是如果某种语言发音经常出现，他们就会学会适应该种发音，并且会产生亲切感。在以后成长的日子里，再要求其学习外语，特别是含有母语里没有发音的外语，他们则很难逼真地模仿。这说明儿童的认知基础是相同的，但在不同文化背景下却有不同发展。

三、单字命名的发展研究

单字词的学习年龄（learning age，LA），也有的研究者称之为获得年龄，是指被试第一次学会某一个字的年龄。它和字频相关，但是二者又有区别。有的字我们很早就学过了，但是在以后的学习生活中很少用到它，该字就是一个获得年龄长，但是字频低的字。反之，有些字，尤其是一些专业性比较强的字，很晚才学到，但是我们见到、用到的次数却很多。那么该字就是获得年龄短，但是字频高的字。在以往许多汉字字词识别的研究中都已经发现，字频是影响汉字识别的重要因素之一。近年来对字频效应的解释大多着眼于对汉字的熟悉度，认为高频字之所以识别得快，是因为在长期的学习和生活过程中，人对高频字的熟悉度高，从而形成对该字的知觉整合性，因而对该字的识别整字加工占优势，识别的时间就短。熟悉度是一个心理量度，熟悉度的形成实际包含了两个要素：时间和重复次数。字频主要反映的是重复次数，而LA反映的是时间要素。由于对正在识字阶段的小学儿童来讲，字频没有实际的应用意义，由于儿童认知发展的特点，小学生对熟悉度的直接评定也相当不可靠，用LA作为指标来代表熟悉度在理论上是可行的，但是还需要进一步的实验研究来验证。在以往的字词识别研究中，对字频因素的作用作了很多相关研究，但是对LA因素的作用直到最近几年才引起研究者的关注。在汉字识别研究领域，专门针对LA作用的研究还很少。有研究结果表明，在汉字的真假字判断任务中存在单字词的学习年龄效应，即表现为LA早的汉字，需要的判断反应时短，LA晚的汉字，需要的判断反应时长。在国外对拼音文字的研究中已发现，在要求语音输出的任务中，能更稳定地发现LA效应。由于汉字是一种表意文字，字形和字音的关系不如拼音文字那样密切。和英文比较起来，汉字的正字法深度更深。英文存在形-音对应的规则，即 GPC 规则，而汉字没有这种规则。因此汉字的命名任务和真假字判断任务所引起的内部心理过程差异很大，在真假字判断任务中得到的 LA 效应，在命名任务中能否表现出来是本书试图进一步探查的问题。以小学一、三、五年级的学生为被试，采用汉字命名任务，选取分别在小学语文课本中一、三、五年级出现的三组字（分别记为 A、B、C 三组字）为材料，考察了单字词的学习年龄（LA）对小学生汉字识别时间的影响。结果表明：无论年级间比较还是年级内比较，单字词的学习年龄（LA）对小学生的汉字命名反应时和正确率都有显著影响。

四、小学生词素意识的发展

西方拼音文字语言系统中多数的合成词是由词根或词干加上词缀（前缀与后缀）构成的词缀词，包括词根与词缀构成的派生词和词干加词缀构成的屈折词，而汉语词汇系统中占多数的是由词根与词根组合构成的复合词。根据《现代汉语频率词典》的统计，中文里 70% 以上的词汇都是由两个或两个以上词素构成的合成词。汉语的合成词不仅数量众多，而且构词方法多样，词素与词素按照不同的语义语法关系可以构成联合、偏正、主谓、动宾、补充等多种结构的复合词，中文也正是利用其丰富的结构关系弥补了形态的缺乏。

词素是汉语中重要的构词单位。"用一个文字单位写一个词素，中国文字是最完整、最典型的例子。"不仅如此，心理语言学的多项研究表明，词素也具有重要的心理现实性，在汉语学习者（母语与第二语言）的心理词典中，词素是一个重要的表征单元，它在词汇加工过程中得到激活并对词汇的识别产生影响，其作用方式受到词素频率、词素性质、词素功能等多种因素的影响，在这些参与构词的词素中，从功能上讲，可以分为自由词素和黏着词素，前者既可以独立使用，也可以参与构词，如"人"、"轻"等；后者则只能作为构词单位与其他词素结合使用，如"民"、"导"等。相比之下，自由词素的意义更为清晰，其意义的识别也可以更少地依赖于它所构成的词汇家族。但对于黏着词素来说，它既不能独立使用，一般也不单独出现和讲解，对其意义的识别主要来自于对它所构成的词汇家族的联系。同时，每个词素的构词能力也有很大的不同。

关于合成词的词汇结构在词汇加工中的作用，近年来的实验研究发现：

词汇结构不同,词素的激活方式也不一样(冯丽萍 2001);以汉语为母语的小学生在学习早期便具有词汇结构意识(徐彩华等 2000);学习者构词意识的强弱是预测其词汇获得和阅读水平的重要指标。有关失语症的研究也发现:病人在无法提取词汇语音和语义的情况下,仍然保留关于词汇结构的知识,二者在大脑中是可以独立存储的。

五、阅读

一般人认为,阅读是人识别字词获得词义,组织各个词的意义去理解句子的意义,最后结合各句子的意义理解文章意义的过程。但这不完全正确,阅读是一个人依靠脑中的原有知识,主动获取信息,从文章中建构意义的过程。人的主动性在阅读过程中的作用比一般人想象的要重要得多。心理学研究表明,阅读是人对来自两个方面的信息的加工过程。"自下而上"的加工指人的阅读理解需要接受、加工来自书本提供的信息,"自上而下"的加工指人还需要选择和使用头脑中已有的知识去对阅读到的信息加以组织。随着生活经验的积累与学习的深入,人的头脑中有了大量有组织的知识,被称做"图式"。图式在阅读理解中帮助读者弥补文章中没有提到的一些细节,理解文章中表达模棱两可的意思,推断文章中隐含的深层意义。如果读者缺乏或不能及时提取所需要的知识,进行必要的推理,要理解一个简单的小段落也是困难的,如"燕燕听到'冰棒'的叫卖声,赶忙跑回屋里,拿起自己的小猪储钱罐,使劲摇了摇,里面没有声音……"

理解这个段落时,需要作出推理:
(1)燕燕跑回屋里是为了买冰棒;
(2)小猪储钱罐是存零钱的地方;
(3)摇摇储钱罐是确定里面是否有钱的一种方法;
(4)里面没有声音表明里面没有钱。

另外,人们还可以大致推断,"燕燕是个孩子",而且很可能"是个女孩子"。所有这些推理都是在很短的瞬间完成的,而没有这些推理,人们是难以理解以上的小段落的。

儿童阅读与成人阅读的差距有哪些呢?成年读者在阅读理解中熟练地将阅读材料中的信息与自己头脑中的已有知识结合起来,而初学者阅读理解差,常常由于他们不能及时提取有关知识而过多依赖对文章中字词的分析,或者由于字词识别的困难而过多依赖脑中原有的知识代替对当前信息的阅读。阅读是一种很复杂的心理过程，心理学家比喻它像演奏一场交响乐，阅读中包含许多过程或技巧，如识别字词、分析句法、进行语义分析、提取有关知识、作出必要的推理等，这些过程是在人脑中同时进行的，仅其中一两种过程的单独工作不能构成阅读，只有多种过程或技巧相互协调，阅读才能顺利进行。然而，就像计算机的内存是有限的一样，人的注意能量也是有限的，也就是说人脑在同一时间内能控制的工作非常有限。因此需要许多较低级的过程，如字词识别、句法分析等达到自动化的程度，人才有可能分配更多的注意在阅读理解的高级过程上，使建构文章意义的过程更加容易。

例如，熟练读者的一个重要特征是他们的字词识别已达自动化的程度，迅速准确的字词识别使他们分配更多的注意在阅读理解的高级过程上，初学阅读的儿童学习阅读时表现出的最明显的缺陷也在于字词识别的困难。阅读是有策略的，熟练读者的阅读是灵活的、可变的，在不同的场合，他们对不同的文章的阅读行为往往不完全一样，这是由于有经验的读者能根据阅读的目的和要求、阅读内容的背景知识、阅读的条件环境等制定阅读策略。初学阅读的儿童常常缺乏熟练读者的一些重要策略，他们不能迅速提取阅读任务所需要的有关知识，不能按照不同的阅读目的调整自己的阅读方式，难以监控自己的阅读理解过程，当理解阅读内容有困难时，不能采取有效的补救措施。

在对阅读的跨文化比较研究中，通过对眼球运动轨迹的分析发现，中美儿童都有一个习惯：阅读时不断地在句子上较大范围地来回看，已经阅读过的文字也要返回再看一遍。但是中国儿童来回看的范围没有美国儿童的大。其原因是，中美儿童都对多音字词的熟练程度都还不高，需要确认其是否已经发对了音；就美国儿童来说，他们需要整体把握某些意思，因为英文里面许多修饰成分放在了主体的后面；就中国儿童来说，他们需要进行字形的分析，还要进行断句。总的来说，美国儿童阅读时把时间主要花在较大范围的来回看上，中国儿童则花在注视同一个字词上。在阅读速度方面，不同年龄段的学生有不同的表现：小学三年级时，美国儿童的阅读速度比中国儿童快，因为中国儿童对字词的注视时间太长；但随着年龄的增长，情况会倒过来，到大学时候，中国学生的阅读速度明显比美国学生的快，因为中国学生对频繁出现的字词的形态认知已经比较深刻，故其注视单个字词的时间会相应缩短。

第十一章 认知心理学在人类认知发生、发展和教育中的应用

第二节 创造性思维发展特点的研究

(一) 创造性思维的发展

有人考察了中学生创造性思维的发展特点。从山东、浙江、河南等几所学校的初一到高三年级中随机抽取 1326 名中学生（男生 800 人，女生 526 人）为被试，采用自编的具有良好信效度的《中学生创造性思维测验》，探讨中学生创造性思维发展的特点。结果发现：①从总体上看，中学生创造性思维呈曲折的发展趋势，从上升到下降再到上升。其中，初二年级的创造力总成绩达到最高。②从创造性思维的三个品质来看，中学生的创造性思维发展呈现显著的不均衡。其中，流畅性成绩在初二最好，变通性成绩在初二、初三最好，然而独特性在初三最低，初一最高。③多元方差分析结果表明，中学生创造性思维发展不存在性别差异，但是在创造力总分和流畅性上，存在性别和年级显著的交互作用。但是有人却发现，创造性思维有先下降再上升的现象。中学生创造性思维在不同材料上的年级发展总体上表现出先下降再上升的发展趋势。其得分在初中阶段不断下降，到初三时下降到最低点。而到了高中后，学生的创造性思维总分又开始逐渐上升，到高二后上升到最高。

有人研究发现，初中生的创造性思维在流畅性的四个维度上存在年级主效应且达到极显著水平。具体说：在文字流畅性、数学流畅性、图形流畅性、问题流畅性四个维度上，初一、初二与初三有差异且达到显著水平，初一与初二差异不显著；性别主效应在文字流畅性方面差异较显著，在图形流畅性方面达到显著水平，均为女生高于男生。初中生的创造性思维在变通性的文字、图形方面存在性别差异，女生显著高于男生。初中生的创造性思维在独特性的图形维度上初一与初三存在年级差异，且达到显著水平。初中生创造性思维发展的整体特点是：在总创造性思维、总流畅性上，初一、初二与初三年级差异显著，且存在性别差异，女生显著高于男生。

有研究以中学生（初中生、高中生）为研究对象，探讨的主要问题包括中学生创造性思维发展的特点，创造性思维的年级、性别差异性，并从教师评价、学业成绩等方面对学生创造力发展的影响问题进行了因素分析。研究采用整群分层随机取样法，采用托兰斯创造性思维测验量表、教师评价问卷和影响因素问卷对 1047 名中学生（初一至高三）进行了调查。主要研究结果有：①总体而言，中学生创造性思维呈现持续发展趋势，但不是

直线上升，而是波浪式前进。高中阶段中学生创造性思维水平明显高于初中，高三稍有下降。在创造性思维的七个维度上有着显著的年级主效应。②中学生创造性思维的性别差异总体不明显，但在创造性思维的灵活性和图画独创性两个维度上存在显著差异。③创造性思维水平与教师评价、学业成绩相关不显著，而教师评价和学业成绩相关显著。④在影响中学生创造性思维发展的因素中，研究发现，家庭、学校教育、社会文化、人格特征等因素对中学生创造性思维水平有显著影响。

研究结果仍存在许多差异，这说明关于创造性思维的发展趋势还有待于进一步的研究。

（二）创造性思维的影响因素（或培养途径）研究

影响创造性思维的因素有很多：成就动机、学科学习和创造性思维的训练课程、创造性人格、发散思维和集中思维、策略、直觉思维和逻辑思维的结合等。

1. 动机和环境

动机为创造性提供运用认知成分的驱动力。通常认为，个体内在的动机有利于发挥其创造性，而外在的动机则不利于发挥其创造性。内在动机是满足于任务的完成而产生的内在驱动力渴望，而外在动机倾向于关注奖赏的目标。有研究发现，内在动机与外在动机之间的相互作用对创造性的影响更大。Sternberg 和 Lubart 提出，动机对创造性发挥作用的关键是它影响了一个人对任务的注意方式，而不是动机内在外在的性质。关注任务的动机，可使人将注意力保持在任务上，而关注目标的动机，则使人将注意力集中在对任务本身不利的奖赏上。通常动机过于强烈，就是过于关注目标，所以效率不高。

成就动机也很重要。成就动机是人要求获得高成就的欲望，它有三重含义：一是指不断努力以达成所渴望目标的内在动力；二是指从事某种工作时，个人自我投入精益求精的倾向；三是指在不顺利情境中，冲破障碍克服困难奋力追求目标的内在倾向。对成就动机的性质，Murry 和 McClelland 认为它具有持久性的人格特征。成就动机每个人都有，但强度不同。Atkinson 和 Brich 认为，成就动机在意识上表现为两种对立的心理作用：一是希望成功，即追求成功和由成功带来的积极情感；二是害怕失败，即避免失败和由失败带来的消极情感。成就动机涉及两种不同情感间的冲突，其强度等于追求成功倾向的强度减去避免失败倾向的强度。该理论将动机的情感与认知方面统一起来。认知心理学家认为，人在追求成就时，设定的目标和取向不同，因此不能以同一标准衡量动机高低。从追求成功角度看，人设定的目标有两种：一是学习；二是表现。设定学习目标的人，追求的目标一是工作成功，二是自我成长。当面临成败未卜的情境时，倾向于选择难的工作。困难工作成功了，自然就会有成就感；失败了，仍可积累经验，增长能力。设定表现目标的人，追求的并非是工作成功，而是通过工作成功博得他人赞赏。当面临成败未卜的情境时，倾向于选择最容易或最困难的工作。容易工作极易成功，困难工作成功可能性极小，失败了别人也会原谅。心理学家发现，人可能以两种方式来达到目的：①试图获得成功；②试图避免失败。例如，在一项实验中，让学生从两项任务中选一项。一项任务是解谜（只有一个正确答案），另一项任务是评判图片（答案可以多种多样）。试图获得成功者一般选择前者，而试图避免失败者往往选择后者。试图获得成功者在遇到挫折后，动机增强，他们往往更努力，以求得到成功；而试图避免失败者在遇到失败后，动机水平降低。

创造力的一个重要成分是环境背景，创造性行为是发生在特定环境中的。环境，可以提供有助于新观念形成的物理的或社会的条件，可以激发一个人运用与创造性有关的认知能力。Amabile 及其同事进行了一项系统的环境调查研究，该研究提供了个人在对激励或阻碍创造性发生的环境的各种分数（如激励作用、充足资源和工作量的压力等），认为对这些环境因素的测量有助于对创造性环境的研究和设计。从大的方面如时代背景、奖赏制度、教师的教育观念是否鼓励创新，到小的方面如个体的工作自由度、充分的思考时间等，都体现了环境对创造力的影响。

2. 创造性人格

高创造人格特征包括：对自己的创造性有清楚意识；具有独创性、独立性、好奇心和幽默感；好冒险、坦率、敏锐的知觉。

创造性人格和创造性思维的发展水平在很大程度上决定着个体今后的成就，但目前对创造性人格影响创造性思维的认识不足。有研究通过考察337名中学生来分析创造性思维的发展趋势、创造性人格等级与创造性思维的相关关系，该研究还采用多元回归方法考察了创造性人格、创造性思维各维度与学业成绩之间的关系。研究获得以下结论：①中学生创造性思维总分上，女生的得分显著高于男生；总体水平是随着年龄的增加而呈现提高的趋势。②中学生的思维流畅性和独特性总体上表现出先下降再上升的发展趋势。③男女生在创造性思维发展速度上有快慢和早晚之分，女生比男生发展更快一些。④学生的创造性人格对于其创造性思维有着显著的影响。其中挑战性可以比较好地预测学生的创造性思维得分和思维流畅性得分，冒险性可以比较好地预测学生的思维变通性得分，而灵活性和冒险性可以作为思维独特性的预测变量。⑤中学生的学业成绩和其创造性思维与创造性人格都有一定相关，其中思维流畅性与各科成绩有更多的相关。语文成绩和英语成绩与创造性思维的相关更高一些，其中语文成绩与创造性思维的各维度都有着一定的相关，而英语成绩则主要与思维流畅性相关。

3. 具体学习学科

学科创新能力是学科特殊能力与创造性思维能力的综合，具有综合性、协同性和自组织性等特点。例如，在数学中，影响创造性思维的重要因素是认知因素（认知结构、迁移、元认知）、个性因素（动机、兴趣、创造热情、意志）和环境因素（家庭、学校和社会）。但在语文中，兴趣、想象、美感和学校情况（课外活动和课堂气氛、教师素质）是影响创造性思维的重要因素。表11-1是大学英语创新能力结构方案。

表11-1　大学英语创新能力结构方案

交叉点		英语学科特殊能力			
		听	说	读	写
学科创新思维品质	流畅性	对听到的内容如日常会话、一般交际功能用语、专业术语能很快地联想到它的多种回答方式	1. 能够以流畅的速度送出语音符号，发音清楚，重音准确，语调达意，语言基本得体 2. 句子表达形式多样	1. 具有一定的阅读速度和阅读效率。阅读内容含其他学科知识 2. 能将跳跃阅读、快速阅读、浏览及精读方法有效结合	能从学习材料中尽可能多地找到写作的内容，能进行多种题材的写作格式
	敏捷性	1. 能迅速接受语音符号，紧跟讲话人的思路进行思考，并就说话内容作出分析、判断 2. 以听话者的立场参与讨论。锻炼解释、分析、概括的能力 3. 在重要场合，养成边听边记笔记的习惯，能敏锐地抓住对方的要领或疑点	1. 以说话者的立场在讨论中具有解释、分析、概括的能力 2. 有明确的观点并有说服力的叙述能力	1. 能在较短时间内迅速抓住材料的要点，捕捉中心 2. 能够阅读除教材以外的难度相当的科技文章、报纸或难度略低的文学作品，能准确性较高地阅读专业或与之相关、相近的信息	1. 确保会收集信息，尝试构想，能归纳信息与构想并确定相互关系 2. 具备运用较为地道、标准的英语习惯用法写作的技能与自信

续表

交叉点		英语学科特殊能力			
		听	说	读	写
学科创新思维品质	灵活性	1. 在变化的不同环境中，能听清、听准所出的语音符号，善于多角度地分析不同场合中的语言信息，并能概括、迁移 2. 理解说话者的意图，领悟说话者期待打动听众而使用的技巧的能力	1. 在短时间内，能针对变化及时调整说话内容 2. 以听话者立刻明白的、简洁的、抓住要领的能力参与讨论	1. 善于从不同的角度思考所读内容，综合运用不同的阅读方法，正确处理各种价值信息的材料 2. 可以就阅读的内容作出有关联性的提问，认识其所要传递的信息、价值观、前提以及所隐含的意义	1. 善于从不同的角度、不同的方面按要求选材。能灵活运用句子的表达方式和修辞方法，很快抓住要表达的事物中心，且书面语言比较准确、简练、生动 2. 具有适应种种情境、读者与目的，进行适当写作的能力

4. 创造性思维训练课程

国内有的学者曾指出创造性思维训练应包括三方面的内容：发散思维训练、直觉思维训练和形象思维训练。发散思维的训练可以通过头脑风暴法进行；直觉思维训练可以通过鼓励学生大胆猜测、大胆假设、大胆想象等进行；形象思维训练可以让儿童到大自然中去，接触大自然中的各种事物，通过发展表象系统来实现。

苏联著名学者 Altshuller 及其合作者在分析大量专利的基础上，总结出各种技术发展进化遵循的规律模式及解决各种工程矛盾的创新原理和法则，构建了 TRIZ（创新性解决问题理论的俄语略称）。TRIZ 的英文名称是 TIPS（the theory of inventive problem solving），采用 39 个标准参数、40 条发明原理、冲突矩阵和 76 个标准解等一整套的理论来解决各工程领域的创新问题。利用 TRIZ 解决问题的过程一般是，首先将特殊问题抽象为一般问题（打破思维惯性扩大解决的空间），用规范化语言描述问题的功能和用标准参数表达技术冲突方式；然后，利用从专利中提取的启发式原理和效应即冲突矩阵。

TRIZ 产生于工业时代，经过 50 多年的实践检验和发展，已成为一套解决新产品开发问题的成熟理论和方法体系，在西方工业国家受到极大重视，并为众多知名企业带来巨大的经济效益。信息时代下的 TRIZ 又有了许多新发展，其中一个就是 TRIZ 被推广应用到技术领域之外的服务业、商业管理和教育等非技术领域。TRIZ 引进至中国不过 6 年，当前我国对 TRIZ 的研究与应用仍处于萌芽状态。因此，在我国大力推广 TRIZ 的研究与应用非常急迫。

几年来，我国高等教育发展迅速，高校学科专业的设置与科学技术联系也越来越紧密。伴随科学技术的突飞猛进，高校出现了许多新专业，专业设置上也不断有所调整，总体上呈现出专业划分越来越细。这虽有利于学生学有所长，但又制约了知识面的拓宽，加剧了思维定式的形成。这种情形需要有一个集成众多学科、不同工程领域的知识平台来打破思维定式，拓宽知识面。但是，发明创造方法学的研究已形成了上百种创新理论和技法，选择时常常使人感到无从入手。是否有一个融汇多种创新方法于一体的创新能力拓展平台呢？TRIZ 可以给我们带来全新的创新知识体系和理念，它是一个良好的创新能力拓展平台。美国有人作过创新能力训练对比实验研究，先对两组学生中的一组进行创新理论和技术培训，另一组则未有实验处理，之后以相同的技术问题进行测试。结果是，创新训练组的学生利用所学的创新方法得出比另一组学生多 80% 的解决方案，而且质量也高得多。实验结果表明，创新知识和技术的培训能极大提高学生的创新能力。中国的沈兴全等也作过这方面的研究，得到了类似的结果。从创新能力培养的这些研究中我们发现：①创新知识的传授是非常有必要的；②只有采用科学有效的方法和手段，才能培养创新思维，才能激发创造潜能和创新能力，或者说，才能实现创新思维向创新能力的转化；③合理的创新知识以及科学有效的方法手段是关键。

我国对于创新能力的培养，目前主要是进行创新学知识方面的传授，其知识来自多个不同学科领域，培训方法是注重多种思维方法的训练，但暴露出的问题主要有：①知识过于零散，集成度不高；②知识和培训方法的结合不够紧密；③创新规律系统化不够、原理不清晰。但是，TRIZ 的知识体系结构和思想却基本避免了前述这些问题。与其他创新理论比较，TRIZ 有较高的知识集成度，包含具体而又丰富的创新规律和原理，以科学系统的工具作为支持，使创新变得有序可循，富有可操作性和可预见性。

国内早在 1998 年，就有人开始率先在学校开设 TRIZ 理论及创新方法的课程，面向不同专业的近 1000 名本科生、研究生进行创新能力培养及创造潜能的激发实践。这位研究者若干年的教学实践证明：人的创造潜能和创新能力可以通过训练得到激发和提高。虽然授课对象均是没有工程实践经验的在校学生，但通过创新原理的学习和对创新内在规律的把握，学生们都能提出一些具有创新性的方案。这个研究提示，可以利用 TRIZ 理论来对学生进行创新能力的培训。但显然，研究过程和结果还主要是停留在感性认识和推测的基础上，在培训的指导思想中也并未明确提到遵循高校学生脑认知规律。还见到一篇有关在高校学生中进行 TRIZ 教学的研究，但是仅局限于研究 TRIZ 在工科大学生中的教学效果。国内还有其他研究者注意到 TRIZ 在培养创新思维及能力上的作用，但是他们的研究论文仅停留于对 TRIZ 内容和作用的描述性介绍。可以看到：①在 TRIZ 的研究和培训应用水平上，国内外还有相当大的差距。②从我国已有研究情况来看，关于 TRIZ 的认识是从其实际应用开始的，应用研究为主；与应用相比较，理论上的深入探索相对落后，还处于非常初始的阶段，但开始认识到 TRIZ 对创新思维及能力的培养具有作用。

在应用上，由于 TRIZ 是认识和推动人类创新活动的一个突破性成果，也更具有普遍性和可操作性等，因此，在创新能力训练中以 TRIZ 理论为主，进行创新理论教育，应是创新教育改革中一条非常值得探索的途径。TRIZ 的内容虽然有些复杂，但具备一定知识素养的高校学生基本可以接受。另外，对学生的教学或培训还应该考虑他们的脑认知规律，结合了高校学生脑认知规律的培训必将使学生的创新思维及能力有比较快的发展和提高。

5. 策略

认知心理学提出问题解决策略包含了算法式策略和启发式策略，其中的启发式策略是一种创造性思维策略。而开发创造力着重是进行创造性思维策略训练，创造性思维策略主要有以下几种。

1）集体激励策略

集体激励策略也叫头脑风暴法，即像暴风骤雨般给头脑以猛烈的冲击，碰撞出思维的火花。集体激励策略是围绕一个主题，召集若干有关人员开畅谈会，一是会者在较短时间内自由地、尽可能地提出自己的想法，保证人人畅所欲言；二是鼓励自由思考、标新立异、语出惊人，对提出的各种方案暂不作任何判断评价，但鼓励改进他人的设想；三是以获得想法的数量而非质量为目标。集体激励法的实质，是创造了一种思维相互撞击，借集体力量产生"共振效应"的情景。在这种相互启发、相互激励、相互感染的氛围中，能有效地打破个人固有观念的束缚，摆脱思维的僵化、迟钝状态，焕发出被禁锢的想象力。研究表明，这种团体式的自由联想力，比独自一人时增加 65%~93%。

2）类比思考策略

类比思考是以比较为基础的，根据两对象的相似关系受到启发而产生类推的一种解决问题的思考策略。类比思维可分为形态类比、结构类比等。类比是科学发现、发明的重要方法。例如，我国人工牛黄的培育成功就得益于人工珍珠培育的方法。牛黄是牛的胆结石，天然牛黄甚为稀少，价格昂贵。从将少量异物塞入河蚌内，便可育成珍珠的人工育珠方法中得到启发，在牛胆囊中埋入异物形成了胆结石，而获得了人工牛黄。又如农机师受到机枪连射的启发而发明机枪式播种机。

值得注意的是，类比策略是根据两者的相关性、相似性来进行推理解决问题的。因而，如果两者的相关是本质的、必然的、主要的，则解决问题的可能性就大，否则就小。

对立思考法的要旨是设立对立面。建立对立面需要在心理历程上经历寻找不符合已有理论的极端例子，与已有理论有明显冲突使之误区或局限暴露。当对立双方都充分为证据所支持不能舍弃任何一个时，应综合考虑并提出新假说修改原理论，以将包容新事实进来。也许最终可建构一个更为普遍适用的新理论。对立思考法是以违背原理论的规范、违反原理论预期的姿态出现的，是一种打破原有认识局限、突破思维定式的一种有效方法。

3）转换思考策略

转换思考策略是指通过转换事物，使本事物最终获得解决的一种方法。转换思考策略是一种在没有直通的道路上走间接道路，巧妙绕过障碍物的思考方法。如我国曾有这样一个以转换思考策略解决问题的事例：有一个县令要求精确地算出本县的面积，而该县的边界弯弯曲曲，犹如蚯蚓，用通常的方法难以计算。一个木匠却想出了一个巧妙的方法，他将该县地图画在一块平整、光滑、均匀的木板上，然后称出刻木板一平方厘米的重量，再称出这块"木板地图"的重量，根据两者重量的比较，轻易地算出了该县的实际面积。这种把量面积、算面积问题巧妙地转换为"称面积"，由此称出了该县面积。在数学学科中的数形转换，用代数方法解决几何问题，或用几何方法解决代数问题也可称得上是这种方法的原理在具体学科中的应用。

对立思考是转换思考的一种特殊形式，是指从已有事物、理论或经验等完全对立的角度来思考。例如，从火箭向空中发射，而将火箭改为向地下发射，从而发明出一种探地火箭。

4）组合思考策略

组合方法是一种创造性思考方式。美国"阿波罗"登月总指挥韦伯说："阿波罗计划中没有一项新技术，都是现成技术，关键在于综合。"磁半导体的研制者菊池城博士说:"我认为搞发明有两条路:第一条是全新的发明;第二条是把已知其原理的事实进行组合。"由于事物的组合方式不同,事物也就显现出不同的性质、形态或功能。橡皮头铅笔的发明就是典型的组合思路的运用。又如蘸水笔与墨水瓶的合并,出现了书写方便的自来水笔;喷气推进原理和燃气轮机相结合,发明了喷气式发动机。

组合思路产生了众多的创造发明,但能否采取组合思路,这要看合并后是否有比原来两个单一产品有更大的价值或更新的用途,如不符合这一原则就如画蛇添足,将适得其反。与"组合"相反的是"分离"。德国化学家欧立希就是在分离思维的指导下研制出"606"药的。"606"的前身是"阿托什尔",这种药可以杀死害人的锥虫,但也可使人双眼失明。而欧立希则运用分离思路,找到了改变药品化学结构的巧妙方法,消除其副作用,成功地研制出挽救患者生命的"606"。

6. 发散思维和集中思维的结合

发散思维又叫辐射思维、求异思维,形式上是纵向思维、横向思维、逆向思维的结合。发散思维跟想象和联想有密切关系,没有想象思维和联想能力,就无法形成发散思维。发散思维是创新思维最重要的成分之一。历史上战国时代"田忌赛马"的例子,就是孙膑运用发散思维(横向思维),用发散的六种赛马排列法中唯一的一种方法,帮助田忌战胜了齐威王。齐奥尔库夫斯基用的想象,实际上是纵向思维,向前扩展想得很远。著名的德国科学家法拉第,将他的老师用电能产生磁能发明了电动机(电变磁)的原理,是通过逆向思维方法,把磁能变成了电能,从而发明了发电机,为当时的工业化、电气化和现代的信息化打下了坚实的基础。这是一个典型的逆向思维例子,这一逆向思维能力为人类社会的发展进步作出了巨大的贡献!而且凡是有想象联想与发散能力的人,碰到问题时往往会从多角度、多方向、多途径(即多向的思维能力)去寻找解决各种问题的办法,从而作出重大的贡献。

吉尔福特把发散思维定为创造性思维有其不足之处。因为发散思维虽然能从多角度、多侧面、多途径去思考问题,想出了许多解决问题的方法,但容易迷失方向,不能确定最佳方法。因此,还必须通过比较、分析与综合,找出符合目的的一个最佳方法,这就要靠聚合思维。所谓聚合思维,又叫集中思维、求同思维、辐合思维等。就是能从多种不同的方法中获得一个最好的方法或最佳的方案,将许多问题归纳集中到一点上,这就是聚合思维。所以聚合思维,只有将发散思维与聚合思维两者结合起来去思考解决问题,才能真正形成创新思维。

下面介绍医学上聚合思维的一个典型事例,过去江苏启东等一带沿海地区是肝癌的高发区,当时有关部门找不到发病的原因,后来从众多情况的分析中,发现启东沿海地区多沙质土壤,适合生长花生,因此农产品盛产花生。当地群众因此多吃花生,而花生米受潮发霉容易变质生长黄曲霉素,这种黄曲霉素是引起肝癌的主要因素。有关部门通过调查分析与综合归纳,找出了肝癌高发的致病原因,教育居民少吃花生米,特别是不吃发霉的花生米,从而大大降低了肝癌的发病率。

7. 直觉思维和逻辑思维的结合

逻辑思维,又称抽象思维,是借助于概念、判断、推理等形式能动地反映客观现实的理性认识过程。直觉思维是一种直观感知的形象思维,表现为灵感或顿悟。如法国有个著名数学家彭加勒,思考一个数学公式想了很久都想不出来。一次出门刚刚乘上汽车,突然看到附近一幢建筑物,顿时触发了灵感,恍然大悟,于是想出了这个数学公式。

因此,直觉思维具有直接性和视觉性两大特征。直接性是指以对问题全局的总体把握为前提,不依赖于严格的证明过程,直接地、跨越式地获取问题答案。视觉性是指以视觉化的方式再现并处理事物,对信息倾向于图像编码。爱因斯坦对"光子"的直觉,是由于普朗克量子理论的启发和对光电效应现象的思考。直觉的"顿悟"不一定导致科学的发现,因为直觉思维的结论仅是一种假设或猜想,这些假设或猜想还不成熟和确定,它必须要经过严密的逻辑理论的论证和实验论证之后,才能导致科学的发现。所以直觉思维和逻辑思维是一种互补关系,它们共同构成了创造思维。

参 考 文 献

蔡厚德.2000.脑功能一侧化加工中的元控制研究.心理科学,23(5):115,116
蔡厚德.2004.认知行为实验技术研究大脑两半球信息整合机制的新进展.南京师大学报(社会科学版),5(3):95~98
蔡华俭,杨治良.1998.对三维心理旋转操作任务特性的效应的初步研究.心理科学,(2):152~157
曹稳.2002.人脑最难攻克的——科学堡垒.科学启蒙,(1):9,10
陈安涛,李红.2002.信息加工的中介状态——国外对表征的一种新看法.贵州师范大学学报(自然科学版),20(2):99~103
陈宝国,彭聃龄.1994.汉字识别与命名的联结主义模型.In:Chan H W,Huang J T,Hu C W,et al. Advanced in the study of Chinese language processing.Taipei:Taiwan University
陈宝国,彭聃龄.1999.词汇识别中句子与课文语境效应的研究进展.心理学动态,(7):12~16
陈宝国,彭聃龄.2000.词义通达的三种理论模型及研究简介.心理学探新,(1):42~46
陈彩琦,刘志华,金志成.2003.特征捆绑机制的理论模型.心理科学进展,11(6):616~622
陈明.2005.灵感和直觉心理现象的协同论阐释.西北师大学报.(社会科学版),42(4):96~98
陈文锋,焦书兰.2005.选择性注意中的客体与空间之间的关系,心理科学,28(2):395~397
陈熙熙,苏彦捷.2004.大脑功能侧化的心理学研究及分子和细胞神经生物学依据.中国神经科学杂志,20(2):174~179
陈一彬.中学生创造性人格、创造性思维与学业成绩的相关研究.北京师范大学硕士学位论文
陈咏梅.青少年网络成瘾的原因及矫治探析.黄石理工学院学报,22(2):24~26
崔立中.2003.试论创新的双向心理过程.心理科学,26(2):379~380
狄海波,陈宜张.2005.大脑音乐功能的研究.神经科学通报,21(1):82~86
董奇,薛贵.2001.双语脑机制的几个重要问题及其当前研究进展.北京师范大学学报(社会科学版),4:91~98
杜红俊.2004.灵感和机遇在眼科学发展中的作用.西北医学教育,12(5):369~370
冯丽萍.2001.词汇结构在中外汉语学习者中文词汇加工中的作用.北京师范大学博士

学位论文

冯丽萍.2003.中级汉语水平留学生的词汇结构意识与阅读能力的培养.世界汉语教学，(2)：66~71

凤四海,黄希挺.2004.时间知觉理论和实验范型.心理科学,27（5）：1157~1160

关曦,刘海燕.2007.治疗情绪障碍的元认知疗法.中国科技论文在线.http://www.paper.edu.cn

管益杰,方富熹.2002.单字词的学习年龄对小学生汉字识别的影响（Ⅱ）.心理学报,34（1）：23~28

郭成.2004.元认知训练对小学生数学问题解题能力的影响.西南师范大学学报（自然科学版),29（1）：128~133

郭春彦.2007.工作记忆：一个备受关注的研究领域.心理科学进展,15（1）：1~7

韩世辉.2000.视觉信息加工中的整体优先性.心理学报,32（3）：337~347

何华,陈永明.2002.语义选择的半球机制研究.心理科学,25（4）：470,471

侯玉波,朱滢.2002.文化对中国人思维方式的影响.心理学报,34（1）：106~111

胡竹菁.2000.演绎推理的心理学研究.北京：人民教育出版社

胡竹菁.2002.推理心理研究中的逻辑加工与非逻辑加工评析.心理科学,25（3）：318~321

华惠芳.2001.阅读理解中的知识提取和信息加工.外语界,1（81）：41~44

黄荣怀,李茂国,沙景荣.2004.知识工程学：一个新的重要研究领域.电化教育研究,（10）：1~7

霍世平.2005.灵感心理的生成因素分析.山西高等学校社会科学学报,17（10）：29~31

江亚珉,傅小兰.2005.面部表情识别与面孔身份识别的独立加工与交互作用机制.心理科学进展,13（4）：497~516

李炳全.2006.文化心理学与跨文化心理学的比较与整合.心理科学进展,14（1）：315~320

李伯约.2001.认知心理学关于时间推理研究.湖南师范大学社会科学学报,30（1）：84~86

李伯约,黄希庭.2000.周期性时间推理研究.心理科学,23（4）：479~481

李长林.2003.面像识别与摹拟画像.刑事技术,（6）：43~45

李德顺,孙伟平,孙美堂.2000.家园——文化建设论纲.哈尔滨：黑龙江教育出版社

李浩然,刘海燕.2000.认知风格结构模型的发展.心理学动态,（3）：43~49

李洪玉,姜德红,胡中华.2004.中学生思维风格发展特点的研究.心理发展与教育,(2)：22~28

李丽,吴汉荣.2004.中国小学生基本数学能力测试量表常模的建立.中国学校卫生,25（5）：532~534

李善良.2004.关于数学概念意象的研究.数学教育学报,13（3）：13~15

李心天,郭念峰.1988.裂脑患者的大脑两半球协同活动.中华神经精神科杂志,（4）：

196~199

李勇,谢鹏,吕发金等.2006.汉英汉语者双语脑激活模式fMRI研究.山西医科大学学报,37(3):235~239

刘昌.2006.心算加工的认知神经科学研究.心理科学,29(1):30~33

刘超,买晓琴,傅小兰.2004.不同注意条件下的空间-数字反应编码联合效应.心理学报,36(6):671~680

刘春燕,乔梁.2001.行为主义与认知心理学对概念形成的理论评述.健康心理学杂志,9(3):229~230

刘东台,李小建.2006.语言与数量认知关系的新认识.心理科学进展,14(5):654~664

刘建平,巢传宣.2005.双语存贮模型的研究.心理科学,28(4):1007~1009

刘丽虹,张积家,谭利海.2004.汉语加工脑神经机制研究的新进展.心理科学,27(5):1165~1167

刘鸣.2004.表象研究方法论.心理科学,27(2):257~259

刘晓明,周楚.2004.元记忆监控研究的新进展.心理科学,27(3):694~695

刘颖,彭聃龄.1995.基于语义的词汇判断的心理模型.心理学报,(3):254~262

刘占峰.2002."惊人的假说"与意识研究方法论的转换.河北学刊,22(6):56~60

刘志华.2004.视觉特征捆绑的认知及神经机制研究.华南师范大学博士学位论文

刘忠,张秀萍.2007.国内外关于有效阅读的研究现状及趋势.教育实践与研究,(1)B:36~37

刘忠东.2003.也谈数学能力.呼伦贝尔学院学报,11(5):81~84

陆卫红,葛列众,李宏汀.2004.面孔认知的事件相关电位研究进展.人类工效学,10(2):26~29

罗跃嘉.2006.认知神经科学教程.北京:北京大学出版社

马刚.2007.音乐教育如何促进幼儿全面发展.素质教育论坛,(60):50,51

马宇.2004.图式理论与英语阅读教学.基础教育外语教学研究,(9):36~38

美国科学家解开大脑之谜:灵感是这样产生的.2004-06-29.新华社.http://www.zhmz.net/Article_Show.asp?ArticleID=4201

南云,罗跃嘉.2003.数字加工的认知神经基础.心理科学进展.11(3):289~295

潘云鹤,耿卫东.1994.面向智能计算的记忆结构理论综述.计算机研究与发展,31(12):37~42

彭小虎,王国峰,魏景汉等.2004.面孔识别特异性脑机制的ERP研究.航天医学与医学工程,17(6):438~443

彭小虎,魏景汉,罗跃嘉等.2002.面孔识别的脑加工成分——N170的ERP研究.航天医学与医学工程,15(4):303~304

钱若兵,杨艳艳,傅光明.2005.颞叶癫痫与学习、记忆障碍.立体定向和功能性神经外科杂志,18(1):56~59

秦启文,余华.2001.性别角色刻板印象的调查.心理科学,24(5):593,594

秦速励,沈政.2001.面孔识别的"特殊性".心理科学,24(5):604~605

邱江,杨娟,张庆林.2006.四卡问题解决中的匹配偏向再探.心理学探新,26(1):39~42

邱江,张庆林.2004.假言推理中的概率效应.心理科学进展,12(4):505~511

任裕海.2004.跨文化感知能力的发展策略.南京社会科学,(12):62~65

桑标,王小晔.2001.元认知的含义与结构.上海教育科研,(10):2~5

单志艳.2000.元认知的培训和训练概述.内蒙古师范大学学报(哲学社会科学版),29(4):73~77

沈模卫,高涛,丁海杰.2004.汉字数字与阿拉伯数字的阈下启动研究.心理科学,27(1):13~17

沈政.1999.脑科学与素质教育.教育研究,(8):20~35

史克学.2005.大学生网络心理研究综述.中北大学学报(社会科学版),21(3):75~78

舒华,宋华.1993.小学儿童的汉字形旁意识的再研究.心理科学,(3):61~63

水仁德,丁海杰,沈模卫.2003.阈下语义启动的任务分离研究模式及其理论模型.心理科学进展,11(1):28~34

司马贺.1986.人类的认识.荆其诚,张厚粲(译)北京:科学出版社

宋兴川.2000.青海藏汉大学生人格特征的跨文化比较.青海民族学院学报(社会科学版),26(1):85~90

宋怡,孔克勤.2004.文化与人格关系研究综述.心理科学,27(1):147~149

苏开源.1999.最可塑的是人脑.思维与智慧,(5):8

隋洁,吴艳红.2004.心理时间之旅——情景记忆的独特性.北京大学学报(自然科学版),40(2):326~332

田旭.1999.谈社会知觉中的"偏见"及其对企业管理的影响.经济师,(5):9~11

汪安圣.1992.思维心理学.上海:华东师范大学出版社

汪福祥.2003.心理语言学的发展与未来展望.北京第二外国语学院学报,(2):51~59

汪玲,方平,郭德俊.1999.元认知的性质、结构与评定方法.心理学动态,7(1):6~11

王海明,任娟娟,黄少华.青少年网络行为特征及其与网络认知的相关性研究.兰州大学学报(社会科学版),33(4):102~111

王惠萍,张积家,张厚粲.2003.汉字整体和笔画频率对笔画认知的影响.心理学报,35(1):17~22

王璐.2003.选择性视觉注意的计算模型.中国科学院自动化研究所硕士学位论文

王沛,胡林成.2003.儿童社会信息加工的情绪-认知整合模型.心理科学进展

王沛,林崇德.2002.社会认知的理论模型综述.心理科学,25(1):73~75

王甦,汪安圣.1991.认知心理学.北京:北京大学出版社

王欣,吴艳红,杨丽霞.1998.中美大学生对父母关系评价的比较研究.中国临床心理学杂志,6(3):160~163

王有智,欧阳仑.2004.大学生不同认知方式对图形推理水平的影响——兼谈认知过程

中的人格作用．心理科学，27（2）：389～391

王岳环，张天序．2001．基于视觉机制的实时红外小目标预检测．华中科技大学学报（自然科学版），29（6）：7～9

危辉，何新贵．2000．基于视中枢神经机制的层次网络计算模型．计算机学报，23（6）：620～628

危辉，何新贵．2001．表象式直接知识表示．计算机学报，24（8）：891～896

危辉，潘云鹤．2000．从知识表示到表示：人工智能认识论上的进步．计算机研究与发展，37（7）：819～826

魏仁洪．2002．论中学生数学创造性思维及其培养．华中师范大学硕士学位论文

武绪颐．2004．心理语言学研究的兴起和发展．佛山科学技术学院学报（社会科学版），2：51～59

徐彩华，宋凤宁．2000．汉语儿童复合词构词意识的发展和阅读理解．心理学报（增刊）

徐连荣．2005．认知心理学中模板说的计算机辅助验证．教育现代化，（3）：103

徐青，魏林．2002．时间知觉与估计的认知理论综述．应用心理学，8（2）：58～64

徐研，张亚旭，周晓林．2003．面孔加工的认知神经科学研究：回顾与展望．心理科学进展，11（1）：35～43

杨宁．2005．动作和运动在儿童早期心理发展中的作用．运动人体科学，12（2）：43～47

杨天祝，万选才．1994．心理与脑研究的若干进展．生理科学进展，25（2）：111～116

杨志良等．1993．记忆心理学（第二版）．上海：华东师范大学出版社

姚彬，吴汉荣．2003．汉语阅读障碍认知神经机制研究进展．疾病控制杂志，7（5）：438～442

姚满团．2006．元认知理论及其研究现状．新疆职业大学学报，14（2）：34～37

叶浩生．2004．文化模式及其对心理与行为的影响．心理科学，27（5）：1032～1036

游旭群，邱香，牛勇．2007．视觉表象扫描中的视角大小效应．心理学报，39（2）：201～208

余嘉元．2005．对中学生思维风格的研究．内蒙古师范大学学报（哲学社会科学版），34（4）：31～33，43

余杰，时章明，娄琼．2005．当代大学生网络行为的心理分析．中国临床康复，9（16）：226～228

张锋，沈模卫，徐梅．2004．社会认知神经科学：取向、研究与未来方向．西北师大学报（社会科学版），41（3）：109～113

张红川，董奇．2002．数学认知能力的认知与脑机制理论模型综述．华东师范大学学报（教育科学版），20（1）：11～22

张凯，唐孝威．1997．短时记忆的生物物理学模型．生物物理学报，13（2）：221～226

张庆林．2004．顿悟认知机制的研究述评与理论构想．心理科学，27（6）：1435～1437

张琼．2004．语境与英语听力教学．西南民族大学学报（社会科学版），25（3）：443～446

张树东．2006．小学生数字加工和计算能力的结构研究．中国特殊教育，（12）：82～87

张伟伟，陈玉翠，沈政．2001．从面孔模块到马赛克——视觉特异性加工的脑机制．心理学报，33（2）：182～188

赵晋全，郭力平．2000．前瞻记忆研究评述．心理科学，23（4）：466～469

赵磊，冯志权．2002．线性图形的拓扑性质检测算法研究．济南大学学报（自然科学版），16（4）：340～342

赵丽翔，胡治国，张学新．2008．身份识别的脑功能成像研究．心理科学进展，16（2）：234～239

赵维燕．2005．斯滕伯格的思维风格理论及其在教育中的应用．辽宁教育行政学院学报，22（11）：47～57

郑丹．2005．论直觉思维及其在物理教学中的培养．职业教育研究，（7）：67～69

郑雪，陈中永．1996．具体认知和抽象认知与社会文化因素的关系．心理科学，（3）：170～174，192

钟海云，龚坚，冯永铭．2005．人类记忆功能分类现状．现代实用医学，17（10）：656～659

周海宏．2004．音乐与其表现的世界——对音乐音响与其表现对象之间关系的心理学与美学研究．北京：中央音乐学院出版社

周蓉，孙桂英．2006．隐喻的表象表征及其加工效应研究．华南师范大学学报（社会科学版），10（5）：97～102

周晓林，孟祥芝．2001．中文发展性阅读障碍研究．应用心理学，7（1）：25～30

Baars B J. 1997. In the theater of consciousness. New York: Oxford Unrversity Press: 1, 2

Beeman M J, Chiarello C. 1988. Complementary right-and left-hemisphere language comprehention. Current Directions in Psychological Science, 7 (1): 2～8

Beeman M, Friedman R B, Grafman J, et al. 1994. Sammation priming and coarse semantic coding in the right hemisphere. Journal of Cognitive Neuroscience

Boltz M. 1991. Time estimation and attention perspective. Prception & Psychophysics, (49): 422～433

Chiarello C, Richards L. 1992. Another look at categorical priming in the cerebral hemispheres. Neuropsychologia, 30 (4): 381～392

Deary I J, Cargl P G. 1997. Neuroscrencehand human intelligence differences. TINS, (20): 73～78

DeVos G A, Hippler A E. 1969. Cultural psychology: comparative studies of human behavior. In: Lindzey G, Aronson E. The hand book of social psychology. MA: Addison – Wesley Publishing Company

Engel A K, Singer W. 2001. Temporal binding and the neural correlates of sensory awareness. Trends in Cognifive Scicence, 5 (1): 16～25

Faust M E, Gernsbacher M A. 1996. Cerebral mechanisms for suppression of inappropriate information during sentence comprehension. Brain and Language 47.

Faust M, Chiarello C. 1998. Sentence context and lexical ambiguity resolution by the two hemispheres. Neuropsychologia

Feinstein J S, Stein M B, Castillo N, et al. 2004. From sensory processes to conscious perception Consciousness and Cognition, (13): 323~335

Google 文化的要素及简要介绍. http://xk.cn.yahoo.com/080126/8nvb.html

Google, 影响广告受众认知心理的传统文化因素. http://www.v258.net/cxsz/yxch/hdch/2005-08-12/5586.html

Grice G R, Canham L, Boroughs J M. 1983. Forest before trees? If depends where you look. Percept Psychology, (33): 121~128

Hellige J B, Taylor A K, Eng T L. 1988. Interhemispheric interaction when both hemispheres have access to the same stimulus information. Journal of Experimental Psychology: Human Perception and Performance

Hsu F L K. 1981. American and Chinese: passage to differences (3rd). Honolulu: University of Hawaii Press

JiL J, Peng K P, Nisbett R E. 2000. Culture, control, and perception of the environment. Journal of Personality and Social Psychology, (78): 943~955

Jones M R. Bolts M. 1989. Dynamic attention and response to time. Pyschological Review, (96): 459~491

Killgore W, Yurgelun-Todd D A. 2004. Activation of the amygdala and anterior cingulated during nonconscious processing of sad versus happy faces. Neuroimage, (21): 1215~1223

Kimchi R. 1992. Primacy of wholistic pocessing and global/local paradigm. Acritical Review Psychological Bulletin, 112 (1): 24~38

Kinchla R A, Wolfe J M. 1979. The order of visual processing: "top-down", "bottom-up", or "middle-out", Perception & Psychophsics, 25 (3): 225~231

Levy J, Trevarthe C. 1976. Metacontrol of hemispheric function in human split-brain patients. Journal of Experimental Psychology: Human Perception and Performance

Marr D. 1988. 视觉计算理论. 姚国正等译. 北京: 科学出版社

Mead M. 1953. National character. In: Kroeber A L. Anthropology today. Chicago: Univ of Chicago

Morris M W, Peng K P, Nisbett R E. 1994. Culture and cause: American and Chinese attributions for social and physical events. Journal of Personality and Social Psychology, (67): 949~971

Navon D. 1977. Forest before tress: the precedence of global features in visual perception. Cogitive Psychology, (9): 353~383

Norenzayan A, Choi I, Nisbett R E. 1999. Eastern and western perceptions of causality for social behavior: lay theories about personality and social situations. In: Miller P. Cultural divides: understanding and overcoming group conflict. New York: Sage

Ornstein R E. 1969. On the experience of time. Baltimore M D: Penguin

Palhella R G. 1974. The interpretation of reaction time in information-procesing research. *In*: Kantowitz B H. Haman information processing-tutorials in performance and cognition. N J: Ed Baum

Pasley B, Mayes L, Schultz T. 2004. Subcortica discrimination of unperceived objects during binocular rivalry. Neuron, 42 (1): 163~172

Peng K P, Nisbett R E, Wong N Y C. 1997. Validity problems comparing values across cultures and possible solutions. Psychological Methods, (2): 329~344

Pessoa L, Ungerleider LG. 2004. Neural correlates of change detection and change blindness in a working memory task. Cerebral Cortex, 14: 511~520

Pomerantz J R. 1983. Global and local precedence: selective attention in form and motion peraption. Journal of Experimental Psychology

Popescu M, Otsuka A, Ioannides A A. 2004. Dynamics of brain activity in motor and frontal cortical areas during music listening: a magnetoencephalographic study. Neuro Image, (21): 1622~1638

Selfride O G. 1959. Pandenonium: a paradigm for learning. In the mechanisation of thought processes. London: H M So

Shatz C J, 叶彬. 1993. 发育中的大脑. 科学（中文版），(1): 11~19

Shulman G L, Wilson J. 1978. Spatial frequency and selective attention to local and slobal information. Perception, 16 (1): 89~101

Ungerlei der L G. 1995. Functional train imaging studres of cortical mechanisms for memory. Science, (270): 775~776

Weaver J A, Murray S O, Kang Xiaojian, et al.. 2003. 空间低频滤波对人类整体和局部知觉的影响. 科学通报, 48 (20): 2145~2148

后　　记

　　20世纪50～60年代，是世界心理学发展史上具有重要意义的时代。在现代信息科学（信息论、控制论和系统论）和语言学的推动下，认知心理学诞生了。现代认知心理学以人类认知为研究对象，研究人类认知的内部结构与过程，即知识获得的内部结构与过程，并与计算机进行类比。作为一种新的研究范式，它继承和取代了行为主义，在心理学的各个领域（如实验心理学、发展心理学等）迅速得到应用，并产生了深刻的影响。

　　认知心理学在中国的传播，从20世纪60年代中期开始。当时，一些中国心理学家敏锐地看到心理学中的这一重大变化，并尝试着用信息加工的思想研究汉字识别等。80年代初，认知心理学在中国内地开始得到系统化传播。当时，出国访问归来的学者以及应邀来访的外国学者，向学术界介绍认知心理学的发展趋势及其在不同领域（记忆、思维和问题解决等）的研究成果，并在部分高校系统地开设"认知心理学"课程。

　　中国心理学家对认知心理学的兴趣，主要表现在：①理论方面，认知心理学有助于揭示人的认识过程的特点和内部机制。认知心理学反对行为主义的机械论，强调人类认知的主动性、积极性，以及人的认知结构在获得知识中的作用。这些看法对中国心理学家具有强烈的吸引力。②应用方面，认知心理学重视研究高级的认知过程，如学习、问题解决、决策等，从而使心理学能走出实验室的小天地，更直接地为社会服务；认知心理学与高新技术的联系，也使人们向往着它的应用前景。近年来，认知心理学的研究开始深入社会实践的许多领域，特别是教育领域，出现了用认知心理学的观点探讨教育、教学过程的新构想。

　　认知心理学新近所取得的重大研究成果是将思维意识与它相应的神经心理活动联系起来。这些进展在20世纪末期是处于领先地位的。而且，当前国际上认知心理研究的深度和广度正呈现不断扩展的趋势。由于与国外研究还有一段距离，因此，我们必须努力吸收国外先进理念和技术，但不能盲目照搬。未来，中国的认知心理学研究必将在世界占据重要一席，相信我们的理论研究和实践也必然处于世界前列。

　　本书系苏州大学研究生教材建设资助项目。当计划写本书时，我开始的时候似乎有千言万语，但又不知从何下笔。于是，在自己的书房里，闭上眼睛让自己静下心来，沉思了许久后便对本书的编写提出了两个要求。

首先是一定要阐述清楚自己的思想。

我一直认为，认知心理学的诞生和发展靠的是她的思想的不断涌现。心理学家将其思想的发展概括为三个阶段：信息加工阶段、联想主义阶段和认知神经阶段。这三种思想使得我们对心理现象的认识不断丰富和推进，这就需要在阐述有关心理学研究的时候要指出其最终的思想归宿。同时，也要对心理学的具体研究作出准确概括和厘清思路，并作出深入浅出的介绍。这项工作是非常艰巨的，需要作者具有高超的概括能力、丰富的知识思想背景和深入细致的研究毅力。虽然我主观上有这样的愿望，但时感力不从心，至于实际如何，还是请读者看后自己体会吧。

其次是要做好精心的选择。

当我徜徉在心理学的广阔领域中时，总感觉无法看清她的真实面目，总感觉要不断去发现她的真实面目，于是越走越远，越进越深。在这样一个领域里浸泡多年的我，在徜徉的历程中真实地发现她是如此美丽动人，让我为之陶醉，但有时又有惊心动魄等许多特殊奇妙的感觉，最后是各种感觉纷至沓来。我最终明白写书不是一件很苦的事情，是一种发现美、欣赏美的过程。心理学研究最近发展迅速，我国的心理学更是取得长足的进步。不断涌现的丰富的研究成果既反映了心理学领域的生命力，也表明中国现代心理学已经取得了巨大的成绩和长足的进步。

限于我研究水平和领域的局限，在编写过程中，本书大量采用了前人的有关研究成果，这些成果的介绍在本书中采用两种方式：一种是作出综述性介绍，这是我在阅读相关的众多研究后的整合性介绍；另一种就是直接引用。有的引用甚至是大篇幅的，这样做首先是为了保证思想的整体性。如果只是断章取义，非但不能起到很好的引用效果，甚至很有可能就此把丰富而深刻的思想给割裂、肢解，看不到全貌从而领会不到精髓。其次是在选择时，看到精彩之处，总是有无法割舍的心情，于是干脆一起端上这丰盛的美食，让读者和我一起享受这原汁原味。因此，向本书中被引用材料的所有研究者表达我的由衷谢意和崇高敬意。

苏州大学教育学院　何华
2009 年 3 月 6 日